# 200万都市が有機野菜で自給できるわけ

【都市農業大国キューバ・リポート】

吉田太郎

築地書館

目次

## II　園芸都市ハバナ、かく誕生せり　57

# III 緑の都市を目指して 181

# IV 持続可能な都市を可能とする仕組みづくり 265

# V　21世紀の都市は園芸化する　355

# はじめに

## キューバへのプロローグ

# 世界が着目するキューバの都市農業

都市が膨張を始めると、もとから都市周辺にあった農地は道路や宅地によって細切れに分断されていき、海の中に岩礁を散りばめたように、開発の波をかろうじて逃れた農地だけがポッン、ポッンと浮かぶ状態になっていく。このように周囲を宅地に囲まれ、ばらばらに分断された土地のかけらを利用した農業を「都市農業」と呼ぶ。

都市の中に取り残されたいわゆる都市農地は、三大都市圏をあわせてだいたい三万五〇〇〇ヘクタールほどある。[(1)] 日本全体の農地面積は四八〇万ヘクタールもあるから、一パーセント以下のシェアでしかなくマイナーな存在といっていい。その面積も年々減り続けており、やがては開発の波に押されて消え去っていくであろうというのが一般的な評価である。当然のことながら政府の支援策も一切得られず、開発の障害になる無用の存在として、課税が強化されるなどむしろその消滅の促進が図られもしてきた。

だが、世界に目を転じると都市農業に対する位置づけはガラリと変わる。

「校庭や工場の隣接地、会社や病院、そして民家の屋上やバルコニーにいたるまで、市内の空き地という空き地で食料が生産されている。しかも、一〇〇パーセント有機農業で。そんな都市をあなたはイメージできるだろうか。ファンタスティックな夢物語なのだろうか。違う。この地球上にはそうした都市が存在している。キューバの首都ハバナがそうなのだ」

これは、二〇〇〇年九月にイギリスで購入した「オーガニック・ガーデニング」という雑誌に掲載されていた「有機革命」という記事の冒頭の抜粋である。(2)いささかオーバーな表現だと思われるかもしれないが、実際にキューバの都市農業の成育ぶりには凄まじいものがある。

キューバの首都ハバナは人口二二〇万の巨大都市だが、政府が全力をあげて都市農業を育成している。具体的な支援策が開始されたのは一九九〇年代に入ってからと日が浅いが、今では全市民に野菜を供給できるほどに成長し、かつ毎年倍増という凄まじいペースでその生産量を伸ばし続け、野菜のみならず、肉・穀類など住民の食料需要の三〇パーセントを自給するにまでいたった地区もある。ハバナの都市農業政策は世界で最も優れたもののひとつであるというのが国際的な評価である。

一九九九年一〇月には、ハバナで「都市の成長、食料増産」と命名された国際会議が開催され、国連をはじめ、アジア、アフリカ、ヨーロッパ、北米、ラテンアメリカなど約六〇諸国から第一線で都市農業に従事する研究者、行政担当者、運動家が集まった。ハバナの都市農業の実情視察にあわせて、都市での食料確保、都市農家の所得向上、都市環境の保全、住民の健康増進、都市と農村の連携など、世界の諸都市の農業が抱える課題をテーマ別に論じあい、都市農業に対する今後の政策提言がなされている。(3)

都市と農村とを明確に峻別するという近代的な都市計画は、ヨーロッパに起源を持ち、ここ一五〇年ほど都市計画の趨勢を決めてきた。日本においても、新鮮な地場農産物の提供、都市環境の保全、市民農園などのレクリエーションの場の提供など、様々な面から市民の間で、都市農業への関心が高まってきつつはあるが、政府レベルではまだ十分に認知されているとは言い難い。新農業基本法の中では、都市及び都市農業の振興が明記されたとはいえ、国土交通省が所管する都市計画制度や財務省の税制度との調整はまだまだこれからのことである。

しかし、全世界的に見るとこうした発想は、一時代前のものではないだろうか。繁栄を極めているようであっても、都市の生態的基盤は脆弱であり、日本経済の繁栄ぶりにも陰りが見えてきている。日本の自給率は四〇パーセントしかなく、世界の食糧事情が逼迫する中で、何かが発生したら真っ先に危機的状況に直面するのは都市なのである。食糧問題、雇用問題、環境問題を一挙に解決できるものとして、また脆弱な都市を守ってくれる切り札として、都市はもっと農業を大切にすべきではないだろうか。

## 市域の四割が農地となり、有機野菜の自給を達成

今、「何かが発生したら真っ先に危機的状況に直面するのは都市だ」と述べた。実は、キューバの首都ハバナが、世界中から熱い視線が注がれているのには大きな理由がある。

今、日本では長引く不況の中で「失われた一〇年」という言葉が使われるようになった。だが、一九九〇年代にキューバ人、そしてハバナっ子たちが直面したのは、想像を絶する経済崩壊という一〇年だ

った。

ソ連圏の崩壊と、一九五九年の革命以来続いているアメリカの経済封鎖の強化というダブルパンチで、石油、食料、農薬、化学肥料をはじめ、トラックから、石鹸のような日常品にいたるまで、何もかもが途絶するという非常事態に直面してしまったのである。キューバは農業国でありながら、砂糖やコーヒーといった換金作物を輸出して、コメや小麦を輸入するという国際分業路線に乗ってきたから、日本と同じように、国内食料自給率は四〇パーセントそこそこでしかなかった。一歩舵取りを誤れば、大量の餓死者を出しかねない。

この危機的状況下で、ハバナ市民が選択したのは、首都を耕すという非常手段だった。それも農薬や化学肥料もなしでである。そして、全くのゼロからスタートした都市農業が一〇年を経てどうなったかというと、結果として一人の餓死者を出すこともなく、かつ、二二〇万人を超す都市が、有機農業で野菜を完全自給することに成功したのである。

いま、市全体では、家庭菜園、個人農家、企業農場、協同組合農場、自給農園（アウトコンスモス）など八〇〇〇を超す都市農場や菜園があり、これを三万人以上の市民が耕している。野菜や農作物で約一万五〇〇〇ヘクタール、畜産業も含めると約二万九〇〇〇ヘクタールに及ぶ。ハバナの市域面積は、七万二七〇〇ヘクタールと山手線の内側よりも少し大きいくらいだから、実に四〇パーセントを占めることになる。

また、国全体では、農業省のホセ・レオン・ベガ国際局長によると、大規模な農場が二六〇〇、小規模な農場は三六〇〇、自給用の家庭菜園に至っては、九万四〇〇〇もあるという。(4) これだけの数があるとその生産量もばかにはならない。スタート時点では、その生産量は取るに足りないものであったが、いまでは、国民需要のかなりを満たしている。


アメリカのカリフォルニアには食糧や飢餓の問題に専門に取り組む「フード・ファースト」というNGOがある。ピーター・ロゼット代表は、キューバの有機農業や都市農業に着目し、何度も視察調査を行っているが、その進展ぶりは目を見張るものがあると一九九八年のレポートの中で次のように述べている。

「一九九三年や九四年の頃にはほとんどの人たちが痩せ衰えていました。ですがいまは、誰の体重も多かれ少なかれ平常に戻り、太鼓腹になっている人もいるのです。都市農家や新たに土地を所有した小農たちが、経済危機を大きく引き締めているのです(5)」

同じくフード・ファーストの持続可能な農業プログラムの責任者、マルチン・ボルクエ氏も次のように語っている。

「キューバは明らかに、一九九〇年代半ばの食糧危機から抜け出しています。そして重要なことは、有機農産物は国民全体のためのもので、金持ちの高級品ではないのです。政府の数値によれば、一九九九年に都市農業(注)は、キューバのコメの六五パーセント、生鮮野菜の四六パーセント、オレンジを除く果樹類の三八パーセント、根菜類や食用バナナの一三パーセント、そして卵の六パーセントを生産しています。そして、ウサギや花、薬用植物、蜂蜜までも都市内で生産するプランが立てられています」(6)

驚くべきシェアである。

## ラテンアメリカ最古の都市の新たな挑戦

キューバの首都ハバナはアメリカ大陸でも最も古い歴史を持つ都市である。一五一四年に建設が始まり、一六〇七年には首都となる。ニューヨークやワシントンよりもはるかに古いし、太田道灌が江戸築城に着手したのは、一四五六年（康正二年）のことだが、城下町としての本格的な整備がはじめられたのは徳川家康が入府した一五九〇年（天正一八年）のことだから、その歴史は東京にも匹敵するといえるだろう。

現在では、国民の二〇パーセントに相当する二二〇万人が居住し、カリブ海最大の近代都市として、政府系の諸機関や火力発電所、石油精錬所、化学工場、製紙工場、紡績工場、食品加工業、タバコ工場などの工業地帯も抱える。まさに、キューバの政治、商工業、文化の中心である。同時に一九八二年にユネスコの世界遺産の指定を受けた植民地時代の古い町並みも残っている。

ブエナ・ビスタ・ソシアルクラブのヒットで有名になったオールド・ハバナ。世界遺産の指定も受けたスペイン植民地時代の町並みを歩けば、中世にタイムスリップした気分になってくる。

そして、今このアメリカ大陸で最も古い歴史を持つ首都ハバナに「農業」という景観が加わりつつある。しかも、新たに誕生した都市農業をコアとして、都市のど真ん中に七〇〇ヘクタールもの新たな緑地公園を創出する「首都公園プロジェクト」や、一七〇〇万本もの木々を植え、都市全体を緑化する「わたしの緑計画」も動き始めている。石油不足で動かなくなった車が自転車に代わり、輸入できなくなった医薬品を都市菜園のハーブが補い、ソーラーパネルやバイオガスといった自然エネルギーが市民生活を支えている。さらに、都市農業や有機農業は学校教育にも取り入れられ、小学校では子どもたちが自然や農業を学ぶ総合学習の時間が設けられているし、二〇〇一年の秋から新たに始まったプログラムにより、市内に約一〇〇〇ある全小学校の給食には、都市農家から有機野菜が供給されている。輸入食料に依存した肉食中心の食文化を野菜中心の料理に変えるという暮らしの変革も進んでいる。

今、世界はグローバリゼーションと新自由主義経済による国際分業に翻弄されているが、地球は生態学的に見ると「閉鎖系」である。石油やその他の地下資源もいずれは枯渇することを考えれば、ハバナ市民が経験したような出来事は、日本を含めて世界の都市がやがて直面するような事態であるといってもよい。キューバは特殊な政治状況下で、少しだけ早く地球の未来を経験してしまったともいえる。

しかし、市民の団結と参加により、この閉塞状況を抜け出しつつある。全輸入物資の八割以上を失うという凄まじい経済崩壊を前に途方に暮れるのではなく、むしろ二二〇万都市を持続可能な都市として再構築するためのよい契機ととらえ、前向きに挑戦し続けている。それを担うのは、危機を契機に新たに二〇〇〇以上も誕生したNPOであり、地域が抱える問題は自分たちの力で解決していこうとする市民たちである。


かつてキューバの財政はソ連からの膨大な援助金と補助金が支えてきた。それが失われた今、カストロ政権は従来までの中央集権的な官僚国家体制を改め、省庁を半減するという徹底した行財政改革を行いながら、競争原理の導入や市場の開設といった資本主義社会へのシフトを試みている。しかし、競争原理を導入しているからといって、野放図な規制緩和はしていない。医療や教育は無料のままだし、最低の生活物資は廉価な配給品がカバーする。社会主義のよき部分をセーフティネットとして残しながらの構造改革は人道的である。そして、この社会転換を支えているのが、子どもや老人、女性といった社会的弱者を何よりも大切にするといったヒューマニスティックな「哲学」、ラテンアメリカで最も充実した教育研究機関と優れた研究者や技術者たちが生み出す環境と調和した「適正技術」、そして、行政とＮＰＯとのパートナーシップによる、コミュニティレベルに基づく顔が見える合意形成や徹底した地方分権という「社会制度」の三つなのである。

## サルサのリズムが響き渡る首都ハバナ

命よりも金を大切にするという営利優先主義、遺伝子組み換え農産物をはじめ環境や自然を無視しても推し進められる思想なき科学技術、そしていまだに改善されない官僚中心の中央集権体制。閉塞状況に陥っている日本社会の問題点は、既に多くの識者が指摘しているし、ＮＰＯを中心とした市民社会へのシフトも提言されている。そして、その場合に先進事例として持ちだされるのが、欧米諸国の取り組みである。筆者も、二〇〇一年の夏には、ＣＳＯ（ＮＧＯ・ＮＰＯ）活動が盛んなサンフランシスコで、町中で都市農業に取り組む「スラグ」をはじめ、公園づくりやまちづくりに取り組む様々な環境系ＮＰＯを訪問した。だが、意外なことに、イギリスと同じく、そこで出会ったのもキューバだった。

「いや、スラグの取り組みには、本当に感心させられました。さすがに世界の最先端をいくサンフランシスコのNGOだけのことだけはありますね」

「いえ、私は、この都市の中で有機農業を行うというノウハウを学ぶために、キューバに行ってきたのです」

「さすがに、アメリカだけあって、有機農業運動といっても、反農薬ネットワークという全世界的なグローバルネットを構築していているんですね」

「ええ、六〇カ国以上の人々が集まり、有機農業と農薬問題の国際会議を開催したりしているんです。え、開催地ですか、ハバナですよ」


今、私の手元には、サンフランシスコにあるNPOフード・ファーストが出版した『持続可能農業』という三〇〇ページを超す専門書がある。二〇〇二年の二月にインターネット上で注文した最新版だが、もともと、これもキューバのアクタフという有機農業NGOとハバナ農科大学との共著で二〇〇一年にハバナで出版されたものだ。スペイン語の英訳版が「一年遅れ」でやっと出たのである。

日本では、ほとんど話題にならないキューバ、そして首都ハバナ。抜けるような青空と、まばゆいばかりの日差し。灼熱の大地とカリブ海からの涼やかな風にゆっくりと揺れるヤシ並木。中世に戻ったかのような印象を抱かせる重厚なスペイン風の町並みと、今も現役で走り続ける一九六〇年代のアメリカ車。街を行き交う底抜けに陽気な人たちの人なつこい笑顔。元気にはしゃぎまわりながらも、好奇心に

街角でサルサのステップを練習する子供たち。キューバではどの街角からも陽気なリズムが響いてくる。

あふれ、礼儀正しく、どこまでも無垢に澄みきった子どもたちの目の輝き。どの路地からも聞こえてくる陽気なサルサのリズム。経済封鎖を受け続けているために、モノはないし、暮らしは質素でつつましい。アメリカからも直接入れない。成田を飛び立っても、メキシコ経由で二日はかかる。しかし、そこには、未来に希望を抱かせる何かがあるし、一度訪れるとまた何度でも出かけたくなる底知れぬ魅力がある。

では、これから、さっそく地球の反対側のカリブの島の首都へと旅立つことにしよう。この本を読むいくばくかの間、エキゾチックなラテンの風におつきあいいただければ幸いである。

なお、現地では、キューバは「クーバ」、ハバナは「ラ・アーバナ」と発音するが、この本の中では日本でよく知られたキューバとハバナで統一することをお許しいただきたい。

◉コラム1

## ハバナ誕生物語

一四九二年の一〇月二七日の日没前のことだ。コロンブスをリーダーに、三隻の帆船に分乗した一〇〇名からなる探検隊が、海上のかなたに浮かぶ小高い山を発見する。その日は雨が激しく、日も暮れかかっていた。上陸を一夜見合わせ、翌日に島を調査しはじめた一行は、目の前に次々と広がる美しい風景に眼を奪われた。

生い茂るヤシの並木、咲き乱れる花々、さえずり飛び交う小鳥たち。

「この島は、人間がかつて見たことがないほど美しい」

コロンブスは航海日誌にそうしたためている[7]。これが、キューバの発見だった。黄金の国、ジパングを探し求めて外洋へと乗り出したコロンブスが最初に見つけ出したのはキューバだったのである。

財宝や金を求める貪欲なスペイン人たちにとっては、キューバは魅力的な島だった。一五一二年にディエゴ・ベラスケスが率いる三〇〇名からなる侵略軍によって、わずか二年後には全域が征服され、全国の七カ所で入植地が建設される。そのひとつ、ハバナ湾の南岸に作られたのがハバナの始まりである。数年後、居住地は、アルメンダレス川の河口、現在のベダドとミラマル地区に移転し、さらに一五一九年には現在のアバナ・ビエハ区で本格的な都市の建設が始まる。同年の一一月には最初の議会が作られ、ミサも行われた。

さて、スペイン人たちの入植地の中で最初に首都となったのは、今のキューバの第二の都市である東部のサンティアゴ・デ・クーバだった。だが、当時の主要な交通手段は帆船である。メキシコ湾海流に面したハバナのほうが出帆するのには都合がよい。一五五三年に、キューバの統治者、ゴンザロ・ペレス・デ・アングロ提督は、サンティアゴからハバナへとその拠点を移し、一五六四年に、ここから最初にスペインへの艦隊が出発する。一六〇七年にハバナはキューバの首都となり、以降、二〇〇〇年、世界各地の植民地基地の中でも最も重要な都市として発展し続ける[7]。

この植民地時代に最も急がれたのは要塞の建設だった。ハバナは中南米の各地から本国へと財宝を運ぶ際の船団の集結地でもあったから、海賊にとっても魅力的で外敵の侵入に悩まされ続けたのである。一五五五年にアメリカ最古の「フェルサ要塞」が築かれたのに引き続き、モーロ要塞、プンタ要塞、カバーニャ要塞などが次々と建設され、一六七四から一七四〇年にかけては、今の旧ハバナ市街の周囲には擁壁が張り巡らされる。

しかし、この城壁も一八六三年には取り払われ、今のセントロ・アバナと呼ばれる地区へと都市は拡大していく。ハバナ港を中心とする商業ブームにより都市は成長し続け、一八三七年には最初の鉄道が敷設され、一八四八年にはガス灯が灯り、一八八八年には電信が、一八九〇年には電気が引かれる。人口も十六世紀末の四〇〇〇人が、十八世紀の後半には七万六〇〇〇人、一九〇二年には二五万人と急増していく[8]。

その後、アメリカの半植民地として、ギャングがたむろするアメリカ最大の享楽街となったが、カストロの革命により、カジノや売春女性は一掃。スラム街も撤去され、廉価なアパートが建設されるなど市民生活は大幅に改善された。革命政権は農村地域での生活基盤整備により力を注いだため、都市は不必要な再開発をまぬがれた。その半数が修理を必要とされるほど町並みは老朽化しているが、それが同時に旧市街の景観を残すことにつながった。一五六ヘクタールにも及ぶ石畳の細い路地からなるオールド・ハバナ（アバナ・ビエハ）は世界的に見ても珍しく、今も一〇万人もの人々が暮らす生きた博物館といってよい。

## 引用文献

(1)——東京都産業労働局農林水産部資料より

(2)——Stephanie Greenwood (2000) "Organic revolution" *Organic gardening*, 2000 september

(3)——Eberhard Gohl (1999) "Urban Agriculture ZEL Workshop in Havana"
http://www.dse.de/aktuell/jb99zel.htm
及び現地で入手した資料
International Workshop "Growing Cities Growing Food–Urban Agriculture on The Policy Agenda" October11-15, 1999, Havana, Cuba

(4)——Roberte Sullivan (2000) "Cuba producing, perhaps, 'cleanest' food in the world"
http://www.earthtimes.org/jul/environmentcubaproducingjul13_00.htm

(5)——Robert Collier (1998) "Cuba goes green"
http://www.sfgate.com/cgi-bin/article.cgi?file=/chronicle/archive/1998/02/21/MN102237.DTL

(6)——Renee Kjartan (2000) "Castro Topples Pesticide in Cuba"
http://www.purefood.org/Organic/cubagarden.cfm

(7)——新藤通弘（2000）『現代キューバ経済史』大村書店 p15-16

(8)——Christopher P. Baker (1997) *Cuba Handbook,* Moon travel Handbooks p24-30, p233-239
David Stanley (1997) *Cuba*, Lonely Planet Publications p135-139

(注)——日本では、都市農業は市街化区域内で行われているものを称するが、キューバでは、各州都の中心から5km以内、各市の中心から3km以内で行われている農業をさす。日本では都市近郊農業に相当するものもキューバでは都市農業とされている。

## 用語

CSO（Civil Society Organization）

スラグ：サンフランシスコ都市農業リーグ (San Francisco League of Urban gardeners)

# I

# 食糧危機を救った
# キューバの都市農業

# 1 未曾有の経済崩壊が都市を襲う

## 金がなくても成り立つ暮らし——ラテンアメリカのユートピア

豊かさとは何だろうか。日本を含め先進国では、豊かな生活をするためには、多くの所得が必要であると信じられている。実際にマネーがなければ、明日の糧にも事欠き、たちどころに路頭に迷う。だが、社会学者の見田宗介は『現代社会の理論』の中で、「金がないと生きていけない社会の中で金がないことが、貧しいことなのである」と述べている。これはトートロジーの言葉の遊びのようにも思えるが、キューバに来てみると俄然リアリティを持つ。

例えば、キューバでは平均月給はドル換算で二〇〜三〇ドルと定められている。年間賃金は三〇〇ドルほどだから、円に換算すれば四万円ほどにしかならない。だが、これでも十分暮らしていける。(1)

家賃は一九六〇年一〇月の都市改革法により、一九六二年から給料の一〇パーセント以下に固定されているし、医療費やデイケアシステムはすべて無料で、教育費も小学校から大学まで一切かからない。(2)エイズにかかっても無料で高度な治療を受けられるし、医学部のような金のかかる大学教育もやる気と資質が求められるだけである。有機農業NPOアクタフのコアメンバー、フェルナンド・フネス博士は、「私の月給は二八ドルです。大きな住宅を借りていますが家賃は一・三ドルですし、大学生の息子の教育費も一切かかっていません(3)」と語っている。

そして、配給を通じて、タダのような値段でコメ、パン、豆、コーヒー、果物といった基本的な食品や日用品がほとんど手に入る。必要以上に贅沢をしようと思わなければ、そこそこの暮らしができるし、あくせくと働き、必死になって稼ぐ必要もない。

一九五九年の革命以来、「国民誰しもが平等で福祉の充実した国家を建設する」というカストロの高邁な理想の下に、キューバは急速な近代化と発展を遂げ、食生活、医療、教育、文化とあらゆる点でラテンアメリカ最高水準の暮らしを実現させることに成功した。一九八九年時のキューバの社会指標を見ていただきたい（表1）。一人当たりの教師や医師数、栄養状況、平均寿命、乳幼児死亡率、教育や住居水準、文化や娯楽など、いずれの分野においても世界で最も豊かな国とされるアメリカとさして遜色がないことがわかるだろう。

また、一九八九年に国連開発計画（UNDP）が出した「生活水準の指標」においてもキューバはラテンアメリカ内で第一位、世界第一一位にランクされている。ところが、この指標では豊かなはずのア

## 表1　キューバの社会指標

| | 1959年 | 1989年 | ラテンアメリカ内のランク |
|---|---|---|---|
| カロリー摂取量／日・人 | 1,300kcal | 2,898kcal | 2位（米国は3679kcal） |
| 平均寿命 | 55歳 | 73歳 | 2位（米国は75歳） |
| 乳幼児死亡率〔1000人当たり〕 | 70人 | 13.6人 | 1位（米国は10人） |
| 医師数 | 6,000人 | 38,700人 | 1位 |
| 非識字率 | 43%以上 | 2% | 3位（米国は4.3%） |
| 大学数 | 3 | 45 | |
| 住民当たりの教師数 | − | 21人に1人 | 1位（米国は24人に1人） |
| 住民当たりの科学者・技師数 | − | 830人に1人 | 1位 |
| 年間の映画館入場回数 | − | 8.5回 | 1位（米国は4.5回） |
| 劇場参加回数 | − | 2.6回 | 1位 |
| 博物館入館回数 | − | 0.8回 | 1位 |
| 住宅事情 | | 家賃は給料の10%以下 | |
| 失業率 | 30%以上 | 6% | |
| 売春女性 | 10万人以上 | なし | |
| ホームレス | 多数 | なし | |
| 麻薬 | アメリカへの一大中継地 | | |
| 賃金格差 | 20倍以上 | 5倍 | |
| 人種差別 | あり | なし | |
| 男女差別 | あり | なし | |

（ピーター・ロセット、新藤通弘氏（2000）『現代キューバ経済史』の資料などより著者作成）Peter Rosset and Medea Benjamin

メリカは第一五位とキューバよりも下になってしまう。[4] 一人当たりのGDPは、二一〇〇ドルしかないから、アメリカの一四分の一、日本の一六分の一にすぎない。服装は質素だし、家電製品も満ちあふれてはいないが、治安のよさや充実した福祉、教育制度といった各種インジケーターを組み込むと、セーフティネットが整ったキューバの方が結果的には暮らしやすいという結果が出てしまうのである。

これは、キューバが、金がかからないと同時に、国民間での社会的格差が小さく、特権階級も存在しないという平等社会を築いてきたことも大きい。とかく経済発展にありがちな政治の腐敗も少なければ、社会的な不平等もあまり見られなかった。カストロ指導部は、かつてソ連や東欧圏に存在した共産党指導部と比較しても格段に無私で清廉である。[5] カストロが居住しているのはごく普通の住宅だし、贅沢品といっても大型テレビくらいのものだという。[6] 首相にあたるカルロス・ラへ官房長官も自転車で通勤するし、ロベルト・ロバイナ元外相は「大臣として仕事をするうえで、国民とかけ離れた生活をしないように努力しています。国民と同じ暮らしをすることがよい理解につながるのです」と言っている。

食料品についても同じで、国会議長も日曜日には市民と同じく買い物の列に並ぶという。[5] ノーメンクラトゥーラ（支配官僚層）が存在せず、国民と指導者層との距離が近ければ、党や指導部に対する恨みやねたみも生じようがない。

共産党指導部のエリートは、高い志を持って国家に貢献することが求められるし、革命から四〇年しか経ていないキューバでは、革命を夢見て異国で死んだチェ・ゲバラの理想主義がまだすたれていない。

220万人を抱えるキューバの首都ハバナは、カリブ最大の都市。革命以前はギャングがたむろするアメリカ最大の享楽街だったが、革命後はカジノや売春宿、スラム街は一掃され、先進国並の豊かな平等社会を目指して発展し続けてきた。
（写真・日本電波ニュース社提供）

キューバ訪問中に通訳を務めてくれた元キューバ外交官夫人の瀬戸くみこさんはこう語る。

「キューバ人たちには自分たちがラテンアメリカの指導者だというプライドがあるのです。例えば、どこかの国に被害が出たらすぐに出かけて援助するのがキューバなのです。この間もブラジルで牛乳が不足しているといって援助をしました。自分たちの牛乳がないのに何でよその国にわざわざ出すんだと文句を言う人もいますよ。でもね。豊かなときに援助をするのは本当の援助ではない。苦しいときに助けるからこそ援助なのだ。そういう考え方をキューバ人は持っているのです。そして、大臣をはじめ高級官僚は本当によく働きます。夜九時以降でないとつかまらない。それくらい仕事をしています。トップ層は、革命戦をくぐり抜けてきた世代だから、ものすごく勉強をしているし、世界の動きについても熟知しているのです」

実際、私が二〇〇二年の一月に取材を行った折にも、夜八時すぎから農業省の事務所に、熱帯農業基礎研究所長や副所長、ハバナ市の都市農業担当官など、そうそうたるメンバーが集まり、夜遅くまで副農業大臣を囲んで熱心に農政を論じていた。

キューバを訪問中に知り合った日系二世の都市農家、オオエ・オルガさんと、その夫セグンド・ゴンサレスさんも、次のようなエピソードを披露する。

「キューバでは同じ罪を犯しても公務員は一般国民の倍の罪を科せられるんですよ。キューバの役人はドルでお金をもらう人はいないし、海外に金を貯めている人もいません。そして、官僚たちは国民の命を守るために全力を尽くしている。二〇〇一年にハリケーン・ミシェルが襲来したときも安全なところまで避難せよと政府が早めに手を打ったため、サトウキビ精製工場は壊れましたが誰ひとりとして死にませんでした」

ハリケーン・ミシェルはこの五〇年来最大規模のものであり、避難民は総人口の約三割の三〇〇万人にも及んだ。ゴンサレスさんの表現は若干オーバーで実際には倒壊した建物の下敷きになったりして五人ほどの死者が出たという。しかし、他の中米諸国では数万人の死傷者が出ているのであるからキューバの危機管理がどれだけ徹底していたかがよくわかる。[(7)] そして、大きな被害を受けた中部地方を中心に、カストロは被災地を精力的に回っては、一人ひとりの住民に励ましのメッセージを伝えて歩いたという。

一九九八年の秋にミッチ・ハリケーンが中米諸国に死者一万五〇〇〇人をもたらした折にも、キューバは三〇〇人以上のボランティア医師団を直ちに派遣。あまりの惨状に手をつけられず他国からの医師団が次々と帰国する中で最後まで現地に踏みとどまり援助活動を行った。被害が最も大きかったニカラグアで政府の救助活動はほとんど行われなかったことも踏まえ、一九九九年には発展途上国の青年たちを教育するため「ラテンアメリカ医科大学」を創設している。留学生たちの授業料や滞在費はキューバ側が持ち無料だが、入学条件がただ一つある。医師になり母国に帰った後も都市で富貴を求めず、無医村での医療活動に奉仕することである。加えて、カストロ政権は、チェルノブイリ原発事故で被災した子どもたちを何万人も国内に受け入れ、今も無料で治療活動を行っている。その受け入れ数は世界の他のどの国よりも多いという。

また、ゴンサレスさんが指摘するように、一九九二年にはカストロ兄弟に次ぎ、事実上ナンバー3とされていたアルナダ党中央委員会書記が、海外出張中に使用できるクレジットカードを外国企業から提供されただけで、党から除名処分を受けている。(5)

## ソ連依存の疑似ユートピア

理想国家建設を目指す高邁で清廉な役人たちからなる革命政府。パラダイスとはいえないまでも、カストロは発展途上国の中では飛び抜けた高度福祉国家、ユートピアに近い平等社会を築きあげることに成功した。

だが、キューバが本当に自立した発展を遂げることができたのか、というとそうではなかった。保育園から大学までの無料の教育、虫歯の治療から心臓移植までも一銭もかからないという感動的なまでの福祉制度は、ソ連への大きな依存を前提に成り立っていた。発展途上国でありながら、キューバが他のラテンアメリカやカリブ諸国をはるかに上回るスピードで急成長できた背景には、共産圏ときわめて有利な貿易関係を取り結び、その貿易を通じて膨大な海外援助を受け続けることができたという裏事情がある。(4)

砂糖を中心とする農作物やニッケル鉱石を供給し、工業製品と食料を輸入するというのが共産圏内での役割分担ではあったが、ソ連は政治的な思惑もあって砂糖を世界価格の五・四倍もの高額で購入したし、石油も廉価で提供し続けた。キューバは、外貨獲得用に輸入石油の一部を再輸出することもできたのである。(4)

どの発展途上国と比べても格段に有利な貿易協定が結ばれていたから、キューバは、それこそ石鹸やトイレットペーパーといった日常生活物資から、石油、農業機械、自動車、テレビなどの電化製品にいたるまで、ほとんどすべてを海外から輸入した。そして、その輸入元の八四パーセントをまかなっていたのはソ連圏だった。木材九八パーセント、各種原材料八六パーセント、機械類八〇パーセント、化学製品五七パーセント。そのうえ、国民にとっては死活問題であるはずの食料も、総カロリーベースでは

**表2　輸入食料への依存度合い**

| | |
|---|---|
| 小　麦 | 100% |
| 豆　類 | 99 |
| 穀　類 | 79 |
| コ　メ | 50 |
| 食用油・ラード | 94 |
| バター | 64 |
| 牛乳及び乳製品 | 38 |
| 魚　類 | 44 |

（キューバ農業省1989年及びDeer［1992］から著者作成）

五七パーセント、脂肪と蛋白質では八〇パーセント以上を海外に頼っていた[12]。表2を見ていただきたい。これは各品目ごとの輸入率を示したものだが、豆類九九パーセント、食用油・ラード九四パーセント、穀類七九パーセントと、薄ら寒くなるほどの海外依存が見えてくる[4]。

キューバは基本的に農業国だし、周囲も海に囲まれている。だが、社会主義圏内での役割は砂糖やタバコなどの換金作物を生産することにあったから、その農業は輸出向けの大規模モノカルチャーに特化していた。全農地の七五パーセントは、コルホーズ方式の国営農場が耕作し、しかも、一つひとつの国営農場の平均規模は、畜産二万五〇〇〇ヘクタール、サトウキビ一万三〇〇〇ヘクタール、柑橘類一万ヘクタール、一般農作物でも四〇〇〇ヘクタールというように、日本では想像できないほど広大なものであった[8]。灌漑施設を整備した広大な圃場を大型トラクターが走りまわり、大量の農薬や化学肥料をぶちまく。一〇〇〇ヘクタール当たり二一台というトラクター数はラテンアメリカ内では最高だったし、化学肥料の投入量はアメリカよりも多かった[9]。平均で三万ヘクタール以上もある水田農場は、飛行場を兼ね備え、種もみを空から撒いた。[10] 日本で想像される遅れた発展途上国というイメージとは裏腹に、世界でも最先端をいく筋金入りの近代農業が展開されていたのである。ところが、滑稽なことに、この近代農業を支える農業資材も、ことごとく輸入に頼っていた。農薬九八パーセント、化学肥料九四パーセント、家畜飼料九七パーセントというように、それこそ種子から、トラクターとその燃料部品にいたるまで、ソ連圏が供給していた。そして、できた農産物の大半を受け入れていたのも、やはり社会主義圏であった。キューバの主な輸出農産物品は、砂糖や柑橘類だが、それぞれ六三パーセント、九五パーセントを社会主義圏が買い入れ、全輸出量では六七パーセントをソ連が一手に引き受け、東ドイツやルーマニア、ブルガリアといった東欧諸国をあわせると、八一パーセントが社会主義圏に輸出されていた。[4]

数字を少し並べただけで、どれほど徹底した国際分業体制が敷かれていたかがおわかりいただけよう。もちろん、この極端といっていいほどの分業路線は、キューバ人たちに相当な恩益をもたらしたし、それが続くかぎりは経済戦略的に言っても合理的なものであった。例えば、食料・衣料・生活必需品を配給を通じて廉価で供給できたし、カストロ一流の国際主義に基づく国力に分不相応なまでの海外協力も実現できた。常時二〇〇〇人もの医師がアフリカをはじめとする国々で活動していたし、一時期は、キューバ一国だけで世界保健機関（WHO）を上回る多数の技術者や医師を派遣していた。[11] それも、ことごとく無料のボランティアでである。たかだか人口一一〇〇万人の小国が、これほど国際舞台で活躍し

ソ連圏崩壊でハバナっ子たちを見舞ったのは石油、食料から、石鹸、トイレットペーパーまで何もかもが途絶するという未曾有の経済危機だった。危機の傷跡は今も残り、国営デパートの棚はいまだに空っぽである。

えたのも、バックにソ連という親分がいたからであった。一九八〇年代にラテンアメリカ諸国は深刻な不況に陥ったが、キューバだけは平均七・三パーセントという高率で経済成長し、年間の国家財政も歳入歳出ベースで約一〇八億ドルと安定していた。だが、それはソ連からの年間五〇億ドルもの援助があればこそ成立しうる上げ底経済であった。カストロは一九九三年一二月のグランマ紙で「物資に不足が生じれば、ソ連に電報を一本打ちさえすれば、問題はすぐに解決した」と述懐している。(5)

一九八九年には牧草地をのぞく農地の六〇パーセントにサトウキビが作付けされ、砂糖とその加工品が、外貨収入の七五パーセントを占めていた。(1) モノカルチャー作物、とりわけ砂糖は国際市場に左右されやすい。本来ならば、これはきわめて危険な貿易構造である。社会主義圏との貿易合意で、安定した輸出先が担保されていたから表面化しなかったものの、一度何かがあれば、たちまち転覆しかねない脆弱さを抱えていた。要するに、キューバの豊かさは、ソ連という親玉がこければ、バブルがはじけるように、何もかもが瓦解する危険性を内在させた中での、いわば砂上の楼閣だったのである。(5)

## ソ連崩壊と経済封鎖のダブルパンチ

一九八九年に、ベルリンの壁の倒壊とともにソ連圏が崩壊すると、キューバの国際分業路線はたちどころにゆきづまる。輸入元と輸出先をほとんど同時に、それも一挙に失う。輸入額は一九八九年の八一億ドルが、一九九二年には一七億ドルと八〇パーセントも落ち込み、(13)輸入を支える輸出能力も急激に低下していく。例えば、砂糖は一九八〇年代にはキューバの輸出額の八〇パーセントを占めていたが、ソ連の「買い支え」がなくなり、国際市場に投げ込まれたため、その価値が暴落した。(4)一九八九年には砂糖一トンは七トンの石油に交換できたが、一九九三年にはこれが一・三トンにしかならない。(5)加えて、農薬や化学肥料などの生産資材が失われたことで、砂糖生産量は、一九八九年の八一〇〇万トンが、一九九三年に四三七万トン、一九九五年に三三六万トンと急落していく。(14)結果として、砂糖輸出額は九億六五〇〇万ドルと、以前の五〇億ドルの二割以下になってしまうのである。

キューバ政府は、一九八九年以降の外国貿易の数値を一切公表していないが、アメリカのCIAが調べた数値がある。それによると落ち込みは、食料五三パーセント、原料資材八九パーセント、燃料七六パーセント、化学資材七二パーセント、機械八八パーセント、一般商品八二パーセントと想像を絶するような数値が並んでいる。[13]

これだけ輸入が落ち込むと経済も麻痺せざるをえない。国内経済は、一九九一年には二五パーセント、翌一九九二年には一四パーセント低下、一九八九年に一九三億ペソあったGDPが、九三年には一〇〇億ペソと四八パーセントも縮小する。[13] しかし、実体経済の落ち込みは六〇パーセント以上だったのではないか、という民間団体の声もある。[15] いずれにしても大変な痛手であった。

ソ連崩壊をカストロ政権を倒すよいチャンスとばかり、アメリカは一九六一年から引き続く経済封鎖をより一層強化する。一九九二年に、国内外のアメリカ系企業及び全子会社がキューバとの貿易取引を行うことを禁じた法律、トリチェリ法こと「キューバ民主化法」を制定。キューバに寄港した船舶は、半年間アメリカに寄港することを禁じられ、違反した場合は貨物没収の罰が科せられた。ロシアをはじめソ連崩壊後に誕生した新たな国々はアメリカなど西側諸国に援助を求めたが、それに対してアメリカが設けた条件のひとつがキューバとの貿易をすべて止めることであったのである。[16]

トリチェリ法により失われた貿易量の七〇パーセントは食料と医薬品であった。こうした非人道的な政策がすでに危機的な状況下にあったキューバの食糧危機に一層の打撃を与えた。[16][17][18]

さらに不幸は続く。キューバの国連大使であったアントニオ・ブランコさんは一九九四年に行ったジャーナリストとの対談の中で、次のようなエピソードを語っている。

「こうした締めつけを受けて私たちがどん底になったちょうどそのとき、一九九三年の三月に今世紀最悪とされるハリケーンが襲い、輸入能力が二〇億ドルそこそこしかない中で一〇億ドルを超す被害を出したのです。嵐は四万戸以上の住宅を破壊し、ハバナを取り巻く緑地帯の作物もやられました。そして、貴重な外貨を稼ぐホテルの多くも深刻な被害を受けたのです。

私たちは革命後、初めて国際社会に緊急援助を求めなければなりませんでした。キューバは過去三〇年にわたって、イデオロギーの区別なく、ニカラグアやエルサルバドルなど多くの国を援助してきました。受け入れられはしませんでしたが、ハリケーンで被災した折にはアメリカにも支援を申し出たのです。そして、経済危機に直面し、今度は、私たちが人々の人道的な感受性を期待する番がやってきたのです。アメリカのいくつかのＮＧＯは経済封鎖から食料や医薬品を除くようにと政府へ要請しました。でもそれは無駄だったのです[18]」

アメリカ政府は、国内のこうした声を無視するだけでなく、一九九六年にはヘルムズ・バートン法こと「キューバ自由民主連帯法」を制定し、さらに封鎖の締め付けを強化する。同法で、全アメリカ及びアメリカ系企業は食料や医薬品の販売を禁じられた。スイス、フランス、メキシコなどにある企業は、「石鹸であれ牛乳であれ、キューバへの販売予定をキャンセルせよ。さもなくば、商取引上での報復を受けるであろう」とアメリカ大使館員から警告されたと報告している[19]。

アメリカは、イランや北朝鮮のようにテロ国家と見なす国々を経済封鎖しているが、医薬品や食料のような人道的な物資についてはその項目から除外している。だが、キューバにおいては違ったのである。法の提唱者のヘルムズ上院議員は、法が上院で可決する際に「今年こそは、キューバの人々がフィデルに別れを告げる年にしましょう」と語った。[20] フィデルとはフィデル・カストロ国家評議会議長のことである。

## 輸入食料不足と国内農業の瓦解

ソ連の崩壊、そしてそれに引き続くアメリカの経済封鎖というダブルパンチを受けたキューバの経済危機は、日本の不況とは比較にならないほどの国のあらゆる部門に及ぶ経済崩壊であった。

主要エネルギー源である石油輸入量は、一九八九年には一三三〇万トンあったが、一九九三年にはわずか五七〇万トンしか輸入できず、国内産油量一一〇万トンをあわせても六八〇万トンしか確保できなかった。一九八八年には、工業部門は全消費量の約六割に相当する六六〇万トンの石油を消費していたが、燃料、原料、機械、スペア部品が輸入できなくなれば工場は動かせない。一九九三年末までに工場の八〇パーセントが閉鎖し、多くの労働力が職を失い、失業率は四〇パーセントに及んだ。[13]

農村の近代化に大きな力を注いできたキューバでは、一九八九年には国内の九六パーセントの電化を達成していた。だが、どこまでも延々と張り巡らされた電線も九九・五パーセントは火力発電によるものので年間に三三〇万トンの石油を必要としていた。[13] あの手この手で政府は省エネと節電に努めたが、一九九三年の夏にはハバナでは停電が一二〜一六時間にまで及び、二〇時間も続いた地方都市もあった。市民たちは蝋燭やテレビン油を灯した[21]。

だが、中でも経済危機の打撃を一番大きく被ったのが食料だった。一九九一年の第四回共産党大会でカストロはこう演説している。

「コメはゼロだし、豆は五〇パーセント、植物油は一六パーセント、ラード七パーセント、コンデンスミルク一一パーセント、バターは四七パーセント、缶詰肉一八パーセント、粉ミルクは二二パーセントしかない[9]」

キューバはカロリーベースで五七パーセントを輸入食料に依存していたが、一九八九年から一九九三年にかけて、その輸入量が半減した。そして、失われたのは輸入食料だけではない。食料生産に欠かせない農薬、化学肥料、トラクター燃料などの生産資材も失われた。一九八九年には、一三〇万トン以上の化学肥料、一万七〇〇〇トン以上の除草剤、一万トン以上の農薬が輸入されていたが、一九九二年には化学肥料は三〇万トンと以前の二三パーセントとなり、殺虫剤が六割以上減れば、家畜飼料も二〇〇万トンから四七万五〇〇〇トンに減少[9]。石油不足で一九九一年一一月には早くも農業トラクターの一二パーセントが稼働できず、最終的には半分が動かなくなり、燃料不足で灌漑用ポンプやコンバインも停止した。トラクターは畑で遊んだままになり、用水不足で作物は畑で枯れた。電力や原材料不足で化学肥料工場も運営できない。家畜も餌やワクチン不足で死に絶え、一九八九年に五七〇万頭いた牛は二五〇万頭にまで減ったともいう。(注) 農業生産は、一九九二年に一〇パーセント、一九九三年には二三パーセントとスパイラルに縮小し、一九九四年には一九九〇年レベルの五五パーセントにまで落ち込んでしまう。(9)

輸入食料と国内生産の半減に加えて、さらにまずいことがあった。冷蔵貯蔵や配送といった流通システムもそのほとんどを石油に依存していたため、これが事実上停止状態に陥ったのである。都市化が進んだキューバでは、国民の約八〇パーセントが都市に居住しているが、一九九四年の末には、交通も七〇パーセントが麻痺した。都市へ食料を輸送したくても、その輸送手段がない。農村ではいくらか残っていた収穫物も、消費者の口に届く前に畑で腐った。(9)

食糧危機は、国全体を震撼させたが、都市が最も影響を受け、とりわけ首都ハバナにとっては致命的であった。

## 一〇キロも痩せ、栄養不足で失明者が続出

一九九一年、カストロは、「平和時のスペシャル・ピリオド」、すなわち国家非常事態宣言を行い、国を戦時の統制経済下に置く。

乏しい食料の公正な分配を確実にするため、政府はこれまで以上に広範囲にわたる食料配給制を敷き、女性を優先的に食堂で食べさせたり、学校給食を通じて子どもたちにミルクや食料を供給した。(22) 絶望的

な状況の中でも、食料が平等に分配され続けたことが、子どもや女性、老人など社会的な弱者を守った。もしも、政府が食料供給プログラムを講じなければ、食糧危機の悲劇はさらに高まってしまったであろう。だが、食糧不足の負担を受けた男性のカロリー摂取量は、一九八九年の三一〇〇キロカロリーから一九九四年には一八六〇キロカロリーと四〇パーセントも落ちてしまう。[18]

しかも、政府の配給も日に日に減りやがて底をつく。コメは月に二・四キロ、パンは一日八〇グラムが一個、卵は一週間に二個配られればよいほうで、[23]配給からはわずかに一二〇〇キロカロリーしか得られなくなっていく。[18]かつては、ラテンアメリカ諸国内で栄養面では二番目にランクされていたキューバは、カロリーベースでアメリカの半分、ラテンアメリカ平均の二五パーセント以下、蛋白質摂取量では一六パーセント以下の栄養失調国に落ちこんだ。[24]肉はほとんど食べられず、卵、調理用油、パン、ミルクもほとんど枯渇し、市民たちは、食用バナナ、タロイモ、ジャガイモとキャッサバによって食いつなぎ、[25]カロリー不足を補うために砂糖を食べた。全カロリーに占める砂糖の割合は一九八九年の一八パーセントから一九九二年に二六パーセントまで増えたと言われる。[18]

危機以前には、国民の三七パーセントが太りすぎで、二〇パーセントは肥満体だったが、食料不足で人々は痩せ細る。一九九二年から一九九三年の間に、男性は五キロ、女性は三キロ、一九九四年には、男女平均で九キロも体重が落ちた。[25]その上、車が動かなくなってしまったから、歩いたり、自転車に乗ったりしなければ用が足せない。空腹の中で動きまわらなければならないことは辛いことだった。

女性の体重減は、未熟児を増やす。妊婦の体重データが医師により集められ、州ごとに分析されたが、一九八八年から一九九三年までに不適切な割合が一八パーセントも増え、二・五キロ未満の未熟児も、一九八九年の七・三パーセントから一九九三年には九パーセントと二割も増した。

一九九一年には、妊婦と乳幼児の半数以上に貧血症が見られたため、政府のマタニティ・センターは、補食材供給者の登録数を一九八九年から一九九二年までに三倍にするという精一杯の努力を行ったが、食料は不足し続け、体重減は一向に解消されなかった。そして、この供給プログラムの遂行力も衰えていく。かつては、一三歳以下の子どもたちや六五歳以上の老人には一日一リットルの牛乳が無料で提供されていたが、一九九二年以降は七歳以下の子どもだけに限定され[18]、一九九五年の半ばには、さらにこの年齢を三・五歳まで引き下げなければならなかった[27]。

## 病気になっても治療を受けられない

慢性的な栄養失調やビタミン不足で、一九九二年には五万人以上もの市民が一時的に失明するという視覚障害や運動機能の損傷に悩まされる[26]。もちろん、政府は手をこまぬいていたわけでなく、同年後半からは、ファミリードクターと呼ばれる町医者を通じて毎月ビタミン剤を提供した[18]。そして、苦しい懐事情の中で一九八九年に九億ペソだった健康医療費を一九九四年には一一億、一九九六年には一二億ペソへと増額する。この経費を捻出するため、一九八九年に一三億ペソあった国防予算を一九九五年には六億ペソに削減するという大鉈を振るった。[28] アメリカとの積年の軍事的対立を考えればこれは大変な勇断だったが、ともかくも国民の健康を守ることを最優先したのである。

だが、工場が閉鎖して失業者があふれるし、停電は続く。食料もなければ、水道やゴミ収集といった基本的な行政サービスも滞る。清掃車が動かせず、何カ月も収集されずに放置されたゴミの山が、ハバナの通りでは当たり前となったし、ゴミが腐敗し、野犬やネズミ、害虫が増殖すれば、伝染病につながる。[22]

キューバの公共水道は革命以前にアメリカが建設しているため、水道管やポンプの交換部品も購入できない。[28] 修理部品の欠乏と電力不足で、断水が続いた。また、たとえ給水できたとしても、殺菌用の塩素が生産できないため、飲料水の安全性が担保できない。塩素処理率は一九八八年から一九九四年の間に九八パーセントから二六パーセントにダウン。「飲む前には、必ず沸騰させるように」との指導がされたが、体力のない子どもや老人が影響を受け、[22] 下痢による死亡率は、この期間で二・五倍も増え、革命以前に蔓延していた赤痢や腸チフスや結核、寄生虫病も復活した。[26]

加えて、食料が乏しい中で、孫を思う老人たちが食事を一日二回に切り詰めて孫に回したため、[29] ちょっとのことで骨折するようになった。[18] ところが、病気になっても骨が折れても満足な手当てが受けられない。キューバは先進国をうわまわるほどの高水準な医療サービスを提供してきたのだが、薬局の棚は、空っぽになり、医師が処方箋を書いても薬剤師はそれに応じられなくなった。麻酔薬、縫合糸、手術用手袋といった備品も乏しければ、試薬がないためごく普通の診断器具も使えない。[22] 九〇〇ものベッドがある大病院でも、わずか数十個しかモルヒネ、抗生物質、ステロイド、利尿剤がないという泣くに泣けない状況が出現した。電力不足で病院の停電は続いたし、ガソリンとスペア部品不足で、救急車も動かせない。心臓移植や心臓欠陥の矯正手術を行えるほどのハイテク技術も、今となっては宝の持ち腐れである。大病院から町中の診療所にいたるまで、どこでも病人は、治療されないままに放置されるしかなかった。[26]

ジョージタウン大学ラテンアメリカ研究センターのホームページには、一九九二年時のこうした情景を描いたレポートが掲載されているので、その要旨を抜粋してみよう。

「暖かい秋の晩、母親と子どもが、ダウンタウンの粗末な診療所の待合室のまわりをうろついている。子どもの熱を下げるためのアスピリンと下痢止薬を求めてやって来たのだ。だが、看護婦は同情するものの、クリニックには何もない。親子は、ゆっくりと通りへ戻っていった。二人の若い医師は、肩をすくめ首を振るしかなかった。

キューバの医療システムがかつてはどんなに素晴らしいものであったにせよ、もはや崩壊している。何百ものクリニックと病院、そして数千人の医師と看護婦がいたとしても、その設備はかろうじて機能しているだけだ。優れた教育と並んで無料の高水準の医療福祉サービスは、カストロの社会主義の象徴だった。だが、革命の主柱は明らかに損なわれている[22]」

レポートが報告するとおり、「以前に到達した医療を実施することはもはや不可能になった」とロベルト・ロバイナ外相が国連でなげくありさまだった。一九五〇年代には、町中では物ごい、売春、ホームレスや裸足の子どもたちが頻繁に見受けられたし、ハバナの革命博物館には、膨れた腹に蠅がたかり虚ろな瞳で死を待つ子どもたちの写真が陳列してある。この悲惨な風景を一掃したこと。これはカストロの革命の偉大な「成果」であるはずだった。だが、再びこうした悲しい現象が主要な都市で観察されるようになったのである。

灼熱の大地とヤシの木が生い茂る南の楽園で、大量の餓死者と病人が続出しかねない危機が迫っていた。

Crisis and the US Embargo on Health in Cuba" *American Journal of Public Health*, January 1997
http://www.usaengage.org/news/9701ajph.html
(19)——Juan Antonio Blanco and Medea Benjamin (1994) *Cuba talking about Revolution*, Ocean Press
(20)——Hugh Warwick (1999) "Cuba's organic revolution"
http://www.twnside.org.sg/title/twr118h.htm
(21)——Peter Schwab (1999) *Cuba confronting The U.S. embargo*, St. Martin's Griffin.P
Ken Cole (1998) *Cuba from Revolution to Development*, Pinter.p52
(22)——Kathleen Barrett (1993) "The Collapse of the Soviet Union and the Eastern Bloc: Effects on Cuban Health Care"
http://sfswww.georgetown.edu/sfs/programs/clas/Caribe/bp2.htm
(23)——後藤政子（2001）『キューバは今』神奈川大学評論ブックレット17　御茶の水書房他
(24)——Berniece Romero (1998) "Oxfam Helping to Ease Cuba's Food Crisis"
http://www.oxfamamerica.org/pubs/vp/41CUBA.HTML
(25)——John Ruhland (1997) *Good Medicine for Cuba,* Washington Free Press
http://www.speakeasy.org/wfp/30/Cuba.html
(26)——Harriet Beinfield (2001) "Acupuncture in Cuba"
http://www.globalexchange.org/campaigns/cuba/sustainable/caomj0601.html
(27)——Christopher P. Baker (1997) *Cuba Handboo*k, Moon travel Handbooks p82
(28)——Oxfam America and the Washington Office on Latin America "Myths And Facts About The U.S. Embargo On Medicine And Medical Supplies"
http://www.wola.org/cubamyth.html
(29)——宮本信生（1996）『カストロ』中公新書 p158
(注)——公式数値上は、減っていない。非公式な数。
Manuel David Orrio (1997) "The Livestock that did exist" Cuba Net による

## 引用文献


(1)——Tooker Gombergand Angela Bischoff (1997) "Cuba: An Island Apart"
http://www.greenspiration.org/Article/CubaAnIslandApart.html

(2)——David Stanley (1997) *Cuba*, Lonely Planet Publications. p50

(3)——Caroline Whyte (1998) "The Greening of Cuba"
http://www.iol.ie/~mazzoldi/toolsforchange/zine/sam98/cuba.html

(4)——Peter Rosset and Medea Benjamin (1994) *The Greening of the Revolution*, Ocean Press.

(5)——宮本信生（1996）『カストロ』中公新書 p177-178、p172、p150

(6)——さかぐちとおる他（2001）『キューバ　情熱みなぎるカリブの文化大国』トラベルジャーナル p36

(7)——後藤政子「ハリケーンの政治学」『カサ・デ・クーバ・リレーエッセイ』
http://www.casa-de-cuba.com/relayessay/index.html

(8)——William A. Messina, Jr. and Jose Alvarez (1996) "Cuba's new agricultural cooperatives and Markets : antecedents, organization, early performance and prospects"
http://www.lanic.utexas.edu/la/cb/cuba/asce/cuba6/

(9)——Minor Sindair and Martha Thompson (2001) "Cuba: Going Against the Grain", Oxfam America
http://www.oxfamamerica.org/cuba/index.html

(10)——熊澤喜久雄（1998）『キューバの農業事情、とくに稲作について』山崎農業研究所 p77

(11)——Christopher P. Baker (1997) "Cuba's Flying Doctors" *Cuba Handbook,* Moon travel Handbooks p110

(12)——Peter Rosset (1994) "The Greening of Cuba"
http://www.interconnection.org/resources/cuba.html

(13)——Serigio Diaz-Briquets and Jorge F. Perez-Lopez (1995) "The Special Period and The Environment"
http://www.lanic.utexas.edu/la/cb/cuba/asce/cuba5/

(14)——Anuario Estadistico de Cuba, agropecuario
http://www.camaracuba. cubaweb.cu/TP Habana

(15)——Christopher P. Baker (1997) *Cuba Handbook,* Moon travel Handbooks p74

(16)——Catherine Murphy (1999) "Cultivating Havana" *Food First Development Report,* No12

(17)——Oxfam America and the Washington Office on Latin America "Myths And Facts About The U.S. Embargo on Medicine and Medical Supplies? "
http://www.wola.org/cubamyth.html

(18)——Richard Garfield, DrPH, RN and Sarah Santana "The Impact of the Economic

## 2 町中を耕す市民たち

一歩舵取りを誤れば、大量の餓死者を出しかねない危機的状況の中で、ハバナ市民が選択したのは、首都を耕すという非常手段だった。そしてただの一人も飢え死にさせることなく、ハバナは、完全有機での野菜自給を達成した。なぜ、わずか一〇年という短期間でこれほどの「奇跡」を成し遂げることができたのか。その秘密は次章以降でおいおい解き明かしていくとして、まずハバナの都市農業の現状が一体どうなっているのか。どのような人々が、どのような思いで耕しているのか。そのイメージをつかんでいただくため、最初にいくつかの都市農家を訪ねてみることとしよう。

### 日系二世が耕す「日本人」農場

まずは、プラヤ地区で農業を営む野菜農家、オオエ・オルガ・ゴメスさんとセグンド・ゴンサレスさん夫妻の農場である。オルガさんは日系人の二世で農場名も「エル・ハポネス」、すなわち日本人と命

ハバナ西部にあるエル・ハポネス（日本人）という名前がついた農産物直売所。農場に併設した直売所には、ひっきりなしに、客が訪れる。（写真・日本電波ニュース社提供）

名されている。

オルガさんの父親、大江三郎氏は新潟県の出身で、一九〇八年生まれ。一九三五年に移民としてやって来て以来、国営農場で働き、野菜づくりの達人として国から表彰されたこともある。

「農業を始めたのは一九九一年からです。オルガの父がやっていた畑を引き継ぎました。農家になった理由は三つあります。一つは、土地を守って欲しいという遺言をオルガが守ると約束したこと。二つはソ連崩壊で食料など資材が入ってこなくなったこと。そして、私は微生物学者でしたが、基本的に農業が好きだったことです」

そう言ってセグンドさんは笑った。セグンドさんは、サン・アントニオ・デ・ラス・ベガスというハバナ南部の町の出身で、獣医学を専攻した細菌学の

農園主のセグンド・ゴンサレスさんとオオエ・オルガ夫妻。夫婦とも以前は国の研究者だったが、経済危機の中で農家になった。オルガさんは日系二世。ハバナの都市農業のリーダーとして、2000年の夏には日本へも有機農業視察に訪れた。

研究者。オルガさんはハバナ州の生まれ、金属化学の研究者だった。

オルガさんが経済崩壊時のことをふり返る。

「とにかく大変な事態で、多くの国民がお腹を空かしました。それまで輸入されていたものが入らなくなり、暮らし全般にわたって日用品が不足し、いかに消費量を少なくするか、どうそれに耐えていくかが問題となったのです。コメも少なければ、油の配給もない。油がないので卵焼きが作れず、ゆで卵にしたのですが一つしかない。二人の子どもに一つの卵をわけたんですが、ちゃんと一個食べたいと泣くんです。母親として一番つらかったのは子どもたちに十分に食べさせてあげることができないことでした。こうした生活は、いつまで続くかわかりません。ですから、農業をやろうと思ったのです」

もともとオルガ一家が所有していた畑は五〇アール。ここは、オルガさんが中心となって野菜を栽培し、セグ

セグンド・ゴンサレスさんの畑。以前は雑木が生い茂る荒れ地だったが、牛を使って開墾した。ここから採れた有機野菜は近所の7つの小学校と保育園の給食の食材として提供される。

ンドさんは、国から遊休地を借り、全体では三・五ヘクタールで経営をしている。家の前の畑では、インゲン、春菊、大根、バジル、ラディッシュ、ネギ、レタスなど実に様々な野菜が作付けされ、鶏も走り回る。だが、ところどころに石灰岩が顔を出している。ここは、もともと七〇センチも掘れば岩が出る土地柄で、土壌もアルカリ性であったため、中性にするのにはずいぶんと苦労したという。

「それこそトラックを何台も使って運ぶほどの石がありました。石を掘ったり、水を引くとか、畑にするには大変な苦労をしました。今は国をあげていろいろな支援がされるようになりましたが、当時は経済危機の最中ですから、何もかも自分たちでやらなければならなかったのです。でも今では、やり遂げたことを誇りに思っています」とオルガさんが言えば、セグンドさんも、「土というのは母のようなものです。こちらから心を込めれば、必ず応えてくれるのです。私はこの畑に自分の人生をかけていますが、大地もきっとその期待に応えてくれるでしょう。栽培内容や土地条件によって所得は違いますが、私たちは月一五〇〇ペソは稼いでいます。仕事はきついですが、お金になるのはありがたいことです。働くほど売れますし、別の自分を再発見できて面白いのです。私はもともとハバナでも田舎の方の出身ですから、地方の農家の気持ちがわかって、いま幸せなんです」と満足げに微笑む。

「お二人が研究者をやめ農業を始めた頃の写真はありませんか」と尋ねると、「今でこそ写真は多くありますが、経済危機のときには、それどころではなく、フィルムすらありませんでしたから、研究所をやめるときのお別れパーティの写真もないんですよ」と夫妻とも首を横にふる。改めて経済崩壊時の厳しい生活事情を実感させられる。

「本当に苦しい時代は一九九二年から一九九四年でした。当時は石鹸もなく洗濯も満足にできませんでした。ですがね。人間にとってはユーモアが必要です。キューバ人はどんな深刻なことでもすべてジョークにして明るく笑ってしまうのです。それまでキューバはソ連の援助を受けてそれに頼りきりでした。そういう経験をしたおかげで今がある。だからよかったと、むしろ経済危機に感謝しているくらいなんです」とセグンドさんは笑う。

オルガさんも、研究者をやめて農民になったことを後悔していない。今の暮らしが幸せだという。

「いつの時代でもどんな仕事からでも何か得るものがあります。学ぶことはいくらでもあるのです。この有機農業という仕事は、同じ野菜を同じ畑に植えたからといって、いつもうまく出来るものではありません。毎日観察しなければできないのです。その経験が私たちを成長させているのです。種を蒔いて作物を育てることは人を育てることとどこか似ています。とてもやりがいのある仕事で人生を豊かにしてくれます。作物が立派に育ったときの充実感はありますし、生きがいを感じるから今は幸せです。私には農家だった親の血が流れているんです。私たち人間は、生きるうえで一握りの土こそ大切にしなければならないのです」

## ゴミ捨て場を農地に——失業者たちの協同組合農場

南部のサンミゲール・デル・バドロン区には、もともとゴミ捨て場だった土地を失業者たちが集まって農地にした「アメイヘイラス兄弟農場」がある。アメイヘイラスとは、カストロの革命戦に参加し、戦死した三人兄弟の名に由来する。キューバでは農場や学校にこうした故人の名前がついていることが多い。

組合は一九九九年に誕生。現在耕作しているのは二ヘクタールだが、ここもセグンドさんと同じく国有地を無償で借りたものだ。ラサロ・ソーリア組合長と経理・生産担当のマリア・エレナさんの他、組合員は五名。全員が農業をやったことがないズブの素人で、以前は経済危機の中で失業したり、年金で生計を立てていた退職者たちだった。

ハバナ南部にある「アメイヘイラス兄弟農場」。以前はゴミ捨て場だったが、川底の泥を客土し農地にした。今では地区住民が野菜を買うため長蛇の列ができるほど人気がある。

「地形をご覧になればわかると思いますが、ここは窪地になっていたため、ゴミが捨てられていました。そこで、近くの川から川底の泥をかき出してきては埋め立てるという作業を繰り返して農地にしたのです。一年がかりの大変な仕事でした。組合が設立されたのは一九九九年ですが、やっと収穫ができたのは二年後の二〇〇一年からです。これまで、上の段の畑で三回、下の段で二回収穫しています」とソーリア組合長。

もちろん、全部が有機農業で、収穫物の残りや落ち葉、近くの畜産農家からもらった牛糞を混ぜて堆肥にしたり、ミミズを使って堆肥を作っている。輪作や混作とあわせて、微生物やタバコのエキスから作った天然農薬を使っているため、害虫の被害はほとんどないという。レタス、大根、ニラ、ビーツ、ニンジン、パクチョイ、ホウレンソウなど、いずれも見事な成育ぶりで、とても素人が始めたばかりとは思えない。

マリアさんは、バヤモの専門学校で農業を学んだ技術者である。キューバでは、数百人からなる協同組合には必ず専門技術者が配備されているが、この農場のように数人程度の小さな協同組合にも専門家がいることがある。

「こうした栽培技術はマリアさんが指導しているのですか」

「ええ、そうです。ですが近くのコンスルトリオというショップに相談に行くこともあります。また、毎週一回、植物防疫研究所の専門家が指導に来てくれるんです」

キューバでは、新しく農業を始める人たちが困らないよう、痒いところに手が届くほど濃密なサポートシステムが整えられている。それについてはおいおい詳しく説明していくことにしよう。

組合の農産物は、みな地域内で消費されている。まず、学校給食への供給。この農場の向かい側の台地の上は学校だから、数分もかからない。まさに直売である。

「次はシステマ・コンベニオというのですが、社会への富の還元です。高齢者用のレストランに無償で野菜を配っています」

この協同組合を設立するにあたっては、農地造成や灌漑施設の設備など、一万八〇〇〇ドルもの援助を受けた。その恩返しは当然であると組合長は主張する。

「そして三つ目がコミュニティで売ることです。このゴミ捨て場だった土地を農場に変えて本当によかったと思っているのです。まず私たち七人の生活水準が向上しましたし、この地区の一万七〇〇〇人の住民が、新鮮な野菜が食べられるようになりました。食文化が俄然よくなっています。そして、生産以外でも直売を通じてコミュニティとの関係が結べますし、コミュニティの中で新たな人間関係ができあがっていく。それが一番大切なことなのです」

経済危機以前のキューバの食文化は、野菜をほとんど食べない不健全きわまりないものだった。この農場でも最初のうちは近隣の直売所に葉物野菜を出荷していたのだが、全然売れなかったという。

「そこで、これは鉄分が入っているから妊婦の身体によいですよとか、説明を交えてお客さんと会話をしながら売ることにしたんです。ビタミンが含まれているから身体にいいとか、どう料理して、どう食べたらいいのかとか、農家の側から消費者を教育していくことが大事なのです。今では、うちの野菜を並べると行列ができる。それほど地域の皆さんから喜ばれています」と、ソーリア組合長は胸を張る。

列ができるほど人気があるとすると組合の経営も順調なのだろうか。

「私のような管理人には月二六〇ペソ、一般の組合員は二二五ペソの基本給を協同組合から支払いますが、給料は決まっていません。月末ごとに収入から経費を差し引いて、半分は貯金し、残りは仲間で分かちあうのです。これを加えるとだいたい五〇〇ペソ、多い人で六〇〇ペソの稼ぎになります」

「働けば働くほど稼げるのですね。以前は失業していたのにキューバの平均サラリーの倍以上も儲かっているじゃあないですか」。そう伝えると、ソーリア組合長は顔をくしゃくしゃにして「そうなんです、本当に嬉しいことです」と喜んだ。

## 脱サラ教員夫婦がはじめた協同組合農場

ハバナ東部のアラマルにある都市農家も訪れてみよう。マリア・ボロネさんが夫のエリベルト・ガヤールさんや、夫の両親、弟と一緒に経営している協同組合農場で、一九九四年の設立日を記念して「十二月十三日協同組合農場」と名付けられている。広さはさほどではないが、実にきれいに畑が作られ、キュウリ、インゲン、トマト、ホウレンソウ、レタス、タマネギ、ニンジン、ナス、ピーマンなど見事な野菜ができている。

マリアさんもエリベルトさんも共に中学の教師で、両親も大工だったため、誰も農業の経験も知識もなかった。

「ソ連崩壊と経済封鎖で、生活が苦しくなり、バスもなくなり、通勤もできなくなった時に農民になろうと決意したんです。今年で七年目になりますが、何も知らない中で始めたので、今だにどれが農薬で何が化学肥料なのかまったくわかりません。ですから、有機専門でやっています」。マリアさんはそう言って笑った。

だが、教師をやめることへの不安は夫婦ともなかったし、一大決心をしたというほどではなかったと言う。キューバでは、ホセ・マルティ（コラム4参照）の思想に基づき、中学生は農村で農業を行うこ

ハバナ東部にある「12月13日協同組合農場」。マリア・ボロネさんとエリベルト・ガヤール氏の元教員夫婦が脱サラで始めた。ここも元は建築廃材のゴミ捨て場だったが、コンクリート廃材を利用して、今では見事な有機野菜が育っている。

とが義務づけられている。夫婦とも農家ではなかったが、全く農作業をやった経験がないわけではなかった。それが、いざ農業を始めるにあたって生きたのである。

「野菜を植えたりすることは多少は学校で体験していました。ですが、もうずいぶんとやっていませんでしたから、もう一度復習する必要があると思ったんです。そこで、夫と二人で一カ月ほど農業実習に行ったのです。有機農業のやり方もそこで初めて学びました。後は自分たちで試行錯誤する中で覚えていったのです」

夫婦は、学校が休みの時に農作業を行うという下準備を少しずつ重ねて、ついに脱サラした。

「ですが、一番最初は苦労しました。ここはもともと建築資材が捨ててあったゴミの山で、近所の皆に助けてもらって一つひとつ片づけていったのです。

まったくモノがないときでしたから、つるはしやスコップも簡単には手に入らない。水やりも最初は手でやっていたので、夜中の一一時、一二時までかかることもありました」。そうエリベルトさんが始めたころの苦労話をすれば、マリアさんも失敗談を語る。

「始めの頃には病気かどうかわからず、とにかく取ってしまえばなんとかなるだろうと野菜を全部とってしまったこともありました。また、ハリケーンで作物がみんなやられてしまったことも辛かったですね。でも、作物が駄目になったとしても、大地は残っているのです。また、病気が出たときには、国の指導員が応援に駆けつけて来てくれます」

夫婦は働きものである。朝は、だいたい六時に起き、午前中は目一杯働く。日差しが強いため身体を壊さないように、午後は夕方四時頃まで一度休むが、その後はまた仕事で、夜の九時頃まで働くという。

「はじめた頃は、畝も三つしかなかったんです。ですから、最初の年は収入が二〇〇ペソしかなく、こんなに働いたのに、たったこれだけかと思ったりもしました。ですが、だんだん良くなり、いまでは八〇〇ペソになりました」

夫婦は、強い日差しの中でも野菜ができるように日よけを作ったり、貯水タンクを作ったり、年間一万ペソ近い投資をした。だが、こうした経費や給料を差し引いても、二万五〇〇〇ペソの利益をあげている。

「このうち、一万五〇〇〇ペソは年末にみんなで分かちあいますが、残りの一万ペソは銀行に預金しておくのです。もちろん、借金はありません。借りたお金をきちんと返せるかどうか不安だからです。私たちは経営のプロではありませんが、経費を少なくし、よりよい経営を目指したいのです。だから、無駄なものは買いませんし、明日に備えて常に預金をしておくのです」

農場前には小さな直売所がある。

「直売所は土日も休まず八時半から午後七時までやっています。もちろん、店を閉めた後でも欲しい人がいれば、対応します。売るのはおじいさんの役目で、だいたいお客さんは少なくても一〇〇人、平均一五〇人は来ます」

そんな話を交わしているとちょうど、大きなトラックが農場前に止まった。バナナを売りにやって来たのである。だが、その内容を見て、マリアさんは「もう黄色くなっているので駄目」と断った。

「田舎で農産物が余った時やこの農場では出来ないものを、ああやって売りに来るのです。でも、キューバ人は青いバナナが好きなので、あれでは売れません」

マリアさんは実にしっかりしている。キューバでは熱心に農業に取り組む農家を表彰するシステムがあるのだが、一家は優秀な労働者に与えられる「英雄賞」に選ばれ、その表彰のために数年前にカストロの弟、ラウル・カストロやアルフレド・ホルダン農業大臣がこの畑までやってきた。

「いい成績をあげた農場ということで、わざわざ元気づけるために国の指導者が訪ねてきたのです。私たちの努力をねぎらってくれたわけで、私たちにとっては忘れられない大切な日となりました」と、マリアさんは嬉しそうにその日の記念写真や新聞記事を見せてくれた。オルガさん夫妻と同じようにマリアさん夫婦も教師から農家にトラバーユしたことを後悔していない。最初の苦労を差し引いても、今は経営的にうまくいっており、取れた野菜も好評なため、満ち足りているという。

「収入も増したし、農業をやることで楽しみや喜びも得られています。私たちが作ったものが、みんなの食卓にあがる。喜ばれ、収入もある。趣味が大きく広がったような感じです。将来は、小さくてもいいですから、私たちの農産物を近所の誰もが食べられるような有機レストランをやりたいですね」と、エリベルトさんは将来を夢みる。

脇で聞いていたマリアさんも肩を寄せ、微笑む。

「以前の教員の給料では十分にモノが買えませんでしたが、今では野菜も年中できますし、自分の畑でとれたモノを食べられる。健康的で、病気にもならないし、大金持ちではありませんが、豊かに暮らせる一家だと思います。役所勤めと違って、何時に出勤しなければならないという決まりもありませんし、規則もうけていません。それでも、みんな自主的に朝早く出てきてくれます。ですから、たまたま病気で仕事ができないときも給料を引いたりはしません。家族と同様ですから」

マリアさんが家族と同様といったところで、お母さんのルシア・セルベトさんも深くうなずき、三銃士に登場するフレーズ、「ウノ・パラ・トドス、トドス・パラ・ウノ」(一人は万人のために、万人は一人のために)と叫んだ。イギリスのランカスター州のロッジデールで誕生した一五〇〇年も前の協同組合の理念をここで聞けるとは思わなかった。

「将来、この地球に私たちのような生き方をする人が増えることを期待します。そんなに最先端の技術を使わなくても、野菜は育つし、食べものは作れるんです。この畑は私たちの素晴らしい財産です。人生の貴重な時間を注ぎ込んでも、この美しいものを努力して守っていこうと思います。土地を社会の役に立つように使って、環境を汚染しないよう次の世代に伝えていく。土を大切にして地球の安全を守ることの大切さを、子どもたちにも教えていきたい。教師はやめましたが教室でなくても畑で教えることもあるのです(1)」

こんなマリアさんに教わる子どもたちは、幸せだろう。

引用文献
(1)———日本電波ニュース社の取材記録によるマリアさんのインタビュー

# II

## 園芸都市ハバナ、かく誕生せり

# 1 軍が始めた「プロジェクトX」

## ビタミン錠剤が野菜の代わり

冒頭でキューバの都市農業はすべて有機農業で行われていると述べたが、実のところ、都市農業も有機農業もスタートしてまだ日が浅い。とくに経済危機以前には都市農業は、ほとんど存在しなかった。キューバでは、都市農業は「貧困の象徴」や「発展の遅れ」の証であると考えられていたため、ドイツのクラインガルテンのようなレジャー用の市民農園も皆無だったし、ハバナでは自宅の前庭での耕作を禁ずるきまりさえあった。観葉植物の植栽以外は認められず、農作物は裏庭や庭の片隅に置かれていたのである。(1)

しかし、家庭菜園を禁ずるだけあって、政府は菜園がなくてもまったく困らないだけの制度を整えてきた。革命三年後の一九六二年に早くも導入された配給制度がそれである。キューバの各家庭には年の初めに「リブレータ」と呼ばれる配給手帳が配られる。この手帳をもとに、政府は家族構成員の年齢や病人がいるかどうかなどに応じて、詳細な配給量を割り振る。住民は市内随所にある一番近い地域配給所「ボデガ」に登録し、この配給手帳を持参して月ごとに必要な品々を受け取ればよい[(2)(3)]。

ソ連崩壊までは、ほぼ三〇年間にわたり、このシステムを通じて全市民にコメ、うずら豆、パン、卵、牛乳、砂糖、調理油といった基本食料が一人当たり月一五~二〇ペソ（九〇~一二〇円）という低価格で提供されていた。食料品にかぎらず、燃料、石鹸、タバコ、ラム、ビールまで配給されるという、いたれりつくせりの制度で、中でも一三歳以下の子どもや老人、妊婦、病人には毎日一リットルの牛乳が無料で提供されていた[(3)]。

元外交官夫人の瀬戸くみこさんはこの時代はよかったと回顧する。

「キューバの配給制度は本当に充実していて一、二ブロックごとに配給所があり、一九八六年頃までは生活物資が潤沢でした。配給券は三カ月ごとに更新されますが一年間は有効です。私は、夫の仕事の関係で、ソ連とかハンガリーとか多くの社会主義国を訪問しましたが、どの国よりも格段によかったですね。学校でも鉛筆まで配給されていましたし、五〇センターボ（一ペソ＝一〇〇センターボ）でも多くのモノが買えましたから一〇ペソもあれば困らなかったんです。皆、給料が残ってしまって使い道がなく、いっぱいペソを持っていたものです」

月給の一〇から二〇分の一で基本的な食料が手に入るのだから、貧しい市民も自分で食料を生産する必要がほとんどない。

アクタフのエピディオ・パエス、ハバナ支部長も、当時を懐かしく振り返る。

「一九八四年から一九八五年は素晴らしい時代でした。牛乳一リットルが一ペソでしたので、毎日飲んでいましたし、プロセスチーズも一ペソで買えたのです。

ですから、以前は中国人しか野菜を作っていませんでした。経済危機までは国民は二七〇〇から二八〇〇キロカロリーをとっていましたが、野菜をほとんど食べませんでした。野菜を食べる習慣がなく、関心を持たなかったのです。そして足りないビタミンは、ビタミン剤で補っていたのです」

いかにも科学的合理主義を目指した社会主義国家らしいし、不健全きわまりない食生活といえる。だが、これも理由がないわけではなく、ひとえに以前の悲惨な暮らしの反動でもあった。革命前の庶民の平均カロリー摂取量は、一日わずか一二〇〇〜一三〇〇キロカロリーにすぎず、コメ、豆、ヴィアンダスと呼ばれるイモ類が中心で、肉や乳製品、パンを食べることができたのは上流階級だけだったのである。(4)

貧しい食生活を払拭するかのように、革命政権は、食生活の近代化、すなわち「西洋料理」を理想とする「栄養改善運動」を強力に推進。国連が推奨する基準値よりも高い目標を掲げ、輸入小麦で作られたパンとパスタや配合飼料で育てられた牛肉、豚肉、卵、そして大量のラードで調理された料理を理想的な食生活として奨励した。(4) 野菜を食べずに油や肉ばかりをとっていれば、高カロリー、高脂肪、高コレステロール、繊維不足で、健康を損ね成人病を誘発する。だが、少なくとも餓死や飢餓という以前の悲惨な状況は一掃された。

## 空き缶にも野菜を植える

ところが、この不健全な飽食生活は一夜にして瓦解する。カストロは「食糧問題が最優先」との非常時宣言を行い、自らがベジタリアンになった。そして、国をあげてソ連式の石油多消費型の近代農業から、地域の再利用性資源に立脚した有機農業への一大転換を図るとともに、都市の自給化を強力に推進する。

政府から言われるまでもなく、市民たちも各地でゲリラ的に都市を耕し始めた。とにかく食べるものがないのである。何千人もの住民たちが、バルコニー、中庭、屋上や空き地で農業を始めた。(1) 一九九一年には、ハバナ市西部のサンタ・フェで市民グループが空き地や裏庭を耕し始めたし、一九九二年にはオルギン州で失業した国の労働者たちが都市農業を始めた。(5)

「とにかく経済危機で何もないでしょう。だいたい普通の家にはパティオといって中庭があるのよね。そこにバナナなどの果樹を植えたり、豚や鶏を飼ったり、何でもしはじめたわね。ベランダでもコンデンスミルクの空き缶に泥を入れ、菜っ葉を育てたりしたんです」

瀬戸くみこさんが、こう語るように、道具があれば何でも使い、空き地があれば何でも植える。人々の意欲には凄まじいものがあった。

しかし、熱意とは裏腹に市民たちは農業についての知識や技術をほとんど持っていなかった。市民農園もなければ、有機農業もやったことがない。[1] まして、野菜を食べるという習慣そのものがなかったのである。

経験が全くない中で、どのようにして、オルガさんやマリアさんたちは野菜づくりを始めたのだろうか。そんな初歩的な質問をエヒディオさんにぶつけてみた。

「たしかに都市農業は経済危機がきっかけで始まりました。肉や油が次第に手に入らなくなる中で、野菜から炭水化物をとるようになっていったのです。私はもともと農業が好きでしたし、農学部で学んだことも活かしたくて、以前から自分で野菜を栽培していましたが、一般市民にはその習慣はなかったんです」

「では習慣がない中で、そもそも都市農業をやろう、野菜を育てて食べようとは誰がいい出したんですか」

「おそらく党のトップで決まったのでしょうが、誰が決めたのかは、私にはわかりません。ですが、都市農業を広めるうえでは、軍が果たした影響が大きいのです。『アウトコンスモス』という自給農園を一番最初にやりはじめたのは軍ですし。そうそう、退役した軍の将軍ですが、モイセス・ショーウォン氏という中国系のキューバ人がいまして、都市農業を始めるにあたって大活躍をしました。彼がやりはじめた畑は今もまだありますよ」

食糧危機を打開するための「プロジェクトX」が都市農業であるとすれば、それを始めた当事者がいるという。早速、コンタクトをとって会うことにし、キューバで一番最初に造られたという記念すべき都市農場を訪ねてみることにした。

## 中国系元将軍が思いついたこと

ハバナの中心街をちょっとはずれたところに、広い通りに面して「ハバナ上海」という看板が掲げられた農場がある。この農場わきの四階建ての小ぢんまりしたビルがショーウォン氏の事務所である。退役しているが、今も軍のナンバー2といわれる実力者で、有機農業や中国友好協会の会長、キューバ備蓄協会の会長などを兼務し、現役の国会議員でもある。四階のオフィスにあがると白髪の好紳士が出迎えてくれた。

「よくいらっしゃいました。この風貌をごらんになればわかるように、私の両親は中国人です。キューバへは一八九五年にやってきて、私はマタンサス州で一四人兄弟のひとりとして生まれました。だから、れっきとしたキューバ人なのです」

にこやかに語りかけるその様子は、とても元軍人には見えないが、温厚な風貌の奥底には情熱的な闘志を秘めている。若き日にはゲリラとして地下活動に従事し、シエラマエストラ山脈の中でカストロと

大量の餓死者を出しかねない危機的状況の中で、ハバナ市民たちが選択したのは、首都を耕すという非常手段だった。日本や中国からの移民が野菜を栽培していたことに着目し、都市内での野菜生産を提唱したのはキューバ国防軍の実力者ショーウォン元将軍。

ともに革命戦を闘い抜いたという。

「都市農業を始めようと最初に提唱されたのは閣下だと伺いました。なぜ、閣下は都市農業をはじめようと考えられたのですか」

「ソ連崩壊による経済危機ですぐに食料が必要になりました。党内でも色々と検討した結果、とにかく国内で食料を増産するしかないだろうということになったのです。キューバは人口の約八〇パーセントが都市に集中しています。ですから、都市には一番労働力があるわけで、都市でならば農業が可能であろうと考えたわけです」

「カストロ議長からの具体的な指示はあったのでしょうか」

「もちろん、党内で議論を重ね、プログラムを作りましたが、食料をどうするかについてフィデルはたくさんのアイデアを出してくれました」

ハバナ西部にあるキューバで初めて誕生した都市菜園。若き日にはゲリラとして地下活動に従事し、カストロとともに革命戦を闘い抜いたというショーウォン元将軍自らが先頭に立って昼夜兼行で造成。三カ月後に初めてレタスが収穫されたときは、歓声があがった。

フィデル・カストロ・ルス国家評議会議長は、日本ではカストロとして有名だが、キューバでは、一般市民からショーウォン氏のような実力者まで、誰しもが「フィデル」と愛情を込めて、その名を呼び捨てにする。

「革命以前には、野菜づくりをしていたのは中国人と日本人だけでした。ですが、革命後には移民は来なくなりましたし、誰もが医師やエンジニア、軍人になったりして、農業をおざなりにしてきました。移民の子どもたちも土地を耕さなくなり、野菜栽培が少なくなったのです。ならば、それをもう一度復活させようと。そういう気運が高まる中で、レタスやトマトが毎日とれるというプログラムを私が提案しまして、皆の賛同を得ました。フィデルは全面的に協力をしてくれましたよ。そしてこのアイデアを高く評価し、協力者として大きな力添えをしてくれたのはラウルです。ラウルは、私の始めた都市農場を訪れ、『こいつは最高にいい。ひとつ全国的に取り入れてやろうじゃないか』と言って、軍が本格的に都市農業に取り組むことになったのです。一九九二年には町中で農場が次々と作られました。ソ連からの援助づけになっていた中で、新しい方法を取り入れ、すべてのやり方を変えていくことは大変でした。ですが、それを乗り越えていく決意を見せるため、まず軍で試行してみせたのです」

ラウルとは、カストロの実弟、ラウル・カストロのことである。革命戦以来、ゲバラとともに、陰になり日なたになり革命を支え続け、今も第一副首相兼国防相としてキューバ国防軍を統括している。

元将軍は執務室のビデオのスイッチを入れる。経済危機の最中ということもあって画像がだいぶ傷んでいるが、一九九一年一月一五日とか、一九九二年の一月二八日とかの日付が入った画面が映り、緒についたばかりの都市農業を熱心に視察するカストロ兄弟の姿が登場する。実に貴重な記録フィルムである。

ラウル率いる国防軍は、今も都市農業に熱心に取り組んでいる。

「国中で都市農業をまとめあげ、強化せよ。豆はトラックよりも価値がある。都市や都市近郊には遊休地がないようし、農産物を市民が簡単に買えるように流通システムを改善せよ」

ラウルは、このようなメッセージを発信し続けている。(6)

## ゴミ捨て場を畑に変えるオルガノポニコ

ところが、都市農業を始めるにあたっては、ひとつの大きな問題があった。コンクリートに被覆されていたり、ガラスやコンクリートの瓦礫が散乱していたり、砕くことがほとんど不可能なほど極端に固まっていたり、市街地の中には畑にするのに適した土地が少ない。[1] たとえ土があったとしても、もともとキューバの土壌は赤茶けた亜熱帯性の「ラトソル」で、有機物含量も一パーセント以下と乏しく痩せている。経済危機で化学肥料が輸入できないとなれば、その代わりとなる肥料源も見つけださなければならない。耕作不適地をどうやって畑にするかという都市農業特有の課題を解決するために、キューバでは「オルガノポニコ」というユニークな手法が取り入れられている。

オルガノポニコとは、コンクリートのブロックや石、ベニヤ板や金属片で囲いを作り、その囲いの中に堆肥や厩肥を混ぜた土をいれ、「カンテロ」と呼ばれる苗床の中で、集約的に生鮮野菜の作付けを行う生産技術である。[1][7]

第一章で登場した「アメイヘイラス兄弟協同農場」やマリア夫妻の「十二月十三日協同組合農場」も、ほとんどがオルガノポニコである。

マリア夫妻は一九九三年の一〇月に政府が新たに作ったＵＢＣＰという協同組合制度を利用して、翌年に組合を立ち上げ、国有地を借りることができたが、そこはゴミ捨て場だった。夫のエリベルトさん

ブロックやベニヤ板で囲いを作って堆肥を混ぜた土をいれる。全く土がない街中でも新たに農地を作り出すキューバ独自のテクニック「オルガノポニコ」。畑の縁に腰掛けたまま草をとったり、収穫作業を行う。長時間しゃがみ込んでの作業に慣れていないキューバ人には腰痛対策としても効果が高い。

は、ところどころに鉄骨が飛び出たコンクリートの破片を指さしながらこう語る。

「一番最初は本当に苦労をしましたよ。今畑になっている場所には建築資材が置かれていて、まるでゴミの山のようでした。ですが、みんなが協力してこれをどかしてくれたのです。実は、ここのオルガノポニコを作っている石も、ゴミの山の中から使えるものを選んで再利用したものなのです」

単純ではあるものの、このテクニックを用いれば、ゴミ捨て場だけでなく、駐車場やコンクリートで覆われた場所でも農業を始められる。土がまったくない不毛な場所で新たに農地を作り出す。このイノベーションは見事な成功をおさめ、キューバの都市農業には欠くことができないものとなり、「オルガノポニコ」といえば、都市農業のことを指すほど一般的な名称として普及した。

このオルガノポニコ普及の中心的な役割を担ったのもモイセス・ショーウォンさんである。

「ブロックで囲うというのは、私のアイデアなのです。悪い土地や石が多い場所ではこの方式がいいのです。もちろん、土がある場所では畝を作れますが、それでも強い雨に叩かれると泥や種子が流れてしまう。囲いで覆うことで流亡を防げるのです」

「閣下は、こうしたアイデアを一体どこから思いついたのですか」

「私の親がやっていましたし、この九年間、日々どうしたらいいのかを勉強しています。そして、オルガノポニコにはもうひとつメリットがあるのです。いいですか」。そういうと元将軍は、よっこらせとカンテロの片隅に腰掛けた。

「見てください。みんな私のようにああやって腰掛けて仕事をしています。以前に日本の方が見学に来られたときに、まるで遊んでいるみたいだと言われたものです。でも草とりから収穫までみな座ってやるんです」

元将軍は畑を案内しながら説明を続ける。

「レタスはキューバ人が一番好きな野菜なんです。夏は苦味が出るのですが、一日に三回水をやることで苦くないレタスを作ることに成功しました。こうしたちょっとしたノウハウも農民の知恵に学んでいるのです」

オルガノポニコは、一九九七年には二万七〇〇〇トンと、ハバナの野菜、果樹、牛乳、花卉生産の三割を生産したし、[1]一九九八年には生産が五〇パーセントもアップし、野菜生産量は五万トンにもなった。表を見ていただきたい。その後も以下のように倍々ゲームで増えていることがわかるだろう。

面積当たりの収量も、一九九五年時には平方メートル当たり、五キロほどしか取れていなかったものが、一九九六年には一五キロ、一九九七年には二〇キロと年々増えている。[8]設置箇所数も一九九七年の四五一が一九九八年には七七三と倍増し、三八六ヘクタールとなった。[9]キューバが生み出したオルガノポニコは、有機野菜の生産を通じて、ハバナ市民の食をまかなっている。

キューバの都市農業は、全世界的に高い評価を受け、関心を集めているだけあって、インターネットを通じて膨大な量の英文情報を入手できるが、こうした内輪事情となるとどうしても現地に足を運ばなければわからない。

キューバの都市農業がどのようにして始まったのか。なぜ、町中でも農業を始められたのか。ずっと抱いていた筆者の疑問のひとつは氷解した。ショーウォン元将軍は、それ以外にも面白いエピソードをいろいろと語ってくれたので、話を続ける中で、随時紹介していくことにしよう。

## ■オルガノポニコと集約菜園からの野菜生産量の推移（全国）

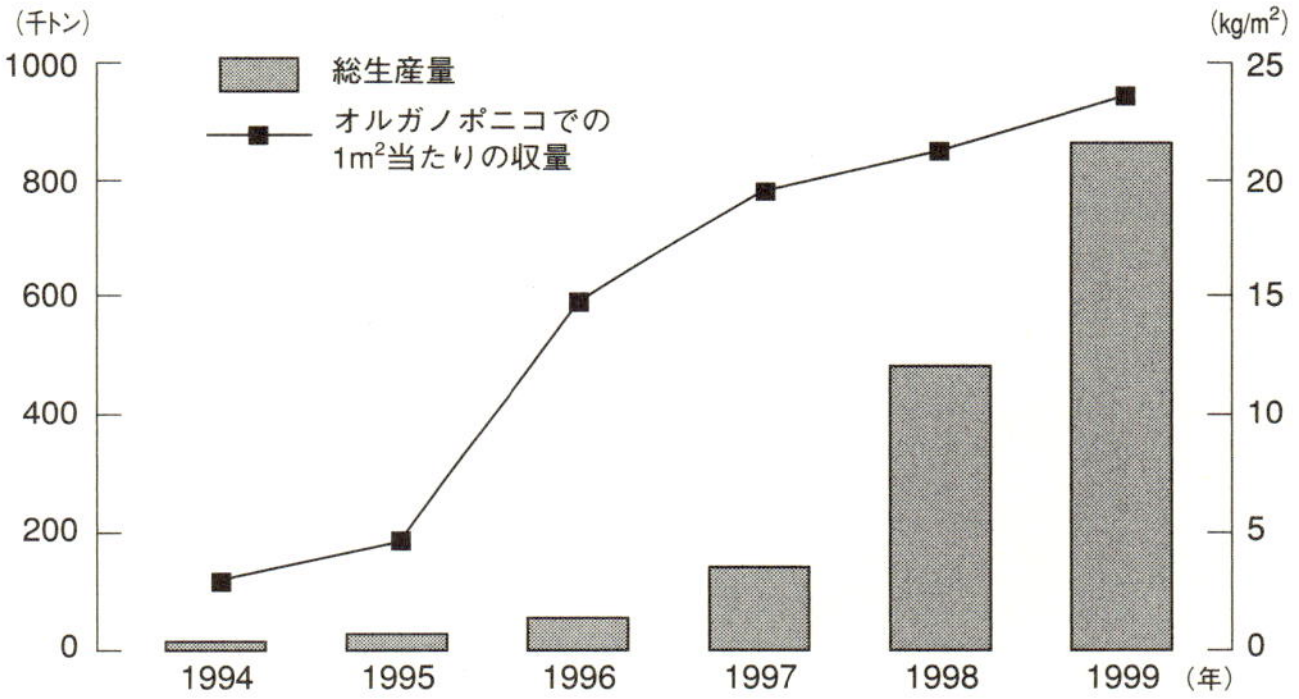


（キューバ農業省　1994－1999）

## ■ハバナにおける野菜生産量（トン）

| | |
|---|---|
| 1998年 | 50,153 |
| 1999年 | 70,203 |
| 2000年 | 120,514 |
| 2001年（計画） | 130,000 |

出典：Grupo Nacional de Agricultura Urbana "Lineamientos para los subprogramas de la agricultura urbana"

◉コラム2

## ハバナ各地区の都市農業の姿

ハバナ市内には一五地区があるが、このうち最も市街化が進んだセントロ・アバナとアバナ・ビエハ区を除く一三地区では、ほぼ全域にわたって都市農業が展開されている。とりわけ、盛んなのは、ハバナのグリーンベルト地帯と称される八つの周辺地区、ボジェロス、コトロ、アロヨ・ナランホ、グアナバコア、アバナ・デル・エステ、ラ・リサ、マリアナオ、サンミゲール・デル・バドロンである。

### □セントロ・アバナ、アバナ・ビエハ区

コラム1・ハバナ誕生物語で説明したように、非常に歴史が古く、都市計画上もオープンスペースを設けなくても建築が許可されていた時代に作られているため、農業のできる空き地はごくわずかしか存在しないし、あったとしてもコンクリートで舗装されている。屋上やバルコニーを菜園にするしかないが、建物が老朽化しているため、過重をかけると倒壊する危険性が高い。しかし、住民の農業に対する熱意が高かったため、ハバナ市は、ハバナ湾をはさんで五〜一〇キロの距離にあるアバナ・デル・エステ区やレグラ区の市有地を耕作用に提供した。住民は自転車やバスなどの公共交通を利用して農場に通っている。

### □セロ、ディエス・デ・オクトゥーブレ区

セントロ・アバナとアバナ・ビエハに次ぐ過密地で、例えば、ディエス・デ・オクトゥーブレは、わずか一二・二平方キロメートル四方の

中に二五万人もの人々が居住している。この地区も歴史が古く、他地区と比較すると所得も低い。しかし、セントロ・アバナと比較すれば、オープンスペースが多少はあり、都市農場の数も多い。住民の食料需要も大きく、都市農業は住民にとって貴重なものとなっている。

□レグラ区

製油工場やその他の大規模工場がある工業地域だが、送電線の下や未利用の工場地を利用し、かなり数多くの農園が作られている。しかし、生産物のほとんどは、家族の自給用に消費され、販売はほとんどされていない。

□プラザ、プラヤ区

観光ホテルや合弁企業の本社など高層ビルが立ち並ぶ商業地域である。他地区と比べサービス業も盛んなため、地区住民の所得も高い。市内でも最も大きいヴェダド農民市場やプラヤ四二番街市場などもこの地区内にある。しかし、農民市場での農産物価格はいまだに高いため、自分たちで食料を作れる都市農業は市民に欠かせないものとなっている。

これら中心市街地をとりまく周辺のグリーンベルト地域には、耕作できる空き地が比較的多くあり、農家も市民農園の利用者も自宅から歩いていけるところで農業を行っている。自宅の隣がすぐそのまま農園になっているケースも多く、「近くに農地が得られない」といってもわずか数ブロック歩けば畑があるほど、めぐまれている。

周辺地区では、二〇〇〇戸以上の小規模農家を中心に市内産の農産物の多くが生み出されている。

## ハバナの行政区分

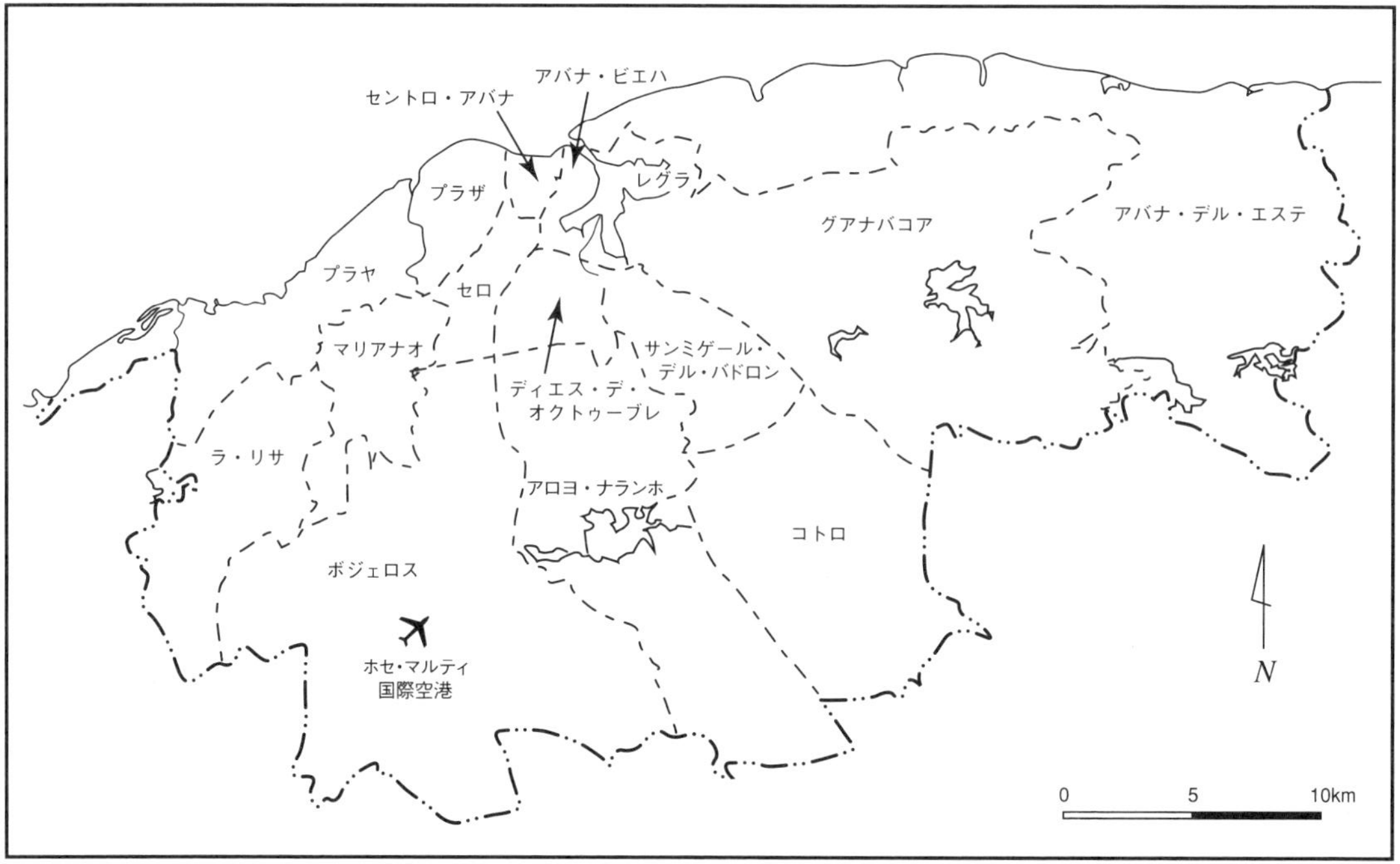

アバナ・ビエハ
セントロ・アバナ
プラザ
レグラ
グアナバコア
アバナ・デル・エステ
プラヤ
セロ
マリアナオ
サンミゲール・デル・パドロン
ディエス・デ・オクトゥーブレ
ラ・リサ
アロヨ・ナランホ
コトロ
ボジェロス
ホセ・マルティ国際空港
N
0
5
10km

### 引用文献


(1)——— Catherine Murphy (1999) "Cultivating Havana" *Food First Development Report*, No12

(2)———さかぐちとおる他（2001）『キューバ　情熱みなぎるカリブの文化大国』トラベルジャーナル p76

(3)———William A. Messina, Jr.(1999) "Agricultural Reform in Cuba:implications for agricultural production, markets and trade"
http://www.lanic.utexas.edu/la/cb/cuba/asce/cuba9/

(4)———Peter Rosset and Medea Benjamin (1994) *The Greening of the Revolution*, Ocean Press.

(5)———Minor Sindair and Martha Thompson (2001) "Cuba: Going Against the Grain, Agricultural Crisis and Transformation" Oxfam America
http://www.oxfamamerica.org/publications/art1164.html

(6)———Myrna Towner (2000) *Farmers in Cuba discuss production, political challenges*, the Militant

(7)———Kristina Taboulchanas (2000) "Urban agriculture"
http://www.dal.ca/~dp/reports/ztaboulchanas/taboulchanasst.html

(8)———Nelso Companioni, Egidio Paez, Chatherine Murphy (2002) "The growth of Urban Agriculture" *Sustainable Agriculture and Resistance*, Food First p228

(9)———Mario Gonzalez Novo (1999) "Urban Agriculture in the City of Havana"


### 用語

ボデガ（Bodega）

リブレータLibreta（Control de venta de productos alimenticios）

オルガノポニコ（Organoponico）

カンテロ（cantero）

## 2 都市の空き地、畑になる

### 耕す市民に国有地を貸し出す

キューバの都市農業はまったくの暗中模索の中で始められている。市民たちがそれぞれやみくもに庭先や裏庭、バルコニー、屋上で野菜を育てる。これがスタートした時点の状況だった。しかし、自給できるだけの食料を生産するには、それに見合っただけの耕作地を提供しなければならない。カストロは、「食糧問題が最優先である」との非常時宣言を行い、あわせて「都市において耕されないままに置かれた土地は全廃する」と檄を飛ばした。都市農業への取りくみの皮切りは市民に国有地を貸し出すことだった。(1)

アクタフのエヒディオ・パエスさんは「国が市民に土地を貸し出すというニュースが報じられると、市民側からも、それなら農業を始めたいという話が持ちあがり、この要望をまた農業省が受け止めることで制度として成立していったのです」と語っている。

政府の呼びかけに市民が応え、市民の要望に政府が応じるといったように、両者の話し合いのキャッチボールの中で制度は整っていった。セグンド・ゴンサレスさんも、一九九三年から始まったこの制度を利用して荒れ地を開墾し、新たに農業を始めたひとりだが、当時のことを次のように述懐している。

「それまでキューバはソ連に頼りきりでした。本当に苦しかったのは一九九二年から一九九四年です。農業生産も落ち込みました。ハバナ市内ではそれまでまったく食料を作っていませんでした。雛鳥が口を開けて食べ物を求めるように、市民は食べ物をみんな近郊の農村から分けてもらっていましたから、化学肥料や種子がなくなると、つらい目にあったのです。そこで、町中でも農業を始めようという声が高まり、政府が『ウルバーナ』という政策を作ったのです。ウルバーナとは、都市の中で農業を行うことです。

政府が、最初に取り組んだのは、耕す人を探すことでした。そして、希望者に土地を貸し出す制度ができたのです。ゴミ捨て場もきれいに片づけ、猫の額ほどの土地でも農業が始まりました。こうして私の住んでいるプラヤ地区でも三〇ヘクタールの農地が新たに誕生したのです。農村から食料を運ぶには労力がかかりますが、苦労して農産物を持ってくる必要がなくなったのです」

## 「都市農業グループ」設立さる

しかし、十分な生産を上げるためには、ただ土地を提供すればそれですむというほど話は簡単ではない。いかに食糧事情の逼迫という強いインセンティブがあったとはいえ、都市農業はまったくのゼロからの出発なのである。農地の斡旋のみならず、有機農業の技術開発、農業用水の確保、種子や肥料、バイオ農薬、農機具の提供、一般市民への農業知識の普及など、都市ならではの難題を一つひとつクリアしていかなければならなかった。

そして、一〇年を経ずして、こうした課題が見事に克服され、多くの市民農園や自給農園、小規模農家が新たに育成され、二二〇万都市での野菜自給を成し遂げるという成果をあげるまでにいたった。その背景には、土地政策、流通政策、価格・税制政策、生産者グループの組織化、技術の確立、そして市民への技術指導や農業啓発といった総合的な支援策が、農業省、ハバナ市政府、普及組織、研究機関、NGOなど多くの関係組織の見事な連係プレーの下に濃密に実施されたことが大きい。

ともすればばらばらになりがちな各機関を強力なタッグチームとしてまとめあげるコーディネーター役を担っているのが、「都市農業グループ」と称される特別行政機構である。ハバナ市の都市農業を担当するアクタフのホセ・フィナさんは次のように語る。

「都市農業も最初は庭先で家族用の食べ物を栽培する程度だったのです。ですが、少しずつ農産物を隣近所におすそ分けしたり、売ったりする動きが出てきましたし、町中にも数えきれないほど多くの農園が誕生しました。そこで、一九九四年にハバナ市の中で都市農業グループが発足し、新プログラムを発足させたのです」

都市農業政策が最初にスタートしたのは一九九一年のことだったが、まだこの段階では民間ＮＧＯの役割が大きく、国の支援策は十分ではなかった。[2] しかし、一九九四年四月に、農業省とハバナ市政府が連携した特別組織として「ハバナ都市農業グループ」が設立されると、この特別プロジェクト組織をコアとして、土地の確保、有機栽培技術の開発、市民への技術指導といった課題が次々と解決されていったのである。なお、都市農業グループは、初めはハバナ市政府の建物内にあったが、一年後には、農業省の事務所内へと移り、ハバナの一五地区の各行政事務所内には、出先機関として普及センターが設置された。[1] では、都市農業グループが中心となって進められた都市自給プロジェクトの取り組みを順次見ていくことにしよう。

## 土地は公共のもの、耕せる人が使えばいい

まずは、土地利用制度からである。人口密度が高く周辺に空き地がない旧市街地に住んでいたり、庭がない市民は耕作地を確保できなかった。ベランダや屋上を菜園化するにも老朽化した建物では過重で倒壊する危険があったし、空き地があってもコンクリートで被覆されていたり、ガラスの破片が散乱し

農業省の本省のバックヤードでの野菜づくり。昼食がメインのキューバでは職場の昼食は欠かせない。食糧危機の中で学校、工場、病院などには次々とこうした自給農園が作られたが、農業省自らも野菜の自給に精を出す。

ていたり、ゴミ捨て場となっていたり、雑草が生い茂った遊休地となっていたりした(1)。希望者のために良好な耕作地を提供するという土地問題をキューバでは一体どのようにして解決していったのだろうか。オルガ夫妻が、荒れ地になっていた場所を開墾しはじめたのは一九九一年のことだが、当時のことをセグンド・ゴンサレスさんに聞いてみよう。

「もともと私たちが父から受け継いだ土地は五〇〇平方メートルなんです。本格的に農業を行うためにはもっと農地を広げなければなりません。幸いなことに、キューバでは土地を増やせる制度があるのです。私たちはそれまでいい仕事をしてきましたから、一九九八年の五月に一ヘクタールほどの土地を貸してもらいました。もちろん、国の土地ですから、きちんと畑として使わなければ返さなければなりませんがね」

セグンドさんは、新たに借りたこの場所を開墾し始めたが、捨ててあるゴミを片付けたり、生い茂ったマラブーという刺のある雑木を一本ずつ取り除いていくという大変な重労働だった。だが、今はこの荒れ地も見事な野菜畑になっている。

「きちんと耕さなければ、返さなければならないとはずいぶん厳しい制度ですね」

「ええ、ウルバーナのスタッフが土地を見にきて、進行状況をチェックします。ですがそんなに厳しくはありません。半年経っても駄目であれば、やれない理由を聞いてくれたり、どうすれば上手くいくかをアドバイスしてくれるのです」

ここでキューバの土地制度について少し、触れておこう。キューバでは、革命以前から個人が所有していた土地は今も私有地である。社会主義国だからといって、すべてが国有地なわけではない。しかし、大地主が持っていた土地は農地解放により国有化され、経済危機以前には全農地の約八割が国の管理下に置かれていたから、国民の間では土地を私有するという概念が希薄である。土地はもともと公共で人民のもの。であるならば、有効に使える人間が使えばいい。そんな考えがある。私有地であっても所有者の権利は小さいし、その代わりに、土地や住宅への税金は一切なく、所得税くらいしかかからない。

話をもとに戻すと、セグンドさんのように新しく農業を始めたい者は、希望する土地を、まず地区レベルの行政機関、コンセホ・ポプラール、直訳すれば「人民評議会」に対して申請する。(1) コンセホ・ポプラールとは、地区住民と各地区との橋渡しを行い、よりコミュニティレベルでの自治を創出するため、一九九二年の憲法改正に基づき新たに設立された草の根レベルの基礎的行政機関である。[3] 例えば、ハバナの場合、一五ある各地区は一〇一のコンセホ・ポプラールから構成され、うち六七が都市農業の振興に関与している。

さて、申請を受けたコンセホ・ポプラールの代表は適当な土地を斡旋すべく、地権者と土地貸借の交渉を行う。地権者が自分で耕すことを希望し、異議を申し立てた場合には、準備期間として半年間の猶予期間が与えられる。しかし、半年経っても遊休化させたままにしておくと、その土地の利用権は希望者へと移行する。そして、今度は新しく土地を借りた市民に耕作義務が課せられる。警告を受けても義務を果たさず、半年間土地を遊休化させておくと、土地は再び地権者に戻るか、別の菜園希望者へ斡旋されてしまうのである。[1]

なお、第三節で後述する普及員にとっても、適切な農地を斡旋することは重要な仕事のひとつとなっている。耕作希望者の声を一つひとつ聞き取り、コンセホ・ポプラールを通じた貸借へと結びつける。あるいは、土地が有効活用されていない場合には、じっくりと利用者と語り合い、相談に応じたり、注意をうながしたり、必要があれば別の希望者へ橋渡しするのである。このようにして、きちんと耕作を行うことを条件に市内の国有地を無償で市民へ貸与する制度を発足させた。この改革で、セントロ・アバナやアバナ・ビエハのような中心市街地のアパート住民も農地を手に入れられるようになった。[1]

## 都市計画上も都市農業を最優先

このことからわかるように、都市農業グループは、国有地だけでなく、民有地を含めて都市内の遊休地をすべて農地として活用することを目指している。土地関係の法制度改正も行われ、土地利用計画上も農業的な利用が最優先されることとなったし、より地域に密着したコンセホ・ポプラールや普及員たちに利用調整を委ねたことにより、とかく官僚的で煩雑になりがちなお役所仕事も一掃された。土地の流動化は速やかに進み、その他の政策的な支援もあいまって、何百もの遊休化やゴミ捨て場が次々と畑へと転換している。[1] そして、都市農業グループは、専業農家にならないまでも、家族分くらいの食べ物は作りたいという市民ニーズに応えるべく、一九九七年には、約二五アールほどの自給用地を提供するようにした。一九九九年一二月の時点では、一九万人がこうした土地を借り受けているという。[4]

今、日本でも農業者の高齢化に伴って、遊休化したり、荒れたままの農地が増えている。コンセホ・ポプラールに相当する農業委員会という組織もあるし、土地の有効利用を進めるために農地法や農業経営基盤強化促進法といった法律が定められ、農地を有効活用するための多くの事業制度も設けられている。「都市の中での農業も大切にしよう」という都市住民の声を受けて、一九九九年に新しく定められた「食料・農業・農村基本法」の第三六条の二項では、「国は、都市及びその周辺における農業について、消費地に近い特性を生かし、都市住民の需要に即した農業生産の振興を図るために必要な施策を講ずるものとする」と都市農業の振興が明記された。

しかし、他の法制度との調整がまだ十分に整えられていない。例えば、都市計画法上は農地がきちんと認められていない。市街化区域の中では用途区域上、住宅地域や商業地域はあっても「農業地域」がないために、農林水産省の諸制度は使えないし、「生産緑地」という便宜的な位置づけはあっても、農家に後継者がいなければ、目が飛び出るような相続税の支払いを求められる。結果として、五年前には五万ヘクタールあった三大都市圏の都市農地が今は三万八〇〇〇ヘクタールしかないというように年々減り続けているのが現状なのである。

キューバの都市計画家たちは、都市農業のことをどのように見ているのだろうか。ハバナには、歴史的建築物の保存や、コミュニティの活性化、都市の再開発といった課題に対応するため、都市計画プランナーや建築家、まちづくりの専門家によって一九八八年に創設された、「首都総合開発グループ」という団体がある。政府機関ではあるものの、コミュニティ住民が自分たちで暮らしを改善できるように、社会変革のための「ワークショップ」を実施するなど、都市環境の改善やまちづくりにNPO的なフットワークで取り組んでいる。(5)

建築専門家の立場から都市農業に関わるエリオ・ゲバラさんの話を聞いてみよう。

「コミュニティベースでのソーシャルワーク活動を続けた結果、一九九四年頃からは、住民の社会参加や環境との調和、経済の効率性など、社会・エコロジーの視点も取り入れ、総合的に都市開発やまちづくりを捉えるようになったのです。そして、経済危機の影響で数多くの家庭菜園や都市農家が誕生し、ゴミ捨て場が野菜畑になるなど、都市計画上も望ましい結果が出てきたのです。ですから、私たちは、まちづくりの中でも農業を活かすようにしている。今では新しい都市開発を行ううえでは必ず都市農業を組み込んでいるのです」

グループは都市計画上も都市農業を重要視し、各種フォーラムで都市農業を論じたり、自家消費用のコミュニティ菜園づくりも進めている。食料自給を通じて地域経済は強化され、コミュニティの意識を増強するうえでも大いに役立っているという。

日本ではまだ都市計画上、都市農業がきちんと認められていないという話を告げると、ゲバラさんは「あなたの発言の意味がよく理解できないのです」と首をかしげ、「私たちは二〇〇一年にこんな本を作りました」と、『農業と都市』と題名のついた書物を見せてくれた。副題には「維持可能性への鍵」とある。キューバでは、都市計画プランナーが都市農業の専門書を作っていたのである。

### 引用文献


(1)——— Catherine Murphy (1999) "Cultivating Havana" *Food First Development Report*, No12

(2)——— Mario Gonzalez Novo (1999) "Urban Agriculture in the City of Havana"

(3)——— Nelson Amaro (1996) "Decentralization, local government and citizen participation in cuba". Cuba in transition
http://www.lanic.utexas.edu/la/cb/cuba/asce/cuba6/

(4)——— Minor Sindair and Martha Thompson (2001) "Cuba: Going Against the Grain" Oxfam America
http://www.oxfamamerica.org/cuba/index.html

(5)——— "A Look at Cuban NGOs"
http://www.ffrd.org/cuba/cubanngos.html
Gillian Gunn (1995) "Cuba's NGOs: Government Puppets or Seeds of Civil Society?"
http://sfswww.georgetown.edu/sfs/programs/clas/Caribe/bp7.htm

## 3　有機野菜づくりの助っ人・都市農業普及員

### 知識のない市民に野菜の作り方を教える

オルガさんは都市農業が緒に就いたばかりの頃をこう振り返る。

「農業についての皆の知識は相当ばらつきがありましたから、生産も安定していませんでしたし、化学肥料を使っていた人もいました。ですが、全体的に化学肥料は乏しいわけですから、『こうしたやり方ではいけない』とみんなの意見がまとまっていったのです。つまり、がんばれば有機農業がやれるという自信を持てたのは経済封鎖のおかげでもあると思うんです」

都市化が進み、市民農園も一切なかったキューバでは、市民たちは園芸に対する知識をほとんど持っていなかった。ソ連式の大規模農場で働いたことのある農村出身者もいたものの、小面積で多品目の野菜を有機農法で栽培する都市農業には、その経験はまるで役立たなかった。

もちろん、今では、すべての菜園が無農薬で栽培できているし、市民たちの農業知識も豊富である。[1]

アマンダ・リエックスさんは、サンフランシスコ市内にある都市農業グループ「スラグ」の堆肥づくりプログラムのインストラクターだが、どの農家も生態学の深い知見を持っていることに驚き、ホームページ上で次のように述べている。

「アメリカでは、有機農業はいまだに普通の農業ではないと思われています。私たちの仕事はまだまだ全体のごく一部なんです。ですから、国全体が有機農業を支援している国を訪れたことは本当に興奮ものでした。そして、農園に問題を発見したときに、彼らは注意深くその生態系に問題を起こしている原因を追求するのです。寄生虫が何か警告していないか。テントウムシが何かを示しているのではないか。何かがやってきて生態系を乱しているのではないかと。作物を洗って、何が起こったのかを一日とか二日かけて、じっくりと観察する。それは近代農業が完全に払拭してきたことなのです[2]」

日本の水田で減農薬に取り組む宇根豊さんらが用いている「虫見板」を想起させる話である。

アバナ・デル・エステ地区のアラマルにある菜園は、森林研究所のミゲル・サルシネス所長が、同僚たちと早期に退職して始めた農園だが、サルシネスさんは、生物種が多様で農業生態系のバランスがとれているために、害虫の問題はないと主張する。

「生態系が平衡状態に到達しているのです。天敵がいつもいるおかげで、害虫はコントロールできる数以下に保たれています。農薬を使用する必要がほとんどないのです[1]」

今、キューバの都市農業はすべて有機農業で行われ、一九九六年からカストロ政権は、食べ物や水の安全性を確保するため、ハバナのみならず全都市内で農薬と化学肥料の使用を取り止めている。(3)

こうしたことが可能になったのは、農業の知識が乏しかった市民一人ひとりに、栽培技術や農業知識のイロハを普及させることに成功したからだった。その主役を担った普及員たちは、新規就農希望者や市民農園の参加者たちにどのように野菜づくりの方法を指導していったのだろうか。

## 都市農業の先進地サンタ・フェ

ハバナ市のプラヤ区西部に「サンタ・フェ」という場所がある。革命後に新たに作られた町で二万二〇〇〇人が居住しているが、市内でも最も都市農業が盛んな地区のひとつで、取り組みがスタートした時期も一九九一年と早い。他地区の市民たちが野菜の育て方を学んでいたときに、サンタ・フェでは早くも住民が園芸知識を身に付け、堆肥づくりやコンパニオンプランツの利用といった有機農業のテクニックも駆使していた。一九九七年現在、九一五もの家庭菜園があるほか、多くの家庭で鶏が飼育され、中には豚を飼っている家すらある。(4)

サンタ・フェが都市農業の先進地となった理由のひとつは、「パーマカルチャー」を推進するオーストラリアのNGO「グリーン・チーム」が、キューバで最初のパーマカルチャーのプロジェクトを実施し、農機具や種子、栽培技術指導などの援助を行ったことであろう。(5)だが、サンタ・フェ地区で有機農業の技術指導を献身的に行ったルイス・サンチェス普及員の存在がなければ、ここまでの進展はなかったかもしれない。

以前から地区の住民だったサンチェスさんは、食糧不足と飢えのために多くの市民が途方に暮れる中で「家庭菜園で食料を生産しよう」と呼びかけ、萌芽期の都市農業の伝道師の役割を担った。[(6)] そして、グリーン・チームとの交流が縁となり、一九九四年十二月にはメルボルンを訪れている。インターネット上ではそのときのインタビュー内容も読むことができる。少し長くなるが、普及員の仕事のイメージがつかめるようにその要旨を紹介してみよう。

「私は、政府の職員ですが、コミュニティ・アドバイザーとしてサンタ・フェ地区で活動しています。サンタ・フェでの都市農業プロジェクトは、空き地を利用して食料を生産しようと一九九一年から始められましたが、それはハバナのような大都市の食糧問題への対応策として、政府が始めた多くの取り組みのひとつなのです。地区住民に有機農業を教え、みんなに耕すよう呼びかけ、地域コミュニティを力づける。これがプロジェクトの目的で、コミュニティ内で入手できる資源を利活用することを原則に置いています。コスト的に安く、環境にも優しいからです」

「プロジェクトは成功したのでしょうか」

「ひとつの例をあげましょう。一平方メートル当たりの生産量は、一九九一年に〇・九キログラムでしたが、一九九四年には三キログラムに伸びました。有機農法だけでです。各家庭で、豆、トマト、トウモロコシ、蜂蜜などが自給されるようになり、余った生産物は農民市場で売られています。おかげで地域が必要な食料の約三〇パーセントはコミュニティから供給できています。

新たな人間関係が育まれつつあることも有益なことです。住民の間ではよい意味での団結と共同精神があり、農産物を物々交換しあっているのです。コミュニティ全体がより健康的となり、ガーデニングは皆が楽しめるレクリエーション活動となったのです」

「普及教育はどうされたのですか」

「キューバ有機農業協会（ACAO）(注)、大学、農業省と連携して、教育プログラムを開発しています。それは、科学的なだけでなく、非常に実践的なものなのです。子どもたちや若者が、地球を大切にし、環境に対して責任ある態度をとるように教育することは特に大切なことです。あらゆる小中学校には菜園が設けられていますが、子どもたちは農家からも、土づくりや栽培のやり方を学ぶのです。

キューバでは伝統的に女性は家庭の中で働いてきましたが、これも今では変化しています。プロジェクトでは女性たちが決定的な役割を果たしました。とくに収穫物のムダを減らすことで自給率向上にも大きく貢献しています。彼女たちは、菜園で薬草も栽培しています。薬品不足を補うため、どのプロジェクト菜園にも薬草園があるのです。私たちのアプローチは、草の根で実践的でホリスティックなものなのです」

「キューバが直面している農業上の課題はどのようなことでしょう」

「農薬や化学資材を使わなくても高収量をあげられることを私たちは実証しました。政府も農薬や化学肥料を使用しない持続可能な農法を開発中です。土壌保全や自然生態系を活かした総合防除、バイオ農薬を活用することが国の政策になっているのです。ですが、アメリカの経済封鎖のために、日々進歩する技術を取り入れることが難しい。キューバを支援してくれるNGOもありますが、有機農法を進展させるうえで不可欠な情報が、封鎖のために満足に得られないのです。

また、子どもたちに一日当たり一リットルのミルクを無料で提供するために、国産でまかなえない分をカナダやニュージーランドから輸入しているのですが、これも経済封鎖があるためにコストが非常にかさむのです。乳製品不足に対応するため、今、私たちは、大豆やモヤシのような代替となる蛋白源の研究を進めています。ですが、食習慣を変えるには、一人ひとりが納得しなければなりません。教育と活動への参画がこの問題を解決する鍵なのです(6)」

七年前のインタビューだが、当時の状況が読み取れる。

サンチェス氏の努力で都市農業が成果をあげたこともあり、彼の実践をモデルに普及員やコンサルティング・ショップ制度が立ちあがっていったのである。

## 草の根レベルで有機栽培技術を指導

インターネット上では、都市農家と普及員の姿を描いた「緑のゲリラ」というレポートも読める。

「そう、こうした根っこの先の部分を私らは食べるんですよ」。ホルヘ・アントニスさんは、ユッカを地面からグイと引き抜いた。ユッカとは、キューバの在来野菜でイモの一種である。

ホルヘさんの「農場」は、ハバナ市街の中心にある革命広場から、たった数分のところにある。広さは約一〇アール。ユッカに加えて、バナナ、トマト、サトウキビ、豆、マランガ（根菜類）、柑橘類、レタスが栽培され、畑の片隅ではミツバチも飼われている。だが、以前はここも遊休地だった。ホルヘさんは、ユッカの根をゴシゴシとこすり、刀で切り刻みながら、誇りをもってこう話す。

「六年前にはね、ここには何ひとつ作付けられていなかったんですよ」

通りの向こう側の建物が、ホルヘさんら農園で働く六世帯のアパートである。

「最初の頃は石が多いし、土地も痩せてましてね、まず最初にやらなければならなかったのは、堆肥を入れて土を作り直すことだったんです」

ホルヘさんらは「ハバナ都市農業グループ」のマヌエル・ゴンサルベス普及員の指導援助を受けている。マヌエル普及員は、害虫防除の相談に乗り、こうアドバイスする。

「ピーマン、トマトとキュウリがやられていますけど、ここにオレガノ、あっちにマリーゴールドを植えましょう。作物と一緒に植えることで、益虫と害虫とのバランスがとれ、被害を防げるでしょう」

ホルヘさんはうなずきはするものの、完全には信じていない。多くの人にとって有機農業は、まだまったく新しい概念なのである。だが、農薬や化学肥料が不足している以上は、有機農業でやるしかない。

彼らはなんとかそれを学ぼうとしているのだ。(7)

このように、農薬や化学肥料を使わずにどうやって栽培するのかを具体的に指導する。あるいは、バイオ農薬を配ったり、病害虫の同定を手伝うことで、地場生産・地場消費、そして持続可能な有機農業への国全体の転換を草の根レベルで進めていく。これが普及員の大きな役割なのである。もちろん、ホルヘさんのように、始めの頃は有機農業でもやれることを確信していない農家もいた。だが、今では小面積でも多くの食料が生産でき、農薬を使うことはよくないというコンセンサスが得られるようになった。これは普及員たちの地道な活動に負うところが大きい。都市農業グループが提供する最も重要なサービスは、普及指導ともいえるだろう。(1)

## 分権化とアカウンタビリティに応える

専門家、オルガナイザーなどからなる普及チームが編成され、土地の斡旋、栽培指導、コミュニティの活性化など都市農業の支援プログラムがスタートしたのは、一九九一年からだが、その内容は型通りではなく、この一〇年で大きく進展している。

例えば、最初に普及指導計画が立てられた段階では、ハバナの一五の各地区ごとに一名ずつの普及員を割り振っていた。だが、その後は、菜園数や農園の規模に応じて、少ないところでは二名、盛んな場所では七名というように実情に見合った人員配置が行われるようになった。セントロ・アバナとアバナ・ビエハの二地区は、以前は一名の普及員がいたが、両地区の生産者が少ないため、今は都市農業グループが直接指導を行っているし、同じようにオープンスペースが乏しい密集地区であってもセロ地区は、オルガノポニコも数カ所あって農業生産も盛んなため、普及員の数も多い。

各区のさらに下に「コンセホ・ポプラール」という草の根レベルの行政体が設けられていることについては本章第二節ですでに述べた。現在、ハバナの一五区のうち一三区には七〇名の普及員がいるが、そのほとんどが一三区内のコンセホ・ポプラールの下で働いている。例えば、アロヨ・ナランホ区には一〇名の普及員がいるが、各員がこの地区内に一〇あるコンセホ・ポプラールの一つずつを受け持っている。(1)

第四章で詳しく論じるが、キューバでは経済崩壊の中で、政治から経済にいたるまで社会制度全般にわたってソ連式の中央集権体制を見直し、地方分権化を進めているが、普及事業もその例外ではない。地区の農業振興計画や普及指導計画は、農業省と地区の農家代表との協議の下に各地区の実情に応じて立てられている。都市農家や菜園者たちも、普及員が定期的に農園を訪れ、現場の実情を熟知したうえで、アドバイスを行うことを希望する。「質の高いサービスを受けるのが当然だ」という権利意識も強いし、都市農業計画上でも各農家が少なくとも年に四回は指導を受けられるようセットされている。このため、訪問回数が少なかったり十分な指導を受けられない場合には、地区のコンセホ・ポプラールに直接苦情がいく。普及員は受益者に対するアカウンタビリティを果たさなければならない仕組みになっているわけである。

かくして、普及員たちは、担当する管内を一日中、徒歩や自転車やバスで移動し、多くの農場や菜園を訪れては、献身的な指導を行うことになる。そして現場を歩けば、各農家の要望や抱える問題点、成功体験や失敗事例などが、否応なく農家の顔とともに頭の中に入っていく。(1)

地域ごとに担当者を決めたことが、普及機関と農家との公私にわたる密接な関係を築くことにつながった。

日本でも農業改良助長法に基づき、各都道府県で数多くの農業改良普及員が農家指導を行っているし、大きな農協は独自の営農指導員も抱えている。担当者レベルでは、キューバに負けず劣らず情熱的で、優れた指導能力を持つ人材も数多い。しかし、こと有機栽培の指導という面では決定的に遅れをとっているし、農家以外の一般都市住民への指導という点でも制度的な限界を抱えている。行政や試験研究機関との連携体制といった切り口も加味して全体的に判断すると、まだ誕生して日が浅いキューバのシステムのほうが上回っているようにも思える。

## 紙はなくともテレビがあれば

さて、一般市民への都市農業の普及という面では、大きな役割を果たしているもうひとつの普及媒体がある。それはテレビである。

一九九二年の一一月に有機農業の実態を調査したスタンフォード大学の視察団は、次のように報じている。

「ハバナの各地区で都市農業はきわめて重要になってきているが、どれだけの生産量をあげているのかはわからない。財政難でどの官公庁でも統計がとれないためだ。都市農業はいまだに発展段階にあると感じたメンバーもいた。多くの都市菜園を視察したが、とりわけ市街地を取り巻くハバナの『グリーンベルト』地帯では多くの未利用地が見受けられた。『農産物が盗まれるからやる価値がないのだ』『土質が悪いし、広い土地も確保できないし、農具や種苗もない』とやれない理由の言い訳をする者もいる。政府が十分な都市農業政策を講じていないこともあるが、多くの市民が持っている心理的な障壁も大きい。『自分で食料を生産したり、手を汚して働くのは、発展途上国の住民であり、キューバはそうではない』と、何十年もの間、革命政権は主張してきた。農業の喜びや楽しさを普及する教育キャンペーンが広く求められているように思えた(8)」

もちろん、一〇年を経た現在では、土地、農具、種苗、技術指導などあらゆる面にわたり、政府の支援策は整えられ、多くの未利用地が都市農地になっている。しかし、国民の約八割が都市に居住しているために、レポートが指摘した「農業は貧しく遅れたものだ」という、文化的な偏見が市民の中にないわけではないし、とりわけ次世代を担う若者の農業に対するネガティブなイメージを払拭することが大切である。このための教育プログラムのひとつが、国営テレビを通じた農業の啓発なのである。[1]

革命後の近代化により、キューバでは僻村にいたるまで九六パーセントも電化が進み、多くの家庭にテレビがあったこと。経済危機の最中では紙がなく、新聞やパンフレットが印刷できないことも、テレビが情報発信手段として選ばれた理由となった。[8]

アクタフのエピディオ・パエス、ハバナ支部長は当時を懐かしく振り返る。

「一九九四年に市民啓発向けの番組に出演したのです。当時は、まだ事務所もないし、息子が畑の水やりを手伝ってくれるシーンが映りました。ですが、シナリオはよくても危機の中で満足な機械がありません。音声が入らなかったのです」

もどかしくなるような当時の状況が伝わってくる発言である。もちろん、今ではちゃんと音が入る。主な啓発番組としては、環境問題を扱う「エントルノ」と農家向けの「デ・ソル・ア・ソル」（日の出から日没まで）があるが、とりわけ後者は成功した農業者が次々と登場したり、有機野菜を使った料理方法が紹介されたり、暮らしに密着した実用的な番組構成になっているため、人気が高い。

「本当に参考になるいい内容です。私たちは、この番組で野菜料理の仕方から土の作り方までを学んだんです」[9]。そう語るマリアさん一家は、毎週日曜日の午後には欠かさず、「朝の光とともに農民は起きだし、畑で命を植えている」というメッセージとともに始まる「デ・ソル・ア・ソル」を見ている。

## 引用文献等


(1)——— Catherine Murphy (1999) "Cultivating Havana" *Food First Development Report*, No12

(2)———Lisa Van Cleaf (2000) "The Big Green Experiment: Cuba's Organic Revolution"
http://webpub.alleg.edu/employeelmlmmaniate/es110/cubaorganic1.pdf

(3)———Cuba Organic Support Group "A Green Revolution"
http://www.cosg.supanet.com/greencuba.htm
Renee Kjartan (2000) "Castro Topples Pesticide in Cuba"
http://www.purefood.org/Organic/cubagarden.cfm

(4)———Joel Simon (1997) "An organic coup in Cuba? " *Amicus Journal*, 1997 winter issue

(5)———"Permaculture in Cuba: Urban Agriculture in Havana"
http://members.optusnet.com.au/~cohousing/cuba/havanapc/havanapc.htm

(6)———Green Left Weekly (1994) "Cuba Greens its Agriculture"
http://www.hartford-hwp.com/archives/43b/003.html

(7)———New Internationalist (1998) "Green guerrillas"
http://www.oneworld.org/ni/issue301/green.htm

(8)———Peter Rosset and Medea Benjamin (1994) *The Greening of the Revolution*, Ocean Press

(9)———日本電波ニュース社の取材聞き取り


（注）——キューバ有機農業協会（Asociacion Cubana de Agricultura Organica）
1993年5月に科学者、農家、普及員などが設立した民間団体。1999年にはアクタフと合併し、大幅に組織強化が図られた。

## 4 農家に学ぶ研究員たち

### 都市農業を支える層の厚い研究陣

このようにハバナの各地区には都市農業を専門的にバックアップする普及員がいる。そして、この普及員たちを陰から支え、共に手を携えて都市農業の支援にあたっているのが、農業研究所の研究者たちである。

キューバは一九八〇年代から二十一世紀を制するのはバイオ技術であるとの見通しの下に技術開発に力を注いできた。[(1)] 革命以来、大学まで無料の教育制度を作り、人材育成に努めてきたから、人口ではラテンアメリカ全体のわずか二パーセントを占めるにすぎないが、科学者のシェアでは一〇パーセントを超える。国全体には二〇〇を超す研究所があり、三万五〇〇〇人もの研究者や技術者がいる。それも六二パーセントが女性で、科学者の平均年齢は二八歳である。[(2)] ことバイオテクノロジーや医薬品の開発にかけては先進国に匹敵するか、その上をいく。

農業関係でも、熱帯農業基礎研究所をはじめ、畜産研究所、稲作研究所など三三もの研究所があり(3)、優秀な若手科学者や技術者が日夜新たな技術開発に汗を流している。

キューバの都市農業はすべて有機農業で行われ、都市内では農薬使用を取り止めていると述べたが、亜熱帯気候条件下のキューバは土が痩せ、害虫の発生度合いが高い。寒冷なヨーロッパ、ましてや日本以上に有機農業を行うことは難しい。こうした厳しい条件の中でも、有機農業がやれるだけのテクノロジー開発で大きな力を発揮したのが、これら農業研究所なのである。

以前は農薬や化学肥料を用いた大規模農業の研究に重きが置かれていたが、経済危機以降は、研究テーマを有機農業や都市農業に一八〇度方向転換し、世界でも類のない画期的で持続可能な農業技術を次々と編み出し、実を結ばせている。例えば、化学肥料に代わる肥料として、ミミズ堆肥が活用されているが、これも、数千種いる中から最も効率がよい品種を選別したものだし、その生態や腐植の化学成分、各作物ごとの施用量を詳細に調べあげ、わかりやすい普及用パンフレットとしてまとめている。窒素を固定するアゾトバクター溶液やリンを作物が吸収しやすくするVA菌根菌も利用されているし、化学農薬に代わる防除対策として、タマゴヤドリコバチやヤドリバエ、食虫アリなどの天敵、バチルス菌、ボーベリア菌、トリコデルマ菌、黒きょう菌などの微生物農薬が大量に生産されている。

もちろん、経済危機が続くキューバのことだから、慢性的なモノ不足が続いていることは言うまでも

土壌研究所で製造されるミミズ堆肥。輸入できない化学肥料をミミズ肥料が補った。手作業でのローテク生産だが、研究所は世界に6000種いるといわれる中から最も自国の風土条件に適した２種を選び出した。

ない。コンピュータや化学分析装置などは一通り揃ってはいるものの、全体的な資材不足は否めない。土壌研究所内のミミズ堆肥の生産現場を訪れてみたが、使い古しの給水桶の中でミミズを培養し、完熟堆肥は手製の篩で分別するという完全なローテク生産だった。

バイオ農薬を生産するためのセンターも全国各地に二八〇カ所、(4) ハバナ市内にも一一カ所もある。この一つ、市内で最も大きいアロヨ・ナランホ区のセンターでも、もみ殻などの静地培地に菌を摂取し、空き瓶を利用して菌を培養するという家内工業的な生産を行っていた。完成品はビニール袋に入れて、「コンサルティング・ショップ」と呼ばれる農業資材店で販売されるのだが、密封作業はなんとランプの火であぶっている。それほどキューバにはモノがない。

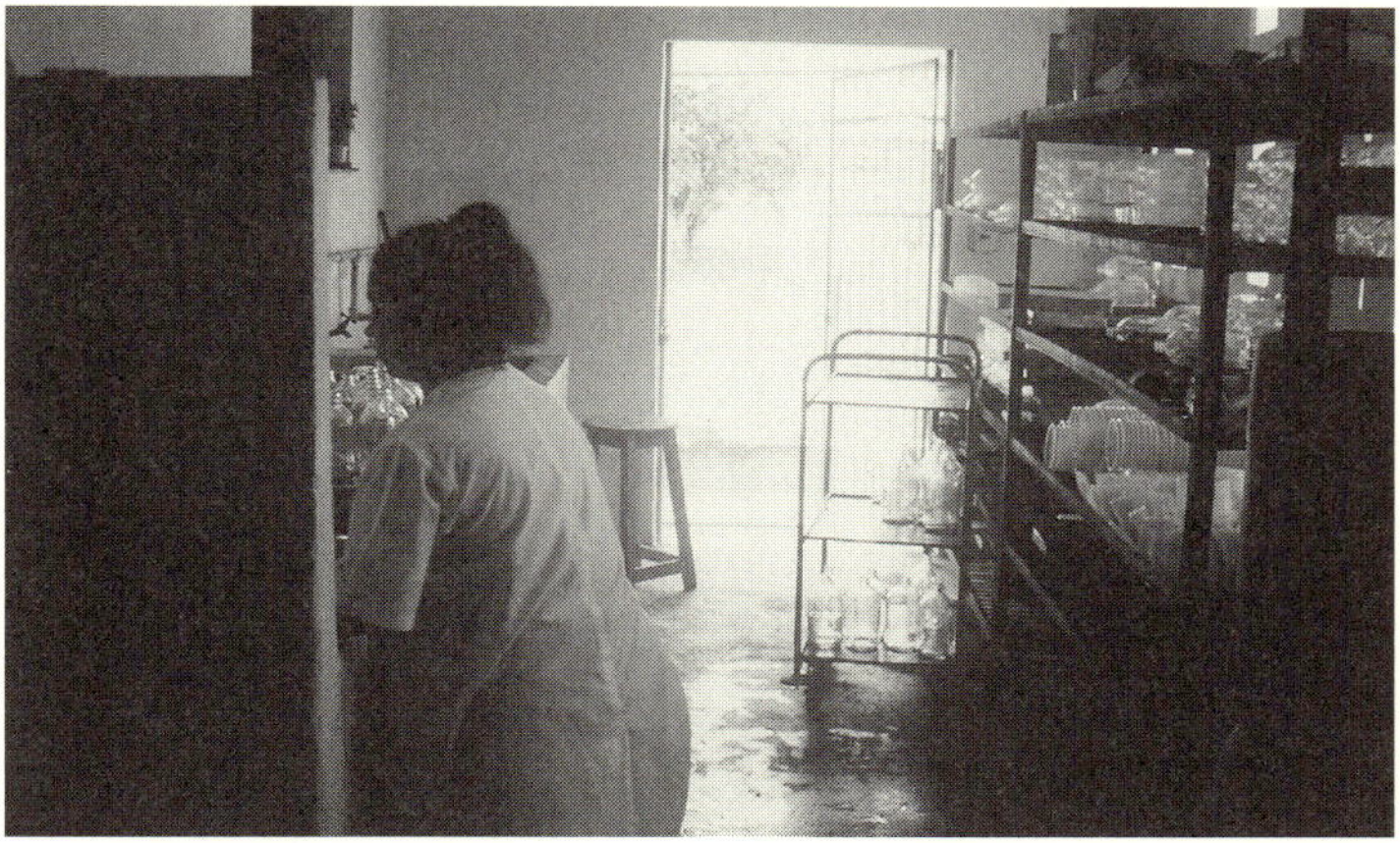

ハバナ市内の微生物農薬製造センターでは、トリコデルマ菌、バチルス菌、ボーベリア菌、黒きょう菌などを空き瓶を使って培養している。こうしたセンターが全国各地に作られ、化学農薬の代わりに土着菌が病害虫被害を防いだ。

だが、アメリカの研究者たちは、「窮乏する中での創意工夫が、逆に多くの資金や高度な機器がなければやれないというバイテク神話を覆すことにつながった」と高く評価する。[(5)]

モノがない中で、創意工夫を重ねたことが、潤沢な資金がなくても、人材さえ育成できれば、どんな僻村でもすぐにでも取り組める適正技術を編み出すことにつながった。キューバの有機農業技術は多くの貧しい国にとっては大変魅力的なものだから、ラテンアメリカの各地から多くの研修生が訪れては、そのノウハウを学んでいく。

都市農業についても農家の期待に応えるべく、熱帯農業基礎研究所を筆頭に、ハバナ市内にある一〇研究所が濃密な連携体制をとって、現場に役立つ技術開発を行っている。[(6)] 熱帯農業基礎研究所が、オルガノポニコの土壌や堆肥の管理方法、品種改良、作付け体系の研究を行えば、土壌研究所はミミズ堆肥や微生物肥料の研究を担う。各種細菌や天敵昆虫、そしてニーム・ニンニク・トウガラシなどの抽出液からバイオ農薬を作り出し、フェロモン利用や輪作・混作と合わせて総合防除の新技術体系を開発しているのは、植物防疫研究所である。

日本にも農林水産省や各都道府県には多くの農業研究所や試験場があり、民間企業の研究もキューバ以上に盛んだし、研究開発資金もふんだんにある。遺伝子組み換え農産物やクローン家畜などの最先端技術と比べると、微生物農薬やミミズの研究などは、どちらかというと地味で十九世紀的な技術といえるだろう。

しかし、こと有機農業や都市農業という切り口から見ると、キューバのほうが上をいっているように思える。ハバナだけでも三万ヘクタールの農地が完全無農薬で耕作されているという実績が、そのことを何よりも物語っている。日本では、有機農業という言葉こそ定着し、その重要性が認識されているものの、まだ有機農業の研究を全面展開するまでにはいたっていない。そして、研究内容もさることながら、研究者たちの研究への取り組み姿勢や研究成果の活かし方も決定的に違う。各研究所が開発した技術は、どのように現場に普及し、活かされているのだろうか。研究者たちの思いに焦点をあててみていくことにしよう。

## 第一線の現場に立つ研究者たち

「研究の最終目的はいい成果を早く現場で使ってもらうことにあります。成果を速やかに農家が使えないことほど、もったいないことはありません。生産現場で実際に活用されることが研究の最終ステップなのです」

熱帯農業基礎研究所のネルソ・コンパニオーニ副所長は農家に役立つ研究を行うことが研究者の使命であって、論文を書いたり、個人的な評価を受けることは二次的なものだと強調する。熱帯農業基礎研究所は、設立されたのが一九〇四年とラテンアメリカで最も古く、その後に作られた多くの農業研究所の指導的立場にある総合研究所である。(10)

研究者たちは国民の尊敬を集めるエリートだが、決して机上の空論をもてあそんだりはしない。農家が悩む問題を解決するため、第一線の現場を何カ月も泊まり歩く。筆者が熱帯農業基礎研究所を訪れたときも、アドルフォ・ロドリゲス所長は「ゆっくりとお話ししたいのですが、時間があまり取れないのです。いま農家向けの三カ月の普及プログラムを実施している最中でして、昨日はサンクティ・スピリトゥス州にでかけましたし、明後日にはオルギン州に向かわなければならないのです」と、本当に多忙そうだった。所長自らが、全国の農村を駆け巡る。

「ソ連崩壊の後で一番つらかったのは一九九三年です。農薬も化学肥料も何もかもが一切ないのです。

「キューバの土は化学肥料漬けで泣いていたんです。もうこれ以上生産できないと」。熱帯農業基礎研究所のコンパニオーニ博士は、かつては化学肥料の専門家だったが、自らの過ちに気づき有機農業の伝道師となった。農家と語り、畑に出なければ良い研究はできないと、農業指導の陣頭指揮に立つ。
（写真・日本電波ニュース社提供）

交通事情も悪く大変でしたが、それでもなるたけ努力して、全員が毎日農村へとでかけました。農家と語り合い、直接土と触れる中で研究を進めたのです。それが成功した秘訣です。今はずいぶんと状況も改善しましたし、有機農業がいかに健康によいかを国民に対して説明しています。農業で汗を流す人を国も全面的に支援していますし、年々農業に携わる人が増えています。来年はもっと増えることでしょう」

コンパニオーニ博士も同じく、研究所の中に閉じこもらず、現場に出かけることを何よりも大切にしている。

「最も重要な仕事は、農家が悩んでいる問題点を見つけ出すことにあるのです。農家と交流することで、研究成果を伝えることができますし、私どもも現場が抱える課題がわかるのです。だから、全国の農村を回ることが大切なのです」

アドルフォ所長やコンパニオーニ副所長が現場を重視するのには理由がある。コンパニオーニ博士は、早くから有機農業に着目してきた先駆者のひとりだが、もとは化学肥料の専門家で、農薬と化学肥料を使うことが、キューバのためになると信じてきた。

「それに自信を持っていたのです。ですが、キューバの土地が泣いていたのです。もうこれ以上生産できないと。ですから、汚染に力を貸していた私自身の間違いをまず反省しなければなりませんでした。そして、まわりの研究者を説得し、農家の人たちに、これまで使ってきた農薬や化学肥料がいかにいけないかを説明し始めたのです。ところが、実際には畑で仕事をしてきた農民たちのほうがよく知っていました。化学肥料をいくらやっても、土地の生産性が上がらず、むしろ年々生産性が落ちてきていることを肌で感じていたのです(7)」

博士は足下の土を握りしめて言う。

ハバナ郊外にはホルへ・ディミトロフという協同組合農場がある。そこのマルティン・アコスタさんの次のような発言は、副所長の反省を農家の立場から裏付けるものだろう。

「今、有機農業と言われているようなことは、実は昔からずっと農民たちがやっていたことなのです。私たちは一九八〇年代の中頃に、農薬や化学肥料の使いすぎで土地が痩せたり、生産性が落ちてきたことに気がついたんです。今でこそ、有機農業は世界中で広がり始めていますが、その頃には誰もやっていませんでした。農業省のお役人や研究者たちに『有機農業でもやれるんだ』と言っても全然信用せず、相手にされませんし、逆にお前は頭が狂っていると言われたもんでした。つまり、最初に有機農業をやることを決めたのは私ら農民なのです。研究者はただ後から、私らの実践を見に来ただけなのです」

経済危機の後、ホルヘ・ディミトロフ農場は、有機農業推進プロジェクトのひとつのモデル農場として、詳細な現場研究が始まり、農家の創意工夫を土台に、輪作や混作など有機栽培技術を確立する拠点となったが、一番最初に有機農業にチャレンジし、実際にやれることを実証して見せたのは、マルティンさんのような現場の篤農家だった。

「有機農業は最も近代的な技術だ」と、コンパニオーニ博士が強く断言する背景には、こうした苦い経験があったのである。だから、今も自らハバナ市内の各農場の普及指導の陣頭指揮に立つ。

都市農家を定期的に訪れては適切なアドバイスを行い、有機農業の栽培技術を指導するのが、普及員たちの役目であると前節では述べた。だが、普及員たちの仕事は技術的なサポートだけにとどまらない。農家に適切な研究所を紹介したり、研究者たちがうまい問題解決策を見つけ出せるように農家にひきあわせたり、コーディネーターとしての役割も担っている。

研究者たちは普及員と一緒に現場に出かけ、普及員のアドバイスの意味を説明したり、都市農家が語る生の声に耳を傾けることで、解決すべき研究課題を見出していく。普及員は最新の研究成果を学べるし、研究者も都市農業への知見を高めることができる。(6)

例えば、オルガさんは八〇人からなる生産者組合に所属しているが、毎月末の例会には研究者も参加して相談に応じるという。

「一番最初は、農家だった父の残したノートをもとに農業を学んだんです。中学時代に四五日間、農村で働いた経験も役に立ちました。ですが、今では、熱帯農業基礎研究所、植物防疫研究所、土壌研究所、灌漑研究所などの支援を受けています。アリやカタツムリの害があるとか、ミミズ堆肥がうまくできないとか、組合員が抱える現場の問題をとりまとめ、研究所にレクチャーを頼みます。すると生産組合まで足を運んでくれるのです。もちろん、私たちの畑で研究もやっています」

コンパニオーニ博士が現場で指導するように、ほとんどの研究は、今畑で直接行われているのだ。

## 三万人以上の農家がセミナーを受講

多くの研究所では、農家向けに研究の結果や成果を冊子にとりまとめているが、それに加えて、様々なワークショップやセミナーも開催している。

熱帯農業基礎研究所は、普及員の能力向上のための研修コースを設けているし、植物防疫研究所も、都市農家の要望に応えられるよう、病害虫防除、植物防疫、土壌管理、灌漑技術など総合的なセミナーを行い、普及員のレベルアップに努めている。とりわけ研究所が重視しているのは、病害虫防除のためのバイオ農薬の利用方法である。病害虫の知識を深め、草の根レベルで病害虫のモニタリングを行い、効果的にバイオ農薬が利用できるよう、コンセホ・ポプラールの代表と普及員の全員が、総合防除の講習を受けている。[6]

コンパニオーニ博士は、新しく都市農業を始める人たちは、女性や若者、退職者が多く、こうした新規就農者のほうが有機農業を素直に受け入れ、訓練もしやすいと指摘する。近代農業を経験してきた農家のほうが、むしろ新しい発想への心理的な抵抗感を持つという。[8] このため、植物防疫研究所では、心理学を専攻した大学院生の協力もあおぎ、有機農業技術の受け入れの障害となっている心理的・社会的な要因の調査・研究も行っている。[6] つまり、農家のトレーニングには、研究所だけではなく大学も関わる。ハバナ農科大学では約五〇名の研究者たちがネットワークを組み、有機農業の教育システムの開発に取り組んでいるし、[9] 全国各地の農学部では、有機農業と都市農業は必修科目になっている。

アクタフのエヒディオ・パエス氏は、研究所、普及機関、大学や各種NPOが連携体制をとることで、都市農家の四割が、毎週なんらかの訓練を受け、研究所とNPOが共催した、トレーニングやセミナーの受講者は延べ三万人以上になると語る。

「一九九四年から一九九六年にかけて、ドイツのNGOの援助を受けて、都市農業のワークショップを七回ほど開催しました。私は当時まだ農業省に勤めておりその担当だったのですが、まずコアとなる七〇人をトレーニングし、訓練を受けた受講者が、その内容をまた教えるというように人づてに、三万人に伝えたのです。これは都市農業を発展させるうえで多いに役立ちました。そして、ハバナのこの動きがキューバ全体に広まっていったのです。もちろん、今もトレーニングはやっていますが、回数は少なくなっていますし、内容もより専門的になっています」

これだけ徹底した教育を行えば、オルガさんやマリアさんのように新しく農業を始めた人たちの技術水準が高いのも納得できるし、わかる気がする。キューバの都市農業はいきあたりばったりのものではなく、きちんとした制度上の支援があって成り立っているのである。

## 農家と研究者との意見交換の場「都市農業全国会議」

そのほかにも、コミュニティ、市、州の各レベルでの都市農業の詳細な統計データも集められているし、面積当たり、一人当たりの生産性や総生産高は、毎月国の機関紙であるグランマ紙上で一般公開される。これは都市農業の進展の足跡を発表するだけではなく、農家がより腕を磨くうえでの大きなインセンティブにもなっている。(8)

また、一九九七年からは毎年九月に国内各都市からの代表が集まり、農業大臣も出席して、都市農業の全国会議が催されている。最高の収量をあげた地区だけでなく、最低だった地区の代表も参加して失敗談を語るのは興味深い。(8) 全国大会は、開催場所が偏らないよう毎年別の州で開かれているが、毎回四〇〇から五〇〇人もの農家、普及員、研究者、行政官が集まり、生産技術面での最新の知識や成功の秘訣、失敗の経験などを分かちあう場となっているという。

コンパニオーニ博士は、「研究機関から書籍や資料を農家に送り届けることはできますが、キューバの農家は互いに意見を交わしあったり、議論しあったりする習慣を持っていますから、新技術を普及するには、顔を交わして語りあう生産者会議が最も有効なのです」[8]と語っている。

キューバの有機農業技術が興味深いのは、バイオ農薬や微生物肥料といった最先端のバイオ技術と、ミミズ堆肥や輪作のような伝統農法を組み合わせ、資材が不足する中でもすぐさま実践可能な適正技術を開発したことにあるのだが、それが可能となっているのは、地域ごとの土着の栽培技術をうまく掘り起こし、農家の伝統的な知恵の再発見に努めたからだといえよう。例えば、ユニークな防除手法として食虫アリを用いたアリモドキゾウムシ対策がある。バナナの茎を切断し、砂糖や蜂蜜の液を塗りつけ、アリのコロニーがある場所に置く。アリが茎に誘い寄せられたことが確認できたら、今度はこれをサツマイモ畑に持ち込んで茎を日光にさらす。アリは強い日差しを避けるためその場で土中に巣を作り、アリモドキゾウムシの幼虫を食べてしまう。きわめて原始的な方法だが、生産コストも安く防除効果も高いため、農業省はこの技術が使われている畑での農薬使用を禁止した。[10]アリを害虫防除に使いはじめたのは世界でもキューバが初めてだが、[4]こうした奇想天外な発想は、机上の理論や実験からはなかなか出てこない。研究者たちが全国各地で、農家と膝を交えて「どうしたら課題を解決できるか」を徹底的に語り合い、現場の成功事例や悩みに耳を傾け、互いの秘訣を交換する中から生まれた技術なのである。

コンパニオーニ博士はこう主張する。

「実際に農業をやっている人のアイデアには思いもかけないものがあります。ですから、素晴らしい意見や発想はみんなに知らせるようにしているのです。とかく科学者というものは、これが正しいという信念を持つと、すべてにおいてそれを優先し、人々に勧めます。個々の畑の特性を無視して、同じようなやり方をとりたがるのです。つまり、科学的に走りすぎることは有機農業にとっては危険なことなのです。栽培技術の確立は教室や実験室の中だけではできません。科学者と実際に農業を営む農家との間にギャップが生じないようにすることが重要で、研究者だけが走りすぎてはいけないのです。研究者も畑で仕事を行い、農家と接し土に密着することが大切なのです。これまではそれぞれの分野の専門家と呼ばれる人たちがいましたが、これからは幅広いことを学ぼうという熱意と意欲がある人でなければ、研究者は勤まりません(7)」

## 農家との協同研究に基づく都市農業振興計画

こうした現場での経験や農家との意見交換を踏まえたうえで、野菜、コメ、コーヒー、果物、乳牛、養豚、ウサギ、その他の家畜、有機農業での栽培、堆肥生産、林業、灌漑、養殖、技術トレーニング、農業経営トレーニング、種子など二八項目からなる総合的な「都市農業振興計画」が毎年立てられている。計画づくりは一九九二年から始まったが、年ごとに項目数が増え、内容も充実している。プランの内容は、農業省、ハバナ市、各研究所の関係者が検討するが、具体的に草案を作るのは、熱帯農業基礎研究所のアドルフォ所長とコンパニオーニ副所長らからなる四名のチームである。担当するエリザベス・ペーニャ研究員に話を聞いた。

「毎年九月までに内容をチェックして、一二月には出版し、一月には関係機関に発送します。この計画を作るために毎年四回、全国各地を回りますから、年間三カ月は現場を歩くことになります」

都市農業振興計画づくりは、ボランティア作業だという。それをこなしたうえで、研究論文も書かなければならないし、研究成果がきちんとあがっているかどうかは上司からチェックされるし、いい研究成果をあげなければ給料ももらえない。そんな多忙の中、ペーニャ研究員は二〇〇一年に、スペインでの有機農業の研究コースを受講し、野菜の生産方法を学ぶため北京にも出かけた。

「北京では一番大きな研究センターを訪ねましたが、研究者は研究をするだけで農家との交流がなかったのです。私は、それはよくない制度だと感じました。キューバでは研究者全員が同時に普及員にもなっていて、自分の研究成果を農家に普及します。それは研究者にとっても便利です。研究が間違っていないかどうかを検証できるからです。

ですから、私たちは研究所の試験圃場の中だけでなく、同時に農家の畑で研究を行います。堆肥の材料に牛糞を加えてみるとか新しい技術を導入するときには、まず農家に相談を持ちかけ、両方のデータを調べます。農家と協力しながら研究を行う。農家との対話を通じて、自分の考え方や研究内容を改められるので研究者としても成長できるのです。そして農家がいい結果を出してくれれば、目的が達成されたという満足感を得られます。自分の目で研究結果を見られることは、研究を進めるうえでの励みにもなります」

ペーニャ研究員は、国により力の入れ方には温度差があるとしても、将来は世界中の農業が有機農業になり、野菜食中心の時代が来ると考える。

「キューバではこれまで、野菜をあまり食べてきませんでしたから、野菜食の普及運動を進めています。肉より野菜を食べたほうが健康にいいからです。現在、ハバナの保育園と小学校で子ども向けのプログラムを展開していますが、この運動を広げていけば、いずれ一般国民も野菜をたくさん食べるようになると思います。

人類の未来は有機農業にかかっています。人の健康のためにもいいし、自然環境にも優しいし、あまり資材も必要としませんから、経済的にも収益があがっています。ですから、キューバだけでなく、全世界が有機農業に向けて努力しなければいけないと思うのです」

コンパニオーニ博士もこう語る。「食料を人間に与えることは最も重要な仕事ですから、農業問題は社会問題でもあるのです。私たちは、これを都市農業を通じて解決しようとしています。もちろん、すべての問題を解決することはできませんが、都市農業の果たす役割は大きいのです。これまで失った肥沃な土を回復させることが私の夢なんです。五年、一〇年もかかる長い仕事ですが、豊かな土を台無しにしてしまうのには二、三時間もかからない。我々農学者や農家は、国民だけでなく人類全体の責任を負っているのです(7)」

人類への責務。日本では笑われてしまいそうな大仰な志である。

アドルフォ所長は、生きのびるために有機農業の研究に取り組まなければならなかったが、それは人類にとってもよいことであった、なぜならばキューバが世界のための有機農業研究所になったからだ、と自負心を吐露する。研究を通じてサラリーをもらうという点では、キューバの研究者たちも他の国と変わらない。だが、彼らがそこまでするのは、人類全体の責任を負っているのだというささか自意識過剰なまでの使命感ゆえなのである。

## 引用文献


(1)――― Juan Antonio Blanco and Medea Benjamin (1994) *Cuba talking about Revolution*, Ocean Press

(2)――― Tomas Borge (1993) *Face to Face with Fidel Castro*, Ocean Press
Phillip Babich (1998) "The Last Domino? Cuba and Its New Economy"
http://www.radioproject.org/transcripts/9841.html
Luis Garcia (2002) "Agroecological Education and Training" *Sustainable Agriculture and Resistance*, Food First, 2002

(3)――― Mario Gonzalez Novo (1999) "Urban Agriculture in the City of Havana"

(4)――― Nilda Perez and Luis L. Vasquez (2002) "Ecological Pest Management" *Sustainable Agriculture and Resistance*, Food First, 2002

(5)――― Peter Rosset (1994) "The Greening of Cuba"
http://www.interconnection.org/resources/cuba.htm
Lisa Van Cleef (2000) "The big green experiment-Cuba.s organic Revolution"
http://yeoldeconsciousnessshoppe.com/art9.html

(6)――― Catherine Murphy (1999) "Cultivating Havana", *Food First Development Report*, No12

(7)――― コンパニオーニ博士の発言の一部は日本電波ニュース社の取材による

(8)――― Cathy Holtslander (2000) "Cuba's Organic Urban Agriculture in Action" Oxfam Canada
サイト先消失。一部は下記サイトで読める。
Cathy Holtslander (2000) "Community Gardens: Metropolitan Park Project - Havana Cuba"
http://www.globalexchange.org/campaigns/cuba/sustainable/oxfam091100.html

(9)――― Cuba Organic Support Group "Organisations involved in sustainable development in Cuba"
http://www.cosg.supanet.com/activists.html

(10)――― Peter Rosset and Medea Benjamin (1994) *The Greening of the revolution*, Ocean Press.

# 5 コンサルティング・ショップ

## ミミズ堆肥から苗木までを市民に販売

植民地支配が長く続いたキューバでは、サトウキビやタバコのプランテーション農業が発達し、その後も近代的な農業モデルが推進されたため、本来は豊富にあるはずの作物品種がほとんど失われていた。バンレイシ、チェリモヤ、トゲバンレイシ、パッションフルーツといった熱帯果樹さえなかったし、メロンやカボチャもたった一品種しかなかった。[(1)] 輸入食料に依存してきた時代は、野菜食の習慣がなかったからそれでもよかったが、都市農業を軸とした野菜自給を始めるとなれば、伝統的な在来品種を復活させるとともに、新品種も導入しなければならない。まして、厳しい経済危機が続いているのである。それでなくても入手しにくい野菜や薬草の種苗、農機具、そして研究所が開発したバイオ農薬や微生物肥料、ミミズ堆肥などを市民に流通させるための機関も必要である。こんなことは当然のことと思われ

ハバナの市街地の中にある園芸資材店「コンサルティング・ショップ」。市民農園や自給菜園を支援するため、いま町中にはこうしたショップが48店舗設置されている。オープン時は農業省が直営で運営していたが、市民サービスの向上と効率化を図るため、いまは農業企業が独立採算制で運営する。

るかもしれないが、キューバは社会主義国である。それまでは、一般市民に種子や堆肥を販売する店は皆無であった。スラグのリエックスさんは、ホームページ上でこう語っている。

「何かを育てたいと思ったら、お店で種子や肥料を買いますよね。でもキューバは資本消費社会ではないので、店がなかったのです。考えられないでしょう。政府は都市農業を促進するために、お店を新しく作らなければなりませんでした(2)」

ショップの開設そのものが、社会主義国キューバにとっては、大きな社会変革だったのである。それでは、さっそくその社会変革の中心地、ハバナのミラマルにあるコンサルティング・ショップの一つを訪れてみることにしよう。広い通りに面した明るいガラス張りの店舗は、キューバにしてはなかなか垢抜けたデザインである。

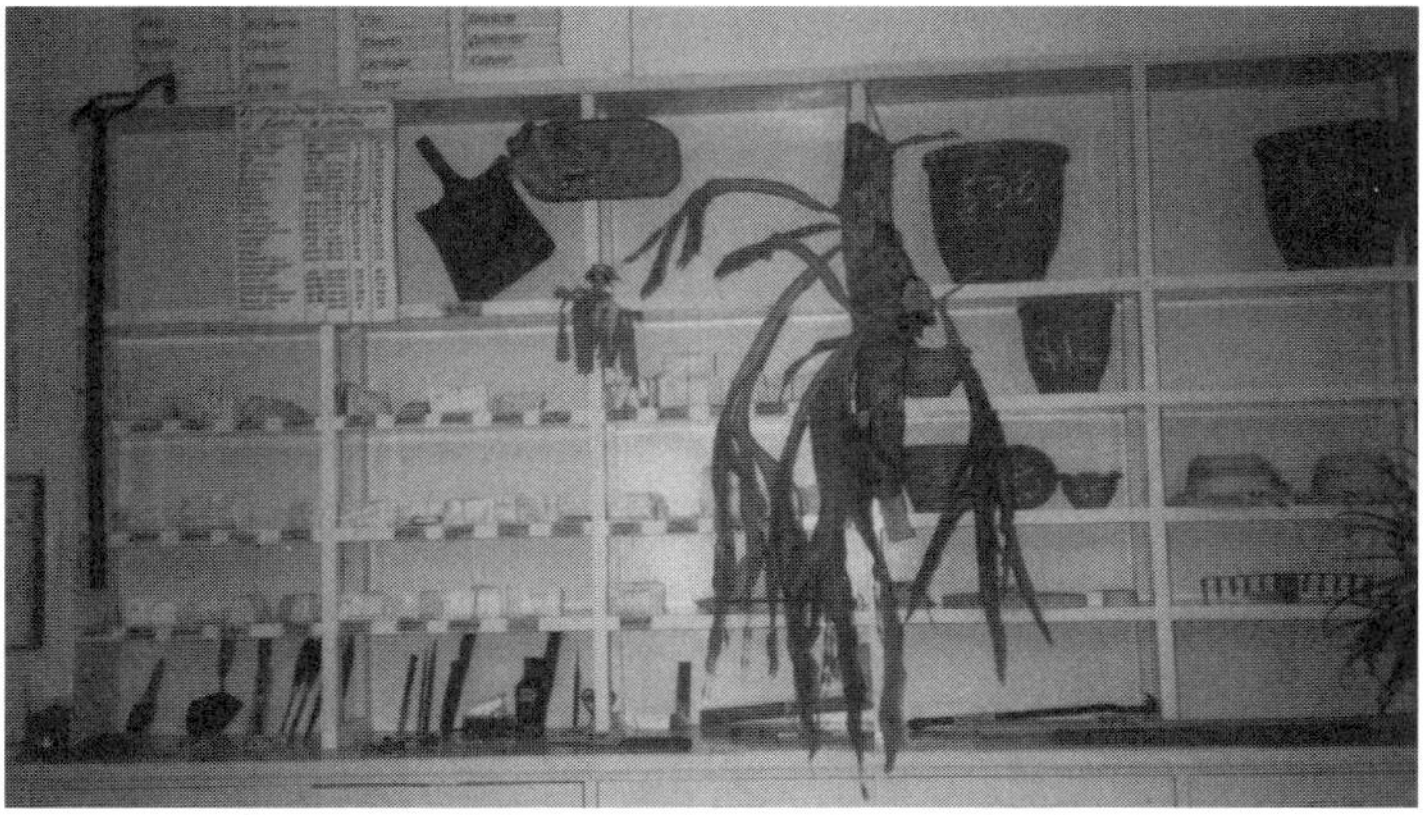

ショップは、種子、バイオ農薬、ミミズ堆肥を廉価で販売する他、専属のアドバイザーが、市民の園芸相談に応じる。コンサルタント料は安いが有料で、人気が高い指導員ほど稼げる仕組みになっている。

店内に入るとすぐさまオダリス・ベージョ店長が笑顔で出迎えてくれた。マヤリス・ビネ相談員や会計のエリナ・ベージョさんなど全員が女性なために、ちょっとしたサロンの雰囲気が漂っている。

「ショップで働くには専門のライセンスが必要です。私は土壌や微生物が専門で、土壌研究所から派遣されています。このショップは、コンセホ・ポプラールと連携して、街中の空き地でも野菜を作れるように応援したり、バルコニーに鑑賞をかねて野菜を作ることを奨励しています。家庭菜園向けにミミズ堆肥を一袋七ペソで販売していますし、ミミズを使った生ゴミコンポスト化器も売っています。キューバは亜熱帯ですからミミズ堆肥もできやすいのです。ミミズを自宅でも増やせるよう指導していますし、そのためのパンフレットもあります。草や街路樹の剪定枝も捨てずに集めて堆肥にする。そうした運動を広めることで、各地域が自給できるようにしていきたいのです」

店内を見回すと、所狭しと実にいろいろなものが置いてある。棚には様々な種子がずらりと並び、中には日本からわざわざ輸入した種もある。その奥は、バイオ農薬の陳列棚で、これに効くというアリやらガやらカタツムリなどの害虫の標本も掲げてあるからわかりやすい。そして、鍬やくぎ抜きなどの農具、農作業用の帽子まで売っている。

「ミミズ堆肥がないですね」と問いかけると、人気商品であるため、すでに早朝に売り切れてしまったという。さっそく隣の倉庫から何十袋も運んできたが、数分も経たないうちに車で乗りつけた中年女性が、トランクが一杯になるほどごっそりと買っていった。

ショップに置かれている製品は、農畜業供給公社から直接、供給されたり、あるいは前節で述べた土壌研究所、植物防疫研究所といった国の研究センターから購入されたものである。

ショップ内には、野菜の育て方や保存食の作り方を解説したガイドブックや観葉植物の苗木も置いてある。なぜ、観葉植物まで陳列してあるのかと思われるかもしれないが、これも第三章で後述する「わたしの緑計画」という都市緑化のための一大戦略と関係しているのである。

ショップの営業時間は一〇時から夕方五時までだが、平均一〇〇人の来客があり、人気のミミズ堆肥は毎日四〇~五〇袋、多いときには一〇〇袋も売れるという。

「ミミズ堆肥は、花を育てるのにも使われているため、よく売れるのです。例えば、スミレは、デリケートなので、ミミズ堆肥でないとうまく育ちません」

一時間ほどの間にも、裏庭で園芸を始めたいという男性やら、学校帰りの小学生など、ひっきりなしに来客がある。子どもたちはレタスと二十日大根の種を買い「野菜づくりは学校で教わるんだ。野菜ができたらお母さんに料理してもらうのが楽しみなんだ」と嬉しそうだった。

## 国の直営から独立採算での自主運営に

二〇〇二年現在、ハバナ市内には、こうした専門のコンサルティング・ショップが四八店舗あり、市民が新たに農業をはじめる際の大きな手助けとなっている。ショップのほかに、モデル展示圃や園芸相談所も設けられ、病害虫防除のサービスを行っており、九地区には家畜のための獣医クリニックも設置されているという。

ショップづくりがスタートしたのは一九九五年からだが、その数は一九九六年三、一九九八年八、一九九九年一二、二〇〇〇年二三、二〇〇一年四二、二〇〇二年四八とウナギ登りで増えている。ベロ店長のショップがオープンしたのは一九九七年の一二月のことだ。

ショップは農業省が設置しているが、ショップへの補助金はなく、その運営は独立採算制である。開設時には農業省の直営だったが、経済危機に伴い財政赤字が雪だるま式に増え続ける中で、補助金の削減や地方分権化が奨励された結果、各ショップは、自主管理・独立採算制で運営されることになったのである。

エウヘニオ・フステルさんを長官とする都市農業グループの下には、⑴流通分配公社、⑵首都野菜事業団、⑶穀物事業団、⑷畜産事業団、⑸ハバナ市農畜業供給公社、という五つの事業団が設けられている。現在、ショップを運営しているのは、五番目の供給公社である。

この経営の自主財源化にあたって、勤務するショップを自力で運営するよう命ぜられた元農業省の職員、すなわちショップの店長たちからは不満の声が噴出した。

「定刻どおりに開店するには、店にずっといなければならない。勤務時間内に店を閉めずに、在庫品を調べて買い入れ、品数を維持することなんてとうてい不可能だ」というのが、主な批判の内容だった。それまでは、独立採算制も競争原理も一切取り入れてこなかった社会主義国キューバでは無理もない不平である。

オープンしてみたものの、在庫品の調達に店長が外出して閉店が続いたり、休みが多すぎるため固定客を確保できず赤字経営に陥るショップも出てきた。このため、農業省は、一九九六年に配送トラックを購入し、あわせて各ショップに購入と配送を専門に担当する人員を配備。かつ、標準給与額は提示したもののそれを固定給にせず「サービス内容によって柔軟に対応してもよい」とした。納得がゆかなければ、全額を支払わなくてもかまわないし、よく働く従業員には、その働きぶりに応じた手当を支給すればよい。一生懸命働けば給料がアップするが、サービスが悪く、固定客がつかなければ給料も払えない。配送担当者はショップに対して責任を持ち、その代わりショップは市民に対する責任を果たす。この成績評価手法は、アカウンタビリティとサービス向上のために工夫されたものといえるだろう。この配送サービスが始まると、ショップの仕事量は激増し、必要な事務作業をひとりでは全部こなせなくなった。このためいくつかのショップでは、在庫管理のためのフルタイムの従業員をさらに新採用したのである。

今では各ショップは、自主的に経営され、店長は便宜上は政府に所属しながらも、大きな裁量権を持ち、売り上げや収益に基づいて自分たちの給与も自由に決めている。[1]ベロ店長のショップも、国営とはいいながら、お役所的な雰囲気が一切なく、お客が来れば、にこやかに、かつ懇切丁寧に対応している。「この店はとても親切に指導してくれるからありがたいですね」「小さいけど相談に応じてくれるから便利だよ」と来客の評判がよい背景には、こうした制度上の工夫があったのである。

## 市民たちへの農業教育の拠点

今やハバナの都市農業に欠かせないものとなったショップだが、すべてが順調なわけではない。そのひとつは、経済危機に伴う物質不足の中で「冷蔵貯蔵施設がない」という問題である。バイオ農薬や肥料の多くは、微生物が原材料になっているから、冷蔵しないとわずか数日間で死んでしまうし、早めに売り切らないと効力を失う。有機農業はまだ発展途上だから「なるほど効果がある製品だ」と客の信用を得ることが何よりも重要である。このため事前注文があるときだけ入荷することで対処しているショップもある。都市農業グループは今、冷蔵庫を設置する資金をなんとか確保しようと努めているが、こんなところをひとつとっても経済危機の影響はいまだに市民生活に影をなげかけていることがわかる。

ハバナで一番大きいショップは、ディエス・デ・オクトゥーブレ区にある「都市農業・持続農業支援センター」である。センターのある場所は、革命以前はレストランで、その後一九八〇年代半ばまでは理髪店だった。店長である農学者リアンドロ・ペレスさんは、このショップを「都市農業の教育センターにしたい」という夢を持ち、専門書の図書館や会議室を増設する計画を立て、一九九八年には、緑の相談業務にも応じられるよう都市緑化の専門技師を採用した。

このセンターは、ショップの中でもパイオニア的な存在で、ホルダン農業大臣は、多くのショップがこうした方向で発展していくことを期待し、市民サービスをより充実させることを、都市農業計画の中にも含めた。ショップは、単なる生産資材の供給所としてだけでなく、都市農家や菜園者たちが専門家や研究者の相談を受けたり、ワークショップを開くなど、情報センターとしての教育的機能も期待されていたのである[1]。

そして、目論みどおり、ショップは年々発展し、その役割を果たすまで成長してきた。市内の全店舗を統括する供給公社のエベリオ・ゴンサレスさんに、ショップの進展ぶりを聞いてみよう。

「今、キューバでは都市農業が年々発展していますから、それに応じて日々改革が行われています。ショップの名称も一九九五年には『カサ・デ・セミージャ』、つまりシード・ハウスと名付けていましたが、一九九七年には『ティエンダ・コンスルトリオ』、そして、二〇〇〇年からは『コンスルトリオ・ティエンダ・アグロペクアリア』と変更しています。これまでも種苗、有機肥料、バイオ農薬、農機具、観葉植物を売ってきましたが、二〇〇〇年からは販売に加えて、技術サービスと教育に力を入れているからです」

ショップが技術普及にも力を入れるとなると、第三節で記述した普及員との役割分担はどうなるのだろうか。

「都市農業を推進するため、民間ベースでも菜園があれば回っているのです。もちろん、我々は企業体ですから、サービスに応じて対価をもらう。菜園に指導員を呼べば五ペソかかります。アボカドに病気が出れば治すために点滴をしますが、それには一〇ペソをもらいます。あとは相談内容に応じて農家と話し合ってコンサルタント料を決めるのです。普及員は二〇〇ペソと月給が決まっていますが、うちは成果に応じて支払います。稼いだ金の八割が給料になりますから、一〇〇〇ペソの収入があれば手取りで八〇〇ペソになる。歩合制をとることで、よい種苗を見つけだしたり各自がいっそう頑張るわけです。平均給料は六〇〇ペソですが、人気ナンバーワンの指導員は五〇〇〇ペソも稼いでいます」

農業省の普及員の二五倍である。

「もちろん、彼の場合は、哲学的、人間的にも優れ、マーケティングにも精通しているので特別です。

現在、市内の各ショップでは、一四八人の指導員が働いていますが、将来的には優秀な人材をもっと確保して四〇〇人にしたいと思っています。市内の農業生産を向上させるには、もっと人材が必要なのです。ですから、農業技術専門学校で学んでいる学生を三年生のうちから我々の運動に参加させようと、今プランを立てているんです」

日本でも県庁に所属する農業改良普及員とは別に、各農協が営農指導員を抱えている。普及員が、土地の利用調整や地域農業の全体のマネジメントを行うのに対して、実際の営農指導は農協が中心である。第三節では、キューバで都市農業の萌芽期に果たした普及員の役割について述べたが、都市農業が発展する中で、日本と同じような仕事上の役割分担が進んでいるとも考えられるだろう。そして、即戦力になる人材を育成するため、学生にもインターンシップ制度を導入しようとしているのである。

## ◉コラム3
# 在来品種の復活

コンサルティング・ショップは種子を販売しているが、これはどちらかというと家庭菜園を行う一般市民向けで、専業都市農家のためには、別に種子バンクもある。オルガさんは次のように語っている。

「生産者組合員には種子バンクが必要な種子をまとめて売ってくれるのです。キャベツの種子は町中のショップでは一〇グラム一ペソもしますが、種子バンクでは六五グラムが一ペソで買えるのです。政府が頑張って外国の種子も廉価で提供してくれるので、私たちはショップをあまり使いません」

キューバでは近代農業を進める中で動植物の遺伝資源が加速度的に失われてきたが、経済危機の中で遺伝子の多様性が再び重要視され、二〇年以上も前に設立された遺伝資源保存センターが今、脚光を浴びている。とりわけ、農作物用の遺伝資源の保存は、熱帯農業基礎研究所の研究者たちも緊急課題と考え、各地域の農家が研究所と連携して、在来品種や役立ちそうな品種を探したり、集めたりしている。

都市農業グループも、都市農家や普及員向けに種子保存のワークショップを開催している。例えば、一九九六年には、オーストラリアのNGOグリーン・チームと連携し、種子保存の専門家をオーストラリアから招聘し、二〇名以上の都市農家が三週間にも及ぶ「種子保存」のコースに参加した。その結果、受講者が、種子を保存したり、種苗を交換しあうようになり、種子保存のためのネットワークも立ち上がった。

種子の多様性の不足という問題を解決するうえで、都市農業が果たしている役割は大きい。種子の保存は、基礎的な教育とトレーニングを受ければさほど難しくはない。都市農家は、地方の大規模な生産者よりも、バラエティに富んだ野菜や果樹を栽培しているし、通常では見すごされがちなユニークな作物も育てている。都市農業が発展する中で、これまで希少だった様々な作物が復活し、以前に栽培されていた伝統的な在来品種も再び作付けられている。各生産者が種子を保存することが国全体の遺伝資源の確保にもつながるし、それぞれの地域に見合った品種を増やすことは生態系の安定強化や生産者が自立することにも寄与する。[1]

ちなみに、日本でも江戸時代には多様な品種保存や品種改良が大いに進んだ。コメひとつとっても、成熟期が異なる品種を植えれば凶作の危険が分散できるし、田植えや稲刈りなどの作業が農繁期に集中することを避けられ、早稲の作付けは水田裏作を容易にしたからである。幕府も各藩も、農民も品種改良を重視した。品種の豊富さは今から見ても驚くほどで、例えば、稲では水戸藩領では二九六種、尾張では四〇七種、加賀では二〇八種、熊本では二一三種となっている。畑作物も同様で、尾張では粟一六一種、ヒエ七五種、大麦一四三種、小麦六五種、ソバ二一種、大豆一二九種、大根二一種、里芋二四種に及んでいる。

当時の品種改良に注がれたエネルギーには凄まじいものがあり、農民たちは田畑を注意深く観察してよい品種を選抜しては、他地域との品種交換も積極的に行った。そして「土地相応」「天候時候相応」と表現された適地適種が原則とされた。[3] この努力は今のキューバにも相通じるものがあり、ササニシキやコシヒカリなど優良品種への単一化を進めている現在の農政よりもはるかにエコロジカルで合理的であったと思われる。

### 引用文献

(1)——— Catherine Murphy (1999) "Cultivating Havana" *Food First Development Report*, No12

(2)——— Roberte Sullivan (2000) "Cuba producing, perhaps, 'cleanest' food in the world"
http://www.earthtimes.org/jul/environmentcubaproducingjul13_00.htm

(3)——— 佐藤常雄（1997）「江戸の農思想に学ぶ」『AERA Mook農学がわかる』朝日新聞社

### 用語

農業供給事業団（Empresa de Suministro Agropecuario）
流通分配公社（Comercializadora trigal）
首都野菜事業団（Empresa Horticola Metropolitana）
穀物事業団（Empresa de Cultivos Varios）
畜産事業団（Empresa Pecuaria）
ハバナ市農畜業供給公社（ESACH: Empresa Suministros Agropecuario Ciudad Habana）
持続可能な都市農業支援センター（Tienda de Atencion a la Agricultura Urbana y Sostenible）
シード・ハウス（Casa de Semillas）
コンサルティング・ショップ（Tienda Consultorio）
農畜業コンサルティング・ショップ（Consultorio Tienda Agropecuario）

## 6 人気を呼ぶ野菜直売所

### 三〇個の卵が給料二月分？

前節では「コンサルティング・ショップ」が小さな社会変革の中心地だったと述べた。それは、「市場」の出現につながるものだったからである。一九六八年に自営業が禁止され、町中のコーヒーショップからアイスクリーム屋にいたるまで、五万八〇〇〇以上もの中小企業が国営化されてから、キューバには長らく市場が存在しなかった。(1) カストロは、平等な社会を築くために一時は貨幣すら否定しようと試みたこともある。以来、商品は町中から消え、配給がすべてをまかなうようになった。

だが、この配給システムは経済危機の中で事実上機能しなくなっていく。経済危機が一番深刻だった一九九五年六月の配給価格を見てみると、キログラム当たり、コメ〇・五、黒豆〇・七、エンドウ豆〇・二、コーヒー二ペソと、これまでどおりの低価格にとどまっている。だが、問題はその量であった。

月当たりの配給量は、コメ二・三キロ、黒豆八四〇グラム、魚二〇〇グラム、鳥肉八四グラム、塩二二〇グラムにすぎず、油、ラード、石鹸、歯磨き粉、酢、肉、瓶詰トマトはほとんど手に入らなかった。(2)

これではとても暮らしていけず、足りない分はどこからか調達してこなければならない。日本でも食料が不足した終戦直後がそうであったように、キューバでも闇市が次々と誕生した。だが、その価格は目が飛び出るような値だった。海外のある調査事例によると、一九九四年五月のコメ価格は、キログラム当たり配給では〇・六ペソしかしないのに、闇市では一五〇倍以上の一〇〇ペソだった。豚肉も、キロあたり一六六ペソ、タロイモのような野菜も三三ペソもした。(3)キューバの平均月給は一八〇ペソそこそこでしかないのだから、これがどれほど異常な価格であるかがわかるだろう。一九九二年から一九九四年の闇市価格と月給とを比較した別の報告でも、たった三〇個の卵が労働者の平均月給の倍、大学教授や医師クラスの月給の八割に及んでいる。一二〇グラムの石鹸をたった一つ買うのに、サラリーマンは月給の半分も出さなければならなかった。(2)

最も、これはいささか高すぎる数値ではないか、という現地の声もある。例えば、瀬戸くみこさんをはじめ実際にハバナで暮らす市民の声を聞いてみると、一番高かった時でも、豚肉はキロ当たり七〇ペソ、石鹸は一個四〇ペソくらいであったという。だが、それでも卵は三〇個で一五〇ペソであったという。ほぼ月給分に近い値段である。いずれにせよ、異常価格であることには違いはなかった。

しかもさらにまずいことに、ペソのレートはどんどん下がり、ドルの価値が高騰していく。ドルが持てない一般市民は月給袋を空にしなければ肉が買えないのに、観光客相手にチップをドルでもらえるタクシードライバーは、収入の二パーセントで肉が一キログラムも買えるという事態が生じた。[(2)] ドルを持てる者と持たざる者との間での不平等の拡大は、カストロが目指してきた平等社会の根幹を揺るがすものだった。そして、一九九四年中頃からは闇市はドルでなければ利用できなくなり、外貨を持てない市民は、闇市を通じては食物を得られなくなってしまう。

国の配給所に農産物が流通しないのに、どうして闇市にはモノがあるのだろうか。実は、闇市で販売される農産物は国営農場から盗まれて横流しされたり、個人農家から非合法に購入されたりしたものだった。もちろん、政府は一九九二年の中頃から、早くもこうした非合法活動を規制すべく改革に乗り出す。闇業者への警戒体制を強化し、現実にはごく稀にしか適用されなかったものの、政府に対して生産物を売ろうとしない農家の土地を没収するという法律すらも設置した。だが、そうした強権手段を講じても闇市の隆盛はとどまるところをしらず、それは取り締まりを行う役人や警察官にとっても必要なものとなってしまった。例えば、ハバナ州の郊外のある駅前広場の闇市は、非合法とはいえあまりに大きく、廃止することが困難だった。[(3)] 困窮する市民生活を守る上でも、高騰を続ける闇市価格を引き下げることは最大の行政課題となっていたのである。

## 全国で一〇〇カ所以上の農民市場をオープン

闇市価格を下落させるための切り札として発動されたのが、「農産物市場の開設」という新たな流通政策だった。一九九四年九月一九日に国会は直売所開設を許可する法、第一九一号を立法化。法は同年一〇月一日から施行され、全国で一二一カ所の「農民市場」を設置するとともに、個人農家の自由販売を認めた[3][4]。いわゆるキューバ版「朝市・直売所」が誕生したのである。

流通自由化の目的は二つあった。ひとつは、農産物を自由販売できるようにすることで、農業者の生産意欲を刺激することである。第二は、低価格の農産物を地場流通させることにより、闇市価格を下落させ、低所得層を保護することにあった。

結果としてこの流通改革は大成功をおさめる。次頁の表をみていただきたい。例えば、キロ当たり闇市で一〇〇ペソもしていたコメは、農民市場が二四ペソで売り始めたおかげで、たちどころにその価格が下落し、半年も経たない翌年の一月には一五から二二ペソにまで下がったし、豚肉も一六六ペソが八六ペソへ、キャッサバも一三ペソが四から七ペソへと、農産物価格は、以前の二割から半分ほどにまで下がった[4]。

販売が自由化され、農産物を売るチャンスが増えたことは、生産者たちの動機づけにもつながった。直売所での販売価格は需要と供給の法則で決まるから、よい生産物を出荷すればそれだけ実入りも大き

**表3　ハバナにおける農民市場開設前の闇市価格と開設後の農民市場での農産物価格の推移**

（ペソ/キログラム）

| | 闇市価格 | 1994年10月 | 1994年11月 | 1995年1月 |
|---|---|---|---|---|
| コメ | 99.1 | 23.6 | 21.4 | 18.7 |
| 豆 | 66.1 | 55.9 | 53.1 | 25.0 |
| サツマイモ | 13.2 | 4.0 | 3.3 | 4.2 |
| キャッサバ | 13.2 | 6.1 | 6.0 | 5.7 |
| タロイモ | 33.0 | 18.3 | 17.2 | 15.4 |
| ニンニク | 66.1 | 52.0 | 45.4 | 50.0 |
| 豚肉 | 165.2 | 90.8 | 92.3 | 85.5 |

出典：William A. Messina, jr.(1999) “Agricultural Reform in Cuba:implications for agricultural production, markets and trade”

い。農業生産も国全体で順調に伸び、増産に応じてハバナの農民市場数も増え、一九九五年の三月には二九、一九九八年の春には六五、全国では三〇〇を超すまでに至った(3)。また、農産物がペソで買えるようになったことも大きなメリットだった。ペソでの購入機会を増やすことは、ドルに対するペソの価値を高める意味もある。ドルの交換レートは一九九四年七月には闇市で最高一二〇ペソまで高騰していたが、農民市場ができたことにより、一九九六年の春には、一ドルが二一から二三ペソにまで低下する(4)。

今はどうだろう。アクタフのエヒディオ・パエスさんの案内で、ハバナ市内にある農産物直売所の一つを訪ねてみた。日曜日の早朝だというのに、黒山の人だかりである。狭い店舗の中には、肉、野菜、果物、そして花までもが所狭しと並べられ、隣の人の話し声が聞き取れないほどの熱気が溢れている。闇市を追放し、同時に市場競争原理を導入することで、農業生産を高め、消費者が農産物を手に入れやすくするという直売所設置の目的は、とりあえず大きな成功をおさめた。

## 農産物販売自由化への長き道のり

だが、この農民市場設立までにはずいぶんと長い道のりがあった。自由化される以前の日本のコメ流通を念頭に置けばわかりやすいが、キューバでは、農産物の流通を「アコピオ」と呼ばれる国営流通機構が一手に引き受け、それまで全く市場というものが存在しなかっただけに、大変な紆余曲折があったのである。

「自由市場を導入してみたらどうか」という議論は、キューバでもかなり古くからある。余った農産物を販売する農民市場は、他の社会主義諸国でも試みられ大きな成果をあげていたし、一九七〇年代にはこうした成功実例をもとにソ連やブルガリアの専門家たちが「キューバでもやってみたらどうだろう」と農業省にアドバイスを行っている。経済が安定的に成長する中で、国民の消費嗜好も多様化していたし、消費ニーズに応じるためには自由市場も必要だった。(5) 一九七六年に開かれた最初の共産党大会では、早くも農業物販売自由化の議論がなされている。(6)

机上で議論されただけではなく、その後、国家計画省やその後に設置された「経済管理計画システム」が自由化政策を強く支持し、農業省や全国小規模農業協会の賛同が得られたこともあって、一九八〇年

五月には「農民自由市場」がオープンする。(5)

「生産性を向上させるために物質的な動機づけを農家に与えたい」というのが、市場設置の趣旨だった。ところが、いざ開設してみると肝心の協同組合農場の生産者たちがこの自由化政策に対して反対し続け、そっぽを向いた。結果としては生産者へのネガティブな影響のほうが大きく、期待とは裏腹に値段も高く、品数も少なかったから、消費者にもさほどメリットがなかった。カストロ自身も中産階級を生み出すことにつながることを懸念し、この自由化には批判的で、実験的に開かれた農民市場は一九八六年五月に閉鎖された。(5)

しかし、経済危機が深まる中で再びこの議論が再燃する。

「以前に試みた農民自由市場をもう一度再開しようではないか」。党内でも最右翼の改革主義者たちがこう主張すると、慎重派は躊躇し「プライベートな農業を拡大することは価格の値上がりや不平等な食料配分につながる危険性が高い」と反論し、それに対して改革派が「そうした社会問題がすでに明白ではないか。すでに多くの食料は闇市場で購入されているではないか」とやり返した。

だが、この論争も、一九九一年の第四回共産党大会でのカストロの「農民自由市場の再開は望ましくない」という宣言により、凍結されてしまうのである。(5) しかし、これだけではいかにもカストロの独断専行のようにも思えるので、若干の補足説明をしておくことが必要だろう。実は、この一九九一年の党大会は、第四章で述べるように、カストロの呼びかけで多くの国民が参加し、党員以外の一般市民も自分たちの意見を自由に発言できた。

最も一般的であったのは「以前にあった農民市場を復活してほしい」という要望だったが、その一方で市場解禁に強く反対する声も多かったのである。ある農業協同組合の代表は「農民市場は問題の解決にはつながらない。それは無節操な人間を豊かにするだけだ」と主張したし、「農民市場を許可することは農民に対してだけでなく、人民全体への裏切り行為である」と述べる代表もいた。「個人農家はみんなの利益ではなく利己的な金儲けに走ってしまうのではないか」「市場は農民が協同生産に参加する妨げになるのではないか」という懸念の声も寄せられた。

こうした多くの声を総合的に判断したうえで、カストロは次のように述べたのである。

「我々は農民自由市場の創設により大きな誤りをおかした。私は自分の見解を持ってはいるが、他の人々の意見を尊重したい(5)」

## ハバナでの暴動を契機に流通改革に乗りだす

では、カストロの判断で一度閉鎖が決まった農業市場がどうして再び開設されることになったのだろうか。実は、輸入食料に国民の主食を依存するという状況は経済危機の以前から憂慮されており、農業省は一九八九年に農業を多様化し、国内食料生産を増加させるべく「国家食料計画」を立て、食料増産を図ろうとした。とりわけ食料需要が大きいハバナ市の自給率を高めるため、ハバナ周辺地域のサトウキビ畑二万ヘクタールで野菜を生産し、あわせて各地域でも食料を増産するため自給農園「アウトコンスモス」が学校や職場で促進されたのである。しかし、この食料計画が軌道に乗る前に未曾有の食糧危機を迎えてしまった。[7] しかも、化学肥料や農薬がない中で、農業生産は下がり続け、一九九二年の半ばには、食料増産プランが失敗したことが明らかになっていく。[5]

食糧不足やモノ不足や停電が続き、状況が改善する兆しも一向に見えず、悪化の一途をたどる。将来への希望を失った若者たちは、手作りの筏で海外への逃亡を図るし、もともとこうした難民を生み出す直接の原因を作りだしたアメリカは、難民たちをカストロの独裁国家からの脱出に成功した英雄として讃えた。市民たちの不満は高まり、最も経済が逼迫した一九九四年八月にはついにハバナで暴動が発生する。[5]

カストロがすぐさま現場に駆けつけ、暴徒を説得したこともあり、窓ガラスが割れた程度で死傷者も出ず、騒ぎはすぐさま沈静化した。結果としては事無きを得たのだが、カストロもこれまでの改革の不十分さを認め、政策転換を約束した。かくして、政府は農民市場開設という一大改革に乗り出すことになったのである。

いささか話が脇にそれるようだが、カストロについての話題を続けよう。セグンド・ゴンサレスさんと対話を重ねる中で、こういう話題が出た。

「フィデルの一番悪いのは、平等主義とゆきすぎたパターナリズムです。よく働く人も、働かない人も同じ権利を持てば、人はなまけたくなります。人権は平等であっても、なまける人も一生懸命働く人と同じ権利を持つことには納得できないんです」

これは社会主義の根幹に関わる問題である。たしかに過去には自分の責務を果たさない労働者がなんら制裁を受けずにそのまま置かれたこともあったし、物質的な動機よりもモラルによる動機を重視したチェ・ゲバラでさえ、このペナルティの問題には頭を悩ませたほどである。(8)ゴンサレスさんは批判したが、たしかに、働いても働かなくても同じ所得が得られるのであれば、人間はやる気を出さない。多くの国営農場の生産効率が低下し、キューバ全体の自給率が低迷してしまったのも、ひとつには社会制度上の問題であった。だからこそ、改善策として自由市場も導入されたのである。

ただし、キューバは野放図な規制緩和を認めていない。農産物の販売についても、年一回しか収穫できず基本的なカロリー源として大切なジャガイモ、そしてトラクターの代替となる牛や馬、ロバの肉の自由販売はできないし、配給用の牛乳及び乳製品の販売も禁じられている。輸出品であるコーヒー、タバコ、ココア、蜂蜜も同様である。限られた時期や場所を除き、原則として販売は認められていない。(4)

また、自由市場の設置者は国であり、農業省と国内商業省が責任を負う。国から任命された市場長が現場を取り仕切り、コンセホ・ポプラールも管理に加わり、設置数や場所を決定する。そして、価格は自由競争に委ねているものの、量をごまかす者がいないかどうか、査察官がその都度チェックする。社会的な弱者を保護し、最低限の社会保障を保つために、国家統制とのバランスをとりながら、規制緩和によるゆるやかな経済の活性化を進めているわけで、このあたりは、とかく自由化万能主義に陥りがちな日本が学ばなければならない点だろう。

## 野菜消費の半分をまかなう都市農業の直売

もっとも、流通改革がひととおりの成果をあげつつあるとはいえ、まだ問題も残されている。一九九九年時点では配給はハバナ市民の消費カロリーの六割を満たしているにすぎないし、職場や学校で労働者や学生に提供される昼食も、八パーセントを占めるだけである。逆にいえば、これは、カロリーの三割ほどを、直売所やその他の手段から得なければならないことを意味している。下落したとはいえ、供給よりも需要が多く、競争相手もいない売り手市場であるため、自由市場の価格はいまだに高い(9)。配給でまかなえない肉や果物は贅沢品で、普通の消費者は月に一、二度買えるだけだし、母子家庭や年金生活者のような低所得者にはなかなか手が出ず、平等社会の社会階層分化にもつながっている(3)。

一九九七年に、サンフランシスコからハバナを訪れたベルニエス・ロメロさんは次のように観察している。

「商店に行ってみたのですが、棚はほとんど空っぽでした。農産物は、ハバナ郊外の農民市場で手に入れることはできます。ですが、ペソしか持たないキューバ人たちは、値段が高すぎると不平を言っていました。外貨を入手できる幸運な人だけが、食事におかずをつける余裕があるのです(10)」

多少なりとも余裕ある生活を送ることができるのは、ドルが得られる観光業関係者や、海外の家族からの送金を受け取れる二割ほどのキューバ人だけだというのである。(10)

さて、直売所や流通改革について延々と述べてきたが、ようやく、ここでこの本の主題である都市農業について語るときが来た。配給システムが事実上機能しなくなる中で、窮余の策として農民市場が新たに開設されたのだが、都市農業が年々発展するにつれて、現在では都市で消費される野菜や果樹の約半分が、家庭菜園やオルガノポニコなど都市農業から供給されている。しかも、都市農場に併設した直売スタンドで販売される価格は、農民市場の四〇～五〇パーセントと安い。キューバでも最も人気が高いレタスは農民市場では四～五ペソもするが、都市菜園では二ペソ、後述する「園芸クラブ」では一ペソである。(11)

農民市場よりもはるかに安い価格で農産物を供給し、市民の暮らしを安定させるうえで、都市農業の果たしている役割は実に大きい。政府が都市農業の育成に力を入れている背景にはこうした理由もある。

インターネット上でも次のような消費者の声が拾える。

「たくさん野菜が買えるかどうかは健康上の大きな問題です。今では、身体に必要なビタミンを取れるようになりましたし、食事のバランスも取れています。食べ物は十分とはいえませんが、都市農業は今の状況に確実に役立っています」。以前はゴミ捨て場であったハバナの五番通りに作られた国営農場で、

1994年10月に農産物の自由販売が認可され、全国各地で直売所がオープン。輸入小麦に依存したパンや肉中心の料理から、市民たちの主食はイモや野菜にかわった。

市の中心にある広場では毎月末の日曜日には直売市が開かれる。全国各地から農民たちが大型トラックに農産物を満載して駆けつける。売るほうも必死だが、買うほうも熱心で、黒山の人だかりに熱気があふれる。

コンスエロ・トレスさんは収穫されたばかりの有機栽培のホウレンソウを買った。[12]

「こうした菜園が市内に設けられているのは、本当に助かります。政府は問題を解決するための方法をなんとか見出そうとしている。できる範囲で私たちの暮らしを改善しようと試みている。そう感じています」。こう語るのは、ハバナの革命広場の裏にある都市農場で、ニンジンとナスとニンニクを買ったファナ・ベガさんである。[12]

「ごらんなさい。このレタスとフダンソウのなんて新鮮なことでしょう」。コンスエロ・フェルナンデスさんは、週に三度は訪れる野菜スタンドの脇で友人に、抱えたバッグを開けて野菜を見せる。野菜スタンドにはこんな文字が書かれている。「菜園からあなたの食卓へ。有機農産物。国連食糧農業機関（FAO）は、健康に必要なビタミンとミネラルをとるため、毎日三〇〇グラムの野菜を消費することを推奨します」

一九九九年現在、こうした野菜スタンドはハバナ市内に五〇五もある。[11] 週末になると都市菜園前の直売所や野菜スタンドには、長蛇の列ができる。農民市場では、早朝から農産物が売り切れてしまうことがある。より新鮮で安い野菜を求めて消費者たちは、近所にある都市農場を訪れては、生産者の顔が見える地場農産物を買っていく。

## 直売を通じて廉価で市民に野菜を提供

都市農業での直売価格は、どうして農民市場のものよりも安いのだろうか。都市農業の生産物はどのような経路で、消費者の手元に届いているのだろうか。農場タイプ別に列記してみよう。

### □家庭菜園と市民農園

家族が自給するための食べ物を作ること。これが、家庭菜園が作られたまず第一の目的だった。ただし、キューバの「家族」は、日本の場合よりもはるかに幅広く、叔父、叔母、従兄、祖父母、甥、姪、その他の親戚も「家族」なら、隣近所に住む住民や友人たちも多くは「家族」の一員に含まれる。一九九五年に四二カ所の家庭菜園を調査した研究者は、それぞれの菜園が一〇名以上を養っていると報告している。キューバの「家庭菜園」は、日本でイメージされる「キッチン・ガーデン」というより、概念的には「コミュニティ・ガーデン」に近い。

コミュニティ・ガーデンも、でき始めた頃には、収穫物のほとんどが家族や親しい友人、隣近所の身内の間で自家消費され、外へゆきわたるだけのゆとりがなかった。しかし、その後、菜園の数や面積が増え、収量も高まるにつれ、余った生産物が店先に並ぶようになってきた。例えば、ディエス・デ・オクトゥーブレ区では、コンセホ・ポプラールが、配給所のある場所で直売を行うことを家庭菜園のメン

革命広場の近くの軍が運営する直売市。食糧不足を少しでも改善しようと軍人たちも自分たちで作った野菜を市民に安く売る。背景のビルの屋上には、"アスタ・ラ・ビクトリア・シエンプレ（勝利の日までずっと……）"と、ゲバラが書き残した言葉が見える。

バーたちと取り決めた。住民たちは配給品を購入に来るついでに、多少は値が張っても、足りない野菜をあわせて買えるようになっている。家庭菜園やコミュニティ菜園の農産物は、このように農民市場にも出荷されることもあるが、たいていは菜園がある場所で売られている。その方が、市場へ出荷する手間が省けるし、野菜が売れ残る心配をしないですむからである。(7)

### □小規模都市農家

オルガさんやマリアさんのように、都市農家の多くも農場で直販を行っている。セグンド・ゴンサレスさんはこう語る。

「農民市場は地域に一カ所ずつあって、家庭菜園から自給農家、協同組合農場など誰でも売ることができます。ですが、市場では売る場所が決められますし、場所代も支払わなければなりません。それに、重量野菜を遠くまで持っていくのは大変です。ですから、協同生産組合のみんなでお金を出しあって直売所を作るんです。ですが、交通事故が起きないようにメインストリートには設置できませんし、開くには国の許可が必要なんです」

セグンドさんが言うように、農産物を販売するには農業普及員から販売許可証を発行してもらうことが必要である。だが、農産物が自由な値段で直売できるようになったことは、都市農家の家計を大きく潤すことにつながった。都市農家は規模が小さく、地方の農業生産組合のように市場出荷用の輸送トラックを持っていないし、販売するためだけに農場を離れるゆとりもない。直売は、販売の手間を省くことにも役立つ。そして、小規模な都市農家の意欲を高めるため、政府は、畑で直売される農産物にはいかなる税金もかけていない(7)。ただし、その代わりとして農民市場での販売価格よりも二〇パーセントほどは安く売るという条件を設けている(13)。都市農業の農産物が安いひとつの理由は、このためなのである。おかげで消費者は安い農産物を手に入れられる。こんな都市農家から毎日野菜を購入しているある消費者は、「欲しいものがいつも見つかるのです。値段が良心的ですし、家に近く、食べ物の味もよいのです」と微笑む。

オルガ夫妻が住むプラヤ地区だけでも、こうした直売所が四〇カ所あるという。だが、この直売所のメンバーになるには、オルガ夫妻のように一定規模以上の畑を持っていることが条件である。だが、もっと小さな自給菜園の農産物も直売所には並ぶ。

「他に仕事を持っていて、畑も二〇〇～三〇〇平方メートルほどしかなく、土曜や日曜だけ畑仕事をするような人でも、農民市場では売ることができるんです。ですが、協同生産組合のメンバーにはなれません。ですから、私たちのように販売許可を受けた農家が、かわりに売っているんです」

### □アウトコンスモスとオルガノポニコ

自給農園アウトコンスモスの設立目的も、職員食堂や学校給食用の農産物を生産することにあった。しかし、生産が伸びるにつれて、余った農産物を直売するようになってきている。

生産物は、農民市場よりも格安の「配給価格」で従業員たちに販売されているし、アウトコンスモスに併設された直売所などで一般市民に売られることもある。

例えば、ボジェロス区にあるバイオテクノロジーセンターのアウトコンスモスは〇・五ヘクタールもあり、一九九七年には三六トンの生産をあげた。農産物は八カ所の食堂と近隣の学校に供給されたが、さらに残りは市民へ直売されている。菜園はバス通りに近いため、生産者たちは農産物を籠に入れてバス停まで持っていく。多くの農民市場の開設時間は、勤務時間帯と重なっているため主婦以外は利用しにくい。出勤と退社時間にあわせたこの販売サービスはサラリーマンになかなか好評で、多くの利用客を獲得している。[7]

キューバにはダム建設などに必要な地質や環境の調査を行う国営公社、ヘオ・クバ社がある。この公社の農場も、生産物の七割は昼食用に提供しているが、残りは近くにあるショップで農民市場よりも二〇パーセント安い値段で販売している。そして、農場は農産物だけでなく、薬草も栽培している。ハーブについては次節で触れるが、輸入医薬品が不足したため、その代わりとしてハーブの利用が盛んになっている。多くの医師が薬草の使用方法のトレーニングを受け、薬局も取り扱っている。農業省は、厚生省と連携し、都市農業での薬草栽培を奨励している。市民はヘオ・クバ社のような農場から治療用のハーブを買えるのだ。(13)

国営のオルガノポニコも農場に併設された直売所で農産物を販売しているし、ただ直売をするだけでなく、野菜ごとにその栄養分や調理方法を解説したポスターを展示するなど、市民に野菜を食べるよう啓発するための情報提供センターとしての機能も果たしている。また、農場内で生産された農産物だけでなく、地方の農業協同組合や青年労働軍（ＥＪＴ）農場が生産した農産物を、都市農家やアウトコンスモスと同じく農民市場より二〇パーセントほど安い値段で販売している。(7)

## ボランタリーな寄付の文化

配給用に政府が買い入れる農産物価格が安いことが、農家の生産意欲の減退を招き、農業生産を停滞させてきた。このため、政府は農民市場の開設や自由販売の許可という規制緩和を行うことで農家の手取りを増やし、生産意欲を高めるように試みた。この目論みは見事にあたり、農業生産は年々伸びている。しかし、農民市場の価格はまだまだ高い。市場原理や競争原理を導入しなければ生産意欲は高まらないが、市場原理だけに委ねておくと老人や母子家庭などの社会的弱者が打撃を受ける。この矛盾はキューバだけでなく日本を含めた先進国でも事情はかわらない。

都市農業での直売は、低所得の消費者が困らないように多様な購入機会を設け、あわせて農民市場の農産物価格をなんとか引き下げようとする政府の精一杯の努力の表れなのである。

しかし、日本と違って、キューバ人に感心させられるのは、単なる経済的利益だけを求めてはいないことだ。

「お金がないなら、払える値段で販売するよ。誰も飢えたままにさせたくはないからね[13]」。三人の仲間と一緒に農場を経営する都市農家ラルフ・サンチェスさんは言う。サンチェスさんだけではない。農産物をそのまま丸ごと販売すれば、大きな利益をあげられるにもかかわらず、ハバナの都市農場や市民農園の八割は、生産物の一定割合を地区の小学校やデイケアセンター、老人ホームなどに無償で寄付しているし、園芸クラブも生産量の約一割を近くの学校、老人クラブ、マタニティ・クリニックに寄付している[7]。

寄付を直接、要請しているコミュニティもある。例えば、アロヨ・ナランホ区の普及員は、新しく農業をはじめる人たちに「農業を始めたら、身体障害者用の特殊学校とデイケアセンターへの寄付を考えてほしい」と呼びかけている。「寄付はボランタリーなものですが、無償で土地を借りられるのですから、生産物のいくらかをコミュニティに還元することは、当然のことだと思うのです」[7]。その普及員は、そう語っている。

農産物を寄付し仲間で分かちあうという献身的な行為は、キューバの人たちの助け合いと団結精神の表れのひとつであろう。そして、こうした地区への協力精神と社会的弱者を配慮した地場流通が、最悪の食糧危機の中でも人々を生き残らせ、一人の餓死者も出さずにすんだことにつながっている。

オルガさんの農場があるプラヤ地区の六〇番街第五オルガノポニコという農場を訪れたときも、ウルプレド・ペレス・アビラ農場長から、そんなちょっとしたエピソードを聞けた。

「この農場は国営です。以前は荒れ地でしたが、市民にどう耕し、野菜をどう育てるのかを教えるためのモデル展示農場として、経済危機の最中の一九九四年に作られたんです。そして、ここでは農産物は販売していません。レストランに提供しているのです。年金が少ない一人暮らしの老人が、老人ホームでなくても、安く食事ができるような制度が設けられているのです。そして、入院するほどではなくても、歩いて来ることがつらいお年寄りには、三度三度の食事を届けるようになっています。そんなレストランがこの地区だけで九つあるのです」

別に自慢するわけでもなく、さも当たり前のように淡々と話す。こういう話がさりげなく聞けるハバナは、人間味溢れる実に人に優しい街といえるだろう。

## 引用文献


(1)——Christopher P. Baker (1997) *Cuba Handbook,* Moon travel Handbooks. p53

(2)——Joseph L. Scarpaci (1995) "The Emerging Food and Paladar Market in Havana"
http://www.lanic.utexas.edu/la/cb/cuba/asce/cuba5/

(3)——Laura J. Enrquez (2000) "Cuba's New Agricultural Revolution" *Food First Development Report*, No.14

(4)——William A. Messina, Jr. and Jose Alvarez (1996) "Cuba's new agricultural cooperatives and Markets : antecedents, organization, early performance and prospects"
http://www.lanic.utexas.edu/la/cb/cuba/asce/cuba6/

(5)——Juan Carlos Espinosa (1995) "Markets Redux: The Politics of Farmaer's Markets in Cuba"
http://www.lanic.utexas.edu/la/cb/cuba/asce/cuba5/

(6)——後藤政子（1999）『最近のキューバ情勢』「国際労働運動330号」国際労働運動研究協会
後藤政子（2001）『キューバは今』神奈川大学評論ブックレット17　御茶の水書房

(7)——Catherine Murphy (1999) "Cultivating Havana" *Food First Development Report,* No12

(8)——Juan Antonio Blanco and Medea Benjamin (1994) *Cuba talking about Revolution,* Ocean Press

(9)——William A. Messina, Jr. (1999) "Agricultural Reform in Cuba:implications for agricultural production, markets and trade"
http://www.lanic.utexas.edu/la/cb/cuba/asce/

(10)——Berniece Romero (1998) "Oxfam Helping to Ease Cuba's Food Crisis"
http://www.oxfamamerica.org/pubs/vp/41CUBA.HTML

(11)——Minor Sindair and Martha Thompson (2001) *Cuba: Going Against the Grain, Agricultural Crisis and Transformation*' Oxfam America
http://www.oxfamamerica.org/publications/art1164.html

(12)——Patricia Grogg (2000) "Agriculture-Cuba: From Garden to Table, in the Middle of the City"
http://www.oneworld.org/ips3/mar00/20_40_072.html

(13)——Cathy Holtslander (2000) "Cuba's Organic Urban Agriculture in Action"
サイト消失。一部は下記サイトで読める。
Cathy Holtslander (2000) "Community Gardens: Metropolitan Park Project – Havana Cuba"
http://www.globalexchange.org/campaigns/cuba/sustainable/oxfam091100.html

# 7 危機を救った緑の薬品

## アメリカよりも進んだ福祉医療大国

第一章でも若干触れたが、キューバは発展途上国の中では最も優れ、かつ先進国に匹敵する充実した医療・福祉制度を整えてきた。発展途上国の一〇〇〇人当たりの乳幼児の死亡率は平均九〇人だが、キューバでは六・四人である。アメリカが七人なのだからこれをも下回る。平均寿命も七六歳。死因も心臓病、悪性腫瘍、脳卒中、がんの順で先進諸国と大差がない。(1)

国内にある医療関係施設だけをざっと並べてみても、総合病院二八四、総合診療所四四二、集中治療室九〇、歯科医院一六八、マタニティ・センター二〇九、血液バンク二六といった数値が並んでいく。障害者専用の特養ホームさえ二七もある。(2)(3)

二八の医学校からは、毎年四〇〇〇名の医師が卒業し、一九九九年現在、六万六〇〇〇名の医師と八万五〇〇〇人の看護婦が治療にあたっている。住民一六八人当たりに一人の医師がいる計算だ。(1) 日本は五二〇〇人に対して一人なのだから、その充実ぶりがわかるだろう。

その水準も決して低くはない。例えば、首都ハバナのアメイヘイラス兄弟病院は、超音波診断、CTスキャン、ハイテクモニターといった高度な医療機器を完備しており、過去一〇年に九〇以上の心臓移植の実績がある他、脳外科や骨髄移植の自前の治療体制も整っている。研究者は、髄膜炎C用やコレラ用のワクチンの開発にも取り組み、広範な予防接種を通して、小児麻痺、はしか、耳下腺炎、ジフテリア、結核など多くの伝染病が根絶されている。(4)

性病とエイズも、近隣の諸国のようには蔓延してはいない。既に全国民を対象に八〇〇万人でエイズの検査を実施済みだし、エイズワクチン開発の研究でも先進諸国と肩を並べる。しかも、すべての医療は無料であり、どんな山村僻地にも医師がいる。エイズのような難病の場合はキューバでは、無料で特別治療を受けられ、その間に給料も支払われ続ける。(3)

一九七六年に制定された憲法第四九条には「国民は無料で治療を受け、健康になる権利を持つ」と明記されているし、第四三条では「子どもと女性の健康をとりわけ優先する」と宣言している。(1) 一人当たりのGNPではアメリカの一四分の一にすぎないが、「こと医療福祉面にかけてはアメリカよりも進んでいる」との評価をユニセフも下している。(5)

ところが、経済危機の中でこの医療体制を支える基盤が失われてしまう。医薬品の国内生産量は三分の一以下にまで落ち込み、輸入されていた診断装置、手術器具、縫合糸、麻酔薬、抗生物質、塩素といった医療備品は無論のこと、石鹸、洗剤、トイレットペーパー、その他の日常品も事欠くことになる。[6][7]最悪時の危機的状況は脱したとはいえ、今も経済封鎖が続く中で、厳しい状況を強いられていることに変わりはない。にもかかわらず、医療費は無料のままだし、乳幼児死亡率も毎年下げ続け、その福祉・医療体制を堅持している。ワクチン接種などのおかげで、伝染病も予防されているし、一九九三年に世界保健機関は小児麻痺ウイルスの流行を根絶した最初の国としてキューバを認定している。[8]

どうしてそんなことが可能となったのだろうか。

## 輸入医薬品を代用したハーブ薬品

実は、食料と同じく、医療の危機的状況を救う上で大きな役割を果たしたのも「都市農業」だった。多くの薬局には近代的な薬品はなくても、豊富なハーブ薬品がストックされており、輸入できなくなった薬品の代わりとなっている。現在全国各地の一〇〇〇カ所以上の農場で、薬草が生産されている。[2]ハバナ州にあるマリア・テレサ農場は、六五ヘクタールで栽培される一五〇種の作物のうち、七五種は薬草で、ここから、ハバナ市民のための薬草が供給されている。[9]

ハーブ用の加工処理センターも各地域に設立された。天然アルコールや砂糖を添加し、シロップ、軟膏、クリームなどに加工することで活性成分を保つ。マングローブの蜂蜜を付加したものはスペイン語の蜜にちなんで「メリトス（Melitos）」の名で薬局で販売されている。[9]

スラグのリエックスさんは多くの都市菜園で薬草が育てられている様を報告している。

「私は、ある男性が育てている美しい薬草園を訪れました。オレガノ、マジョラム、レモングラス、セージ、チロ（鎮静作物の一種）、カモミール、カレンジュラ、アロエを育てていました。ハーブはお茶や染料にも加工されます。三〇分ほどの間に一〇人近いお客さんがやってきました。確実にビジネスになっているんです[10]」

薬草を活用した治療の様子はアメリカのナショナル・パブリック・ラジオも一九九四年に取材しており、インターネット上で記事として読める。

六歳の少年の眉の上の深い切り傷を医師が縫いつけている。ラス・テラサスの農村にある、このクリニックで、手術に使われる医薬品は、バンドエイドを除いてすべてキューバ製だ。

キューバは薬品や医療機材のほとんどをソ連と東欧州から輸入してきたが、ソ連崩壊とアメリカの貿易封鎖の強化で、国内資源を活用することを強いられたのだ。そのひとつが、ハーブ薬品の増産キャンペーンと伝統的な家庭療法の復活である。ロドバルド・ペドロソ医師は、こうした「緑の薬品」が、いかに重要かをこう強調する。

「緑の薬品の持つ大きな可能性については大変興味があります。私どものコミュニティには、薬草に詳しい高齢者のクラブがありますし、薬草から医薬品を作る新しいラボラトリーもあります。いま、キューバでは薬品需要の二〇パーセントを緑の薬品でまかなっているのです」

ピナール・デル・リオ大学の薬草研究所では、レオナルド・ブランコ技師がこう説明する。

「キューバでは、薬草栽培には農薬も化学肥料も一切使いません。健康上問題があるからです。人を危険にさらす化学物質の施用には注意深くならなければなりません。私どもは、薬草を研究しています。フレンチ・オレガノは、子どもの咳を抑えるのに普及していますし、チロ種には鎮痛効果があります。この種はこの州特有のもので、神経をなだめるのに役立つのです」

以前に輸入されていた約三〇〇種類もの医薬品は不足しているし、ペニシリン、サルファ剤などの抗生物質や子ども用の寄生虫駆除用の薬品も、まだ製造できていない。だが、安全で、効果的な五〇を超す薬草がすでに特定されているのだ(11)(なお、この取材時には五〇が特定されているとあるが、五年以上経過した現在では六〇以上が具体的な薬品として生産されている)(9)。

インターネット上ではこんな市民の声も出てくる。

「小さい頃、祖母が薬草を煎じた薬で病気を治してくれたものでした。それで大丈夫だったのです。ですから薬品が手に入らなくなった時、祖母の教えを思い出したのです。神経が高ぶってよく寝つけないときは、菩提樹の葉を煎じた液を飲みます。睡眠薬は、もう必要ありません。娘は、近くの歯科医院で鍼麻酔で臼歯を抜いてもらいましたし、このオレンジとオレガノの咳止めシロップは、孫のために地元の薬局で買ったんです(12)」

「ずっと偏頭痛に悩んできたのですが、常緑植物の抽出物で、いまはほとんど症状がなくなりました。多少あっても、我慢するほどの痛みではないんです[4]」

キューバの医療を研究している南フロリダ医科大学のアンソニー・カークパトリック助教授は、「喘息で呼吸困難に苦しんでいる子どもには、プラシーボとしても非常に効能があるのです。吸入器を探してあちらこちらの診療所を走り回るよりも、何かがあったほうがずっとよいのです。そして、政府は国民にその何かを提供しようと努力しているのです[4]」と、心理面だけでもハーブ療法は価値があると評価している。

しかし、現実的には多くの医師がプラシーボではない、その効果を確認している。例えば、ハバナ郊外のサントス・スアレスで働くファミリードクター、リタ・ベレテビデさんは、一九九八年に近くの診療所、ポリクリニコで行われた自然医学の講習会に、他の何十人もの医師と一緒に参加したが、こう述べている。「今では、多くの患者にハーブ薬品を投与していますし、それらが機能すると確信しています[13]」

キューバで最も多い病気の一つは高血圧なのだが、それはカナ・サンタというサトウキビから抽出した薬品で治療できるという[13]。次頁の表を見ていただきたい。重病や難病は別として、風邪や下痢、頭痛など普通の病気のほとんどはハーブで治せることがわかるだろう[9]。

一九九二年にキューバ保健省は、医師や植物学者など一七名の科学者でチームを作り、薬草の処方箋

## キューバで活用されている主なハーブ薬品とその効用

| | |
|---|---|
| 風邪 | ニンニク、レモングラス、ユーカリ、ミント、セイヨウオオバコ、フレンチ･オレガノ､アロエ､セージ､シナノキ |
| 咳 | ユーカリ、レモン･ユーカリ、ショウガ、セイヨウオオバコ、フレンチ･オレガノ |
| 解熱 | レモン･ユーカリ、オレンジミント |
| 高血圧 | ニンニク、バジル、レモングラス |
| 喘息 | ニンニク、レモングラス、ユーカリ、アロエ |
| 胃の痛み | ニンニク、ディル、カモミール、ニホンハッカ、苦味のオレンジ |
| 喉の痛み | レモングラス |
| 口内炎 | カモミール、セイヨウオオバコ など |
| 神経症 | ジャスミン、パッション･フルーツ、ヘンルーダ、シナノキ |
| 頭痛 | カリーリーフ、カンゾウ、バーベナ |
| 循環系疾患 | ニンニク、レモン、セイヨウオオバコ、苦味のオレンジ |
| 消化系疾患 | ニンニク、バジル、レモンなど |
| 胃炎 | ミント、フェンネル、ショウガ、カモミール |
| 吐き気 | ショウガ |
| 便秘 | タマリンド |
| 下痢 | グァバ、カモミール、サゴヤシ、オレンジミント |
| 腎機能補強 | セージ、タマリンドなど |
| 火傷 | セイヨウオオバコ、アロエ |
| 切り傷･打撲 | アロエ |
| 耳の痛み | ユーカリ |
| 結膜炎 | ツルニチニチソウ |
| リューマチ | アニス、トウガラシ |
| シラミ予防 | 野生のインディゴ |
| 寄生虫 | ニンニク、カボチャ |

出典：Mercedes Garcia (2002) “Green Medicine：An Option of Richness” *Sustainable Agriculture and Resistance*, Food First p217

や技術マニュアルを編集し、全国に出版配布した。ガイドブックには「薬用植物」ごとに、一般名、学術名、植物の科、形、地理的起源、国内での分布、薬になる部分、収集及び保存法、臨床上の効果特性、成分の化学構造、副作用、投薬方法、栽培方法などが詳細に記載されている。(12)

保健省と農業省が連携することで、一九九五年には農業省が、ハーブの科学に関する最初の会議を開催。一〇〇以上の実験報告例が発表された。同年、牧草飼料調査研究所は、薬用植物の同定と薬草の利用方法についての一般市民向けの啓発本を発行する。ハーブの利用についての研修コースやワークショップが、多くの地区コミュニティで開かれ、テレビ、ラジオでも宣伝されている。(9) キューバが、その優れたヘルスケアシステムを維持できた理由の一つは、農業と同じく、それまでの輸入資材に依存した医薬品を、都市内で生産できるハーブ薬品で代用することにうまく成功したからだといえるだろう。

## 非常時用にオルターナティブ医療を研究していた国防軍

だが、キューバの人々が「伝統的な緑の医療」と呼ぶハーブ療法は、一晩で完成されたわけでも、一足飛びに普及したわけでもなかった。有機農業への転換が、伝統農法の再評価や一九八〇年代に蓄積された研究の成果がベースとなったように、ハーブ療法にも、その萌芽があった。

野生の植物やハーブを治療に使うことは、キューバの伝統文化の一つとして何世紀も前から続き、民間では普及していた。(2)(7)(13) 一九四〇年代に五〇〇〇種以上もの植物を集め、キューバの植物研究を行ったファン・トマス・ロイグ・イ・メサ博士のような先達者もおり、一九七三年には、ハバナ州に医療植物実験センターが設立され、研究者たちはその後に続いた。[9]

だが、革命以降は、近代的な西洋医療が強力に推進されたため、全体としては伝統医療は衰退していた。西洋医学を学んだ医師や教養人たちは、伝統医療を古くさい迷信のようなものだと、あざ笑っていた。[7]

だが、一九八〇年代に一つの転機が訪れる。ニカラグアとグレナダに対するアメリカ進攻の脅威が高まったとき、ラウル・カストロ国防大臣の命を受け、国防軍の研究所が、非常事態下でも活用できるものとしてハーブ療法やホメオパシー、鍼、指圧などのオルターナティブ医療の実験研究に着手したのである。[7]

だが、ソ連からの支援が続く中で、近代西洋医学にどっぷりと浸かった人たちは、オープンなマインドで伝統療法を受け入れはしなかった。

保健省の伝統・自然医療局のレオンシコ・パドロン局長は、一九八〇年代の状況をこう振り返る。[13]

「診療所に連れていく前に、ハーブで子どもを治療した母親は、医者から叱られたものです。ですから、『自然医療』を発展させる大きな理由は、経済性ではなく、むしろ科学性にありました。どんな近代医療にも限界があります。自然医療は近代医学を補完するものとして見られていたのです[13]」

だが、経済崩壊に直面する中で、ハバナ州の伝統・自然医療局のマルタ・ペレス局長が、次のように語るように状況は、一変する。

「経済危機は、大きな教訓となりました。困難な状況の中で、やりくりする方法を見いださなければならなかったからです。従来の医療システムに、伝統的な治療法を取り込むことは容易ではありませんでした。ですが、私たちは、様々な選択肢を持つ必要があると、こうした治療の必要性を強調したんです。そして、ちょうどその頃、保健省の副大臣の口にオデキができたんです。副大臣は、アロエ、ローズマリーと特別なハーブクリームを組み合わせた治療を受ければよいと診断されました。三日も経たずオデキが治って、以来誰もハーブ療法の悪口を彼に言えなくなったんです[13]」

文化的な伝統がある。経済的にも必要だ。そして、首脳部からの反対もない。ハーブ医療は、強い足場を得た。保健省、国防省、農業省、環境省から専門家が集められ、一九九〇年には農業省は医療植物部局を設立する。まず、最初のステップは、どの植物が効果があるのかを定めることであった。一九九一年には、国防軍がそのための書物を出版した。都市農業のケースと同じく、医療の場合も軍が先駆的な役割を果たしたことがわかるだろう[9]。

## 東洋医学の全国的な普及

いまキューバでは、ハーブだけではなく「オルターナティブ医療」が全国的に展開されている。

一九九二年には、保健省内に自然医療推進のための専門部局が設置され、ハーブ療法に加えて、鍼やホメオパシー、温熱療法（硫黄の入浴と鉱物泥浴）などの伝統医法が認可される。薬草や鍼が、具体的な治療法として活用され始めたのである。[13]

ハバナから車で東へ二時間。港町マタンサスには伝統・自然医療の専門クリニックがある。クリニックのフベンティノ・アコスタ院長は、はじめ自然医療の導入にはとまどった。博士はもともとマタンサス州にある大学病院の泌尿器科長だった。だが、一九九四年に「キューバで最初に伝統・自然医療だけを専門とするクリニックを設立するように」との指示を受けたのである。「はじめは苦痛だったんです。ですが、そのうちクリニックは、伝統・自然医療の最初のモデルとなりました。高血圧患者を二八パーセントから二四パーセントに、糖尿病は五パーセントから三パーセントに減らすことができたんです。私たちは科学的な根拠がないものは一つとして受け入れません。ですが、自然な療法は副作用がなく、きちんとした医学的な根拠があります。例えば、甲状腺から乳がんの治療にいたるまで、麻酔薬の代わりに鍼麻酔が広く実施されています[4][6]」

博士が創立したクリニックは、最初の年に二万三〇〇〇人、二〇〇〇年には六万人の患者を治療した[6]。パーキンソン病を治療するため太極拳が行われているし、高血圧の治療にはパッションフラワー、糖尿病にはバジルとニンニクが、そして消化器系不調には音楽療法が行われている。前立腺の腫瘍を治すため、カボチャの種の抽出液の投与とあわせて、鍼治療を受けている患者もいる。[4]

フベンティノ博士が言うように、キューバでは鍼も使われている。鍼や指圧は一九七〇年代にベトナムや中国で東洋医学を学んだ医師たちが、帰国後に見聞きしたり体験したことを伝えたことから関心をもたれ始めていた。精神科が専門のマルコス・ディアス博士もそんな一人だった(6)。

博士は、一九八一年以降、東洋医学の研究に精力的に打ち込んだ。経済危機が始まると、博士は砂糖水をすすってスタミナを保ちながら、毎日一六時間、平均八〇人もの患者に鍼治療を施した。モルヒネがないので代わりに鍼麻酔を行い、心臓病や糖尿病の併発症、急性喘息患者などを救った。伝統的な中国の診断方法で虫垂炎を確かめたこともある。結果は成功だった。緊急治療室での手術は、鍼を用いてうまくいった(6)。疑問視する医師も少なからずはいたものの、伝統医療は革新的な何百人もの医者たちによって着実に実行に移されていった。ハバナ州の伝統・自然医療局のマルタ・ペレス局長も鍼治療を行い、東洋医学の指導にあたってきた一人である(6)。

いま、ディアス博士は、ハバナにある「神経性疾患治療国際センター」の東洋医学部長である。センターは、パーキンソン病、筋ジストロフィー、脳卒中、事故による麻痺など、神経性の障害を扱ううえでは世界でも五本の指のひとつに入る専門病院である。ここで治療を受けたいと、世界中から患者が訪れる。神経性疾患治療国際センターでは、先進的な西洋医学にあわせて、東洋医学も活用する。パーキンソン病患者には、ドーパミン生産を誘発するための組織の挿入手術を行うのだが、その後は、鍼とハーブ療法とマッサージ療法が集中的に、ときには日に八時間も行われるという(6)。

鍼治療が行われているのは、ハバナの総合病院だけではない。鍼治療は一九九〇年代の前半に全国的なひろがりをみせ、一九九六年には「ヘルスケアシステム」にも組み込まれた。

グランマ州で二〇年以上も公共医療の重職についてきたルイス・ポパ博士は、こうコメントしている。[6]「中国の伝統医療は、効率的で役に立つ治療のツールです。それは実際に機能しますし、だからこそ私たちはそれを使うのです。患者も効果を認めているので、需要は増え続けています。そして、それはコストもかからない。グランマ州の一四〇人の医師のうち、すでに一三〇人が鍼の訓練を受けています。死因は、喘息、糖尿病、高血圧、脳卒中、心臓病などにかぎられるようになりました[5]」

鍼は麻酔以外の効果もあげている。グランマ州の病院に勤めるルレデス・バルガス博士は鍼を使って不妊治療を行う。「不妊を治そうと従来の方法を試みてきましたが、うまく行きませんでした。そこで電気鍼療法を行ったのです。一七人の患者のうち、一四人が成功しました。母親の腕の中に抱かれた赤ちゃんの姿を見られることは本当に嬉しいことです[6]」と話す。

## 近代医療と伝統医療を統合する

一九九四年以降、伝統・自然医療は各州にある一六の全医学校のカリキュラムに組み込まれた。解剖学のコースでは、経絡の授業が行われ、生理学のコースでは、鍼の神経生理学が教えられる。全医学生が、鍼、ハーブ、ホメオパシーを学んでいる。一九九五年からは、専門コースも設けられた。コースは、鍼・漢方薬、ハーブ療法、物理療法（マッサージ、カイロプラクティック）、精神療法（催眠、瞑想、バイオフィードバック）の四講座から構成される。

キューバでは医師の卵たちは、医者になるため六年間の医学教育に加え、ファミリードクターとしての三年間のインターン経験を送ることが必要だが、コースでは、さらに四年間学ぶことになる。さらに高度な二つの専門コースもあるが、全コースを受講しても経費は無料である。(6)

全国の一六九の各市には、ハーブ療法や伝統的医療を学ぶための臨床・教育センターが設けられ、新たに導入された教育プログラムに従い、(2)三万人いるファミリードクターの六割以上が既に伝統・自然療法の訓練を受けている。(4)(13)ハバナのミラマルに新たに開設された診療所では、ヨガ、太極拳の無料のクラスが開かれ、学校の子どもたちに鍼のツボすら教えている。(13)

一九九五年にはレオンシオ・パドロン博士の指導下に、保健省内に伝統・自然医療局が創設され、さらに組織充実が図られた。(6)

自然な治療は従来の医学と衝突したり、相反するものではなく、互いに補うことで、さらに治療が可能な範囲を広げる。パドロン局長はこう語る。「緑の薬品は、副作用がありませんし、通常の病気である皮膚病、菌類の伝染病、寄生虫、また気管支炎に、普通の薬品と同じ効果があるのです。鍼、ホメオパシー、ハーブ治療といった自然医療の治療を受ける患者は、一九九六年から一九九八年だけで一五〇万から三〇〇万人と倍増しました。私どもの医学は、健康を増進し、病気を予防することに重点を置いています。伝統的な医療や自然医療は、その上で大きな助けになるのです。そうした手法を取り入れることで、医療の水準をより高められます。今では、経済危機以前よりも多くの医師がいますし、より少ないコストで治療が行えるので、以前よりも良くなってすらいます。たとえアメリカの経済封鎖が突然に終わったとしても、医療科学を進展させるために、伝統医療への関心を払い続けることでしょう[2]」

マルタ・ペレス局長も「持続可能で、かつ経済的であるから、政府は伝統・自然医療を推進しているのです[13]」と語っている。

二〇〇〇年一一月には「東洋医療と自然医療によるキューバの健康」と題する会議が開催され、五〇名以上の海外からの参加者を含め、三五〇人以上もの医師や医療関係者が参加した[6]。

会議の議題を見てみると、鍼、漢方薬、気功、太極拳、指圧、灸、ヨガ、マッサージ、ボディワークセラピー、カイロプラクティック、ホメオパシー、栄養療法、磁気療法、泥セラピー、アロマテラピー、音楽セラピー、アートセラピー、オゾンセラピー、ハーブ療法とありとあらゆる範囲にわたっている[14]。

こうした自然な医療は、非再生資源をわずかしか使わないし、人間や環境にもほとんど害を及ぼさない。近代西洋医学を活用しながら、あわせて伝統的な療法も再評価して取り入れるという、世界の中でも先例がない取り組みをはじめ、そのことを通じて、自然医療や伝統医療が、大きな可能性を持っていることを世界に示している。キューバは、近代医学とホリスティックな伝統医療をどう組みあわせるかの一つのモデルを提示しているともいえるだろう[6]。

## 引用文献


(1)——Peter Schwab (1999) *Cuba confronting The U.S. embargo*, St. Martin's Griffin p53-79

(2)——Patricia Grogg "CUBA: Natural Medicine Gains Wide Acceptance ?"
http://www.sacredearth.com/ethnobotany/cuba.htm

(3)——Pan American Health Organization (2001) "Country Report on Cuba"
http://www.paho.org/English/SHA/prflcub.htm

(4)——Serge F. Kovaleski (1999) "With Drugs Scarce, Cuba Tries Natural Cures"
http://www.rose-hulman.edu/~delacova/cuba/cures.htm

(5)——Oxfam America and the Washington Office on Latin America(2000) "Myths And Facts About The U.S. Embargo On Medicine And Medical Supplies"
http://www.wola.org/cubamyth.html

(6)——Harriet Beinfield (2001) "Acupuncture in Cuba"
http://www.globalexchange.org/campaigns/cuba/sustainable/caomj0601.html

(7)——Kathleen Barrett (1993) "The Collapse of the Soviet Union and the Eastern Bloc: Effects on Cuban Health Care"
http://sfswww.georgetown.edu/sfs/programs/clas/Caribe/bp2.htm

(8)——Richard Garfield, DrPH, RN and Sarah Santana (1997) "The Impact of the Economic Crisis and the US Embargo on Health in Cuba" *American Journal of Public Health*
http://www.usaengage.org/news/9701ajph.html

(9)——Mercedes Garcia (2002) "Green Medicine: An Option of Richness" *Sustainable Agriculture and Resistance,* Food First

(10)——Lisa Van Cleef (2000) "The Big Green Experiment"
http://yeoldeconsciousnessshoppe.com/art9.html

(11)——Steve Curwood et al. (1994) "Living on earth" November 4, 1994
http://www.loe.org/archives/941104.htm

(12)——Howard Waitzkin, MD, PhD, Karen Wald, Romina Kee, MD, Ross Danielson, PhD, Lisa Robinson, RN, ARNP (1997) "Primary Care in Cuba: Low and High Technology Developments Pertinent to Family Medicine"
http://www.cubasolidarity.net/waitzkin.html

(13) Andrew Webster (1999) "Cuba to Develop Synthesis Between Conventional and Natural Medicine"
http://www.jadecampus.com/News/GlobeandMain29June99.htm

(14) "3rd Annual Congress of Natural/Alternative Medicine and Bioenergetics" (2000)
http://www.igc.apc.org/cubasoli/biomed.html

# 8 都市農業の多面的な機能

## 景気が回復しても都市農業はなくさない

キューバの経済危機は、ソ連崩壊とアメリカの経済封鎖という特殊な政治事情がもたらした一種の「非常事態」である。なるほど食糧危機を緩和するうえで、都市農業は大きな役割を果たした。だが、たとえそうだとしても、あくまでも経済危機を切り抜ける緊急手段として誕生したものである。いずれ、食糧事情が改善されれば消滅してしまうだろう。そう斜に構えて冷ややかに見る人も少なくなかったし、アメリカの経済封鎖が撤廃されれば、再び近代的な化学農業に舞い戻り、外国からの食料輸入も復活するに相違ない。こう確信している人もいた(1)。

一九九七年の国連開発計画（ＵＮＤＰ）の報告書も、「キューバの都市農業の効率性、あるいは経済の危機的状況が緩和された場合の必要性についてはいまだに議論されている。都市農業は経済危機に応じたものにすぎないという見解を示す都市プランナーもいる」と、都市農業の将来性を懸念している。(2) 日本の都市計画法が市街化区域内で農地を位置づけていないのと同じように、従来の都市計画の発想では、農業はあくまでも農村で行われるもので、町中で農業を行う都市というのは、ル・コルビュジエがいう近代都市のイメージにあわない。

そして、一九九九年には、アメリカがキューバへの食料や農業資材の販売を許可するという新たな経済封鎖緩和策を打ち出し、(2) 二〇〇一年の暮れにも、ハリケーン・ミシェルがもたらした中部農業地帯への甚大な被害に対する援助として、経済封鎖以来初めてアメリカから緊急援助物資が届いた。アメリカとの関係も急速に変わりつつある。経済封鎖が終焉し、今もサトウキビにかわって最大の外貨獲得源となっている観光ブームが続けば、観光客向けのホテルやリゾート関係の建設で、都市農地は脅威にさらされるのではないだろうか。

しかし、大方のこうした予想や懸念とは裏腹に、経済が回復しつつある中でも都市農業は以前にもまして拡大し続けているし、菜園者たちの腕もあがり、生産量とあわせてその品質も高まりつつある。今のところキューバ政府には都市農業を捨て去る意思はなさそうだ。

## 観光客に有機農産物を食べさせたい

政府が都市農業を止めようとしないのは、都市農業に具体的な経済メリットがあるからである。たしかに観光業は今のキューバに欠かせない産業となっているが、ショーウォン元将軍も都市農業は観光と調和すると考える。

「私は有機農業や都市農業の後退は起きないと思っています。いつの日か経済封鎖がとけたときには、オレンジなどを輸出したいと思っています。有機農業は今以上に発展する可能性があります。二〇〇〇年には日本から三万人もの観光客が訪れました。キューバを訪れてくださる方には、有機で作った食べ物をお出ししなければ駄目だとも思っているのです」

観光業は年率一五パーセントで伸び続けているとはいえ、意外に純益は少なく、収入の七割近くは食材を含めた資材の輸入にあてられているという。(3) この依存度を引き下げるため、農業省は二〇〇〇年に、二四の農業生産組合が観光ホテルに直接農産物を納入するというパイロットプロジェクトを試みた。(4) 生産者はより収益を上げられるし、ホテルも新鮮な有機農産物が入手でき、外貨を節約できる。まさに一石三鳥である。

ショーウォン元将軍は、たっぷりと皮肉を込めてこう言う。

「キューバは農業だけではなく、すべての自然を保護する規制を行っています。エコツーリズムも重視して、バラデロのようなリゾート地でも五階以上の建設は認めていないのです。これはキューバ国民にとってだけではなく、世界のために貴重な自然を守る試みなのです。環境が大切なことは今どの国でも認識されています。しかし、キューバはそれをより早くから意識していました。キューバは小さな国家ではありますが、人類のために役立ちたいと思っているのです。アメリカは、地球温暖化防止の京都会議の結果を袖にしようとしています。自然保護、自然保護という割に一番環境を壊しているのは隣の大国なのです」

## 食料生産、環境改善、雇用創出、生きがい対策

ショーウォン元将軍が語るように都市農業の第一のメリットは、言うまでもなく地域内で野菜などの生鮮食料を生産し、住民に供給できることにある。都市農業は、キューバの食糧危機を軽減するうえで大きな役割を果たしたし、都市内で入手できる食料を量的にも質的にも向上させた。コミュニティの自給度が高まるほど、住民は食料を手に入れやすくなる。日本のようにスーパーマーケットやコンビニエンスストアが発達していないキューバでは、昼間、長時間働いたり、遠距離通勤している人々は、食料を買いに行くだけのゆとりがないし、配給以外に食料を手に入れる手段が乏しい。しかし、コミュニティ内に農園があれば、帰宅途中に立ち止まり、生産物を購入できる。都市農業の存在は、まさにコミュニティの貴重な資源となっている。(5)

そして、都市内での食料生産が増えるにつれ、生産以外にも様々な効用があることがわかってきた。例えば、市内で食料を生産すれば、農村地域にのしかかっていた負担をその分だけ軽減できるし、輸送や貯蔵に必要なエネルギーも削減できる。

市民の食生活にも大きな変化が出てきた。経済危機までは輸入小麦や配合飼料で育てた牛肉を中心にした食生活が推進され、コメやヴィアンダスのようなイモ類は格が落ちるものだと見なされてきたが、今では伝統的なコメ、豆、キャッサバやタロイモを使った料理が復活し、これに生鮮野菜が加わっている。また、都市農業は、香辛料や調理用ハーブも生産している。これまでキューバの食事は単調で塩くらいしか調味料がなかったが、香辛料やハーブで味付けをすれば、コメや豆もより食べやすくなり、そのことが、間接的に栄養状態の改善につながる。(5) 野菜食は健康面からも推奨されているし、有機野菜を食べるおかげで、多くの市民は大量に肉を食べていた以前よりも格段に健康になり、かつ、そのことが結果として自給率の向上に貢献している。(6)

都市農業は高齢者の生きがいにも役立つ。今二万八〇〇〇人以上の定年退職者が都市農地を耕している。(4) 園芸は高齢者でもやれる仕事だし、退職者に、「まだ自分は必要とされている」という誇りや楽しみをもたらし、限られた年金収入に小遣いが加わるという実利もある。

例えば、セントロ・アバナでビルに屋上菜園を作っているサンタナさんも退職者のひとりだが、最上階にある部屋に日陰を作るためにブドウを植えた。予想外に収穫できたため、ワインの製造販売の許可申請を農業省に行い、その稼ぎが家計を潤すようになった。サンタナさんは、もっと菜園を拡げようと、道端で見つけた古タイヤを半分に切断し、その中に土を入れて屋上に四列に並べ、野菜や香辛料、薬草を作付けた。別のある菜園者は、自分の菜園を「孫と時間をすごしたい家族の公園のようだ」と自慢している。都市農業は、多くの高齢者にレジャーをしたり生きがいを感じたりする機会ももたらしている。[5]
雇用面での貢献も無視できない。ほかに職を持つ市民が片手間に行ったり、定年退職者が生きがいのために行う市民農園とは異なり、オルガノポニコのような集約的な農業は、食糧不足の中で新たに農業へと転職した市民たちが専業的に取り組む職業としての農業である。一九九九年現在、全国では約二〇万人もの人々が都市を耕し[4]ている。ハバナでも二万六〇〇〇人以上が都市農業で職を得ており、ハバナの雇用の七パーセントを生み出している。[7]

ハバナの都市農業を視察したサンフランシスコのNPO、スラグのリエックスさんもこう語っている。「私が訪ねたある菜園では、建築労働者、技術者、そして数学者が働いていました。こうした人たちが皆、農業をしているのです。電気技師よりも有機農家のほうが稼げるのです。今、農家は、消費者に農産物を直売することで、専門家の三倍も稼いでいます。技術者たちが計算機を捨てて、手に鍬を握る理由があるわけです[8]」

農家の高賃金を維持する政策を反映して、労働条件は厳しいものの収入面からも都市農業は大変魅力的な職業となりつつある。

## 都市農業で活力を得たコミュニティ

食料や薬草の生産、雇用創出、そして環境改善に加えて、都市農業が果たしている、もうひとつの大きな役割がある。それは、コミュニティの活性化である。

深刻な経済危機の間、ともすれば荒廃しがちな人々の心に誇りを与え、地区住民の助け合いの精神やモラルを支え、コミュニティを維持するうえで鍵となったのは都市農業だった。(9)

市民農園への参加者たちは、イギリスのアロットメント協会やドイツのクラインガルテン協会のように、地区ごとに一〇~二〇人で「園芸クラブ」を結成している。参加は義務ではないが、一九九七年末では総勢一万八六二八人からなる九二六ものクラブが組織され、その数もゆっくりではあるが着実に増加している。(5)

クラブに参加するメリットは多い。ひとつは仲間ができることだ。クラブは、イベントを開いたり定期的な会合を持つなど仲間づきあいを通じて、コミュニティの連帯感を高め、日本の「結」のようにひとりではこなせない作業はみんなで手伝いあう。(5)

バイオ農薬の利用方法のような有機農業に欠かせない最新の園芸知識もクラブを通じて身に付けられる。第三節では普及員の活躍ぶりを描いたが、ハバナではもはやひとりずつ指導をしていられないほど菜園者が増えている。だが、クラブの会合に顔を出せば、一度に多くの市民と会える。このため、普及員は園芸クラブを対象にワークショップを開催したり、パンフレットを配って必要な情報を提供していることが多い。というよりも普及員は、新規参入者をまとめたり、耕す市民たち一人ひとりに声をかけ、仲間同士で協力し合うよう働きかけている。メンバーをまとめあげることで、新たな園芸クラブを結成したり、誕生した園芸クラブがうまく機能するように導くうえで、中心的な役割を演じているのが、コミュニティのオルガナイザーなのである。(5)

こうした普及員の働きで、クラブそのものも実力をつけてきている。定期的な会合を持つことで、種子、農機具、堆肥、バイオ農薬などの園芸資材を交換しあい、蓄積した経験や技術情報、そしてアイデアを分かちあう。啓発イベントを開催したり、ワークショップを行い、他地区のクラブとのネットワークも広げている。中にはコミュニティ住民の啓発向けに独自のモデル菜園を維持しているグループもある。(1)

食糧危機が最も厳しい時期には、農産物の窃盗も都市農業を悩ます問題だった。菜園から野菜が盗まれないように菜園を定期的にパトロールする監視組織づくりに一役買ったのも園芸クラブだった。ある都市農家は窃盗対策についてこう話している。(5)

「近所の子どもたちに農園の様々な作物について教えたんです。そして、農作業を手伝ってもらったお礼に、少しだけお小遣いを渡し、家族用に農産物もお土産にあげたんです。こうした人間関係を育むことが窃盗予防につながりますし、菜園を塀で囲うよりもよっぽどいいんです(5)」

そして食糧不足が解消され、コミュニティに都市菜園が根づき、コミュニティ住民と菜園の関わりが濃密になるにつれ、窃盗も大きく減った。いまだに夜間も見張りを立てている菜園もあるが、損失はあったにしても、ごくわずかで無視できるほどである。(5)

都市農業と関係する市民組織としては、園芸クラブのほかに「牧畜クラブ」もある。市内では、羊、山羊、豚、ウサギ、牛、天竺ネズミなどが飼育され、こうした家畜を飼育する市民が結成している。クラブへの技術支援は、ハバナ市郊外にある畜産事業団が行っているが、支援は一般農家だけではなく、牛を一頭だけ飼育するような市民に対しても行われている。日本の感覚からすれば、町中で山羊や牛を飼育するのは奇異に感じられるが、キューバでは子どもたちへミルクを配給することを重要視しているため、都市内での畜産が欠かせない。

今、都市農業はハバナの各コミュニティにしっかりと根を下ろしつつある。人々は、以前のゴミ捨て場をきれいにし、緑の景観へと変え、菜園を通じて新たなコミュニティ意識を醸成している。ある普及員は、「運動を維持するには文化を創造することが重要なのです。『園芸クラブ』やその他のコミュニティ・グループはその努力をしてきました[1]」と述懐している。

このように、都市農業は、環境改善、雇用と所得確保、生きがい対策、コミュニティの活性化など多くの社会的メリットを持つ。一九九六年の国連開発計画の報告書は、「ハバナの都市農業は持続可能な都市システムのすべての目標に応えている」と高く評価している。[2] 国連が着目するだけあって、キューバの都市農業は世界的な関心も呼んでいる。例えば、一九九九年一〇月には、ドイツのNGOやスウェーデンの国際開発協力機関（ＳＩＤＡ）の協力も得て、ハバナで「都市の成長、食料増産」と命名された国際会議が開催された。

アフリカ、アジア、ラテンアメリカなど二三の第三世界諸国、さらにヨーロッパ、北アメリカから、研究者、国・都市自治体・NGOの代表、都市計画専門家など七〇名が参加した。

参加者は、各地区の都市農業やオルガノポニコ、コンサルティング・ショップ、農民市場、研究所などを視察した上で、今後のあるべき都市農業政策を、食料確保、雇用創出、環境保全の三つの切り口から詳細に論じあった。

そして、園芸クラブをはじめとする草の根型の市民運動や住民たちの積極的な社会参加によるコミュニティの活性化は、ハバナという都市構造そのものを根本から揺るがし、カストロを頂点とする中央集権的な共産主義社会にも大きな変化をなげかけつつある。その目指すところは、各地区がコミュニティレベルで自立し、環境と調和した新たな首都ハバナを再生することなのである。

次章からは、環境保全とコミュニティという視点から、今、ハバナがどう変貌しつつあるのかを見ていくことにしよう。

## ■観光収入と観光客数

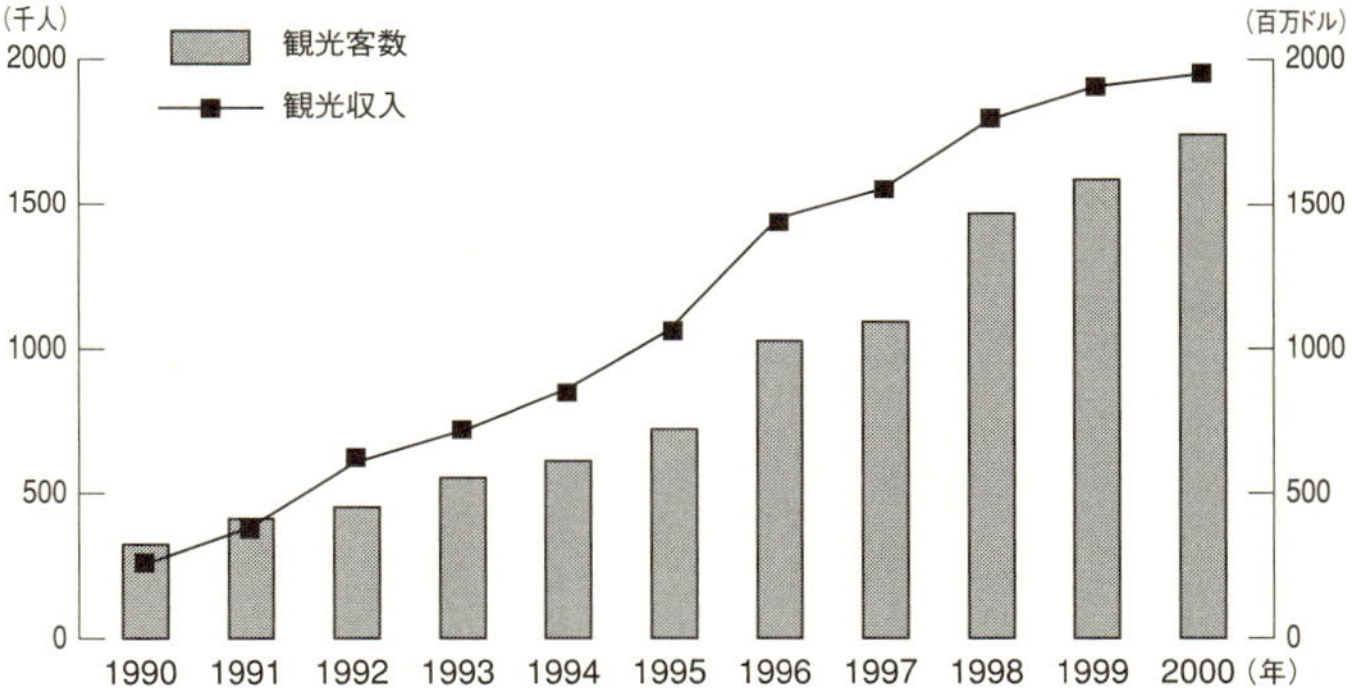


出典：la oficina Nacional de Estadistices
http://www.cubagod.cu/otras.info/ONE/turismo.htm

2001年末の観光収入はキューバ全外貨収入の4割を占め、観光客数は180万人に増加した。

## 引用文献


(1)——— Scott G. Chaplowe (1996) "Havana's Popular Gardens"
http://www.cityfarmer.org/cuba.html

(2)——— Patrick Henn (2000) "User Benefits of Urban Agriculture In Havana, Cuba An Application of the Contingent Valuation Method"
http://www.cityfarmer.org/havanaBenefit.html

(3)——— 新藤通弘（2000）『現代キューバ経済史』大村書店 p26

(4)——— Minor Sindair and Mortha Thompson (2001) *Cuba: Going Against the Grain, Agricultural Crisis and Transformation,* Oxfam America
http://www.oxfamamerica.org/publications/art1164.html

(5)——— Catherine Murphy (1999) "Cultivating Havana" *Food First Development Report,* No12

(6)——— Stephen Zunes (1995) "Will Cuba Go Green?"
http://www.context.org/ICLIB/IC40/Signs.htm

(7)——— Mario Gonzalez Novo (1999) "Urban Agriculture in the City of Havana"

(8)——— Lisa Van Cleaf (2000) "The Big Green Experiment: Cuba's Organic Revolution"
http://yeoldeconsciorusnesshoppe.com/art9.html

(9)———Robert Collier (1998) "Cuba goes green"
http://www.sfgate.com/cgi-bin/article.cgi?file=/chronicle/archive/1998/02/21/MN102237.DTL

# III

## 緑の都市を目指して

# 1 わたしの緑計画

## 国土緑化に国民の半数が参加

都市農業には、食料生産だけではなく、雇用の創出やコミュニティの活性化など、多面的な機能があることについて前章で述べた。そして、今都市農業は持続可能な都市という観点からも重視されはじめている。食堂、学校、病院から排出される生ゴミがすべて回収され、堆肥や豚の飼料源として活用されているのにも驚かされるが、ハバナ市や農業省の担当者は、都市が本当に持続可能であるためには、単年性の農作物だけではなく永年性の果樹や樹木も植栽し、都市の生物多様性を高め、あわせて木材や燃料源も都市で自給できるようにしなければならないと、考えている。[(1)]

キューバ人たちが国土緑化にかける思い入れには根強いものがある。ホセ・マルティは、一〇〇年前に「モノカルチャーにその生命を委ねた国家は自滅する」と砂糖の単作農業を懸念し、[(2)]「樹木なき地は貧困である。森なき都市は病んでおり、樹木なくば大地は干からび、貧弱な果実しか実らない」と森林破壊を憂えていた。[3]

マルティには警鐘を発するだけの理由があった。一四九二年に、今のオルギン州の北岸に上陸したコロンブスはキューバを「真っ白な砂浜と鬱蒼とした森林に囲まれた、これまで人間の見た最も美しい島である」と絶賛した。カリブ海に浮かぶ島であること。複雑な地質と地形、そして微気候の多様さ……。こうした環境条件もあって、キューバの自然は豊穣だった。中央ヨーロッパの全部をあわせても四〇〇〇の植物種しかないのに、今でも、キューバでは同定されただけで六二〇〇種以上の植物種がある。しかも、うち五一パーセントが島独自の固有種である。ヤシでも一〇〇以上の品種があるが、その九割が在来固有種である。これほど豊かな植物相を備えた国は、キューバを除いて世界でもハワイ、オーストラリアの一部、そして南アフリカの南部地方しかないという。だが、スペインの植民地となったキューバでは砂糖精練用の燃料や宮殿や帆船の材料として森林が次々と切り倒され、四〇〇年の植民地時代に半分が消えうせる。しかも、マルティの死後、一八九八年の「米西戦争」に勝利して、アメリカがキューバを支配し始めてからは、ユナイテッド・フルーツ社に代表される巨大企業が、広大な農地を取得し、大規模なサトウキビ・モノカルチャーを進めたから、森林破壊がますます加速し、一九五九年の革命時には、キューバの森林は国土のわずか一四パーセントを占めるだけに激減してしまっていた。[4] 次頁の図を見れば、アメリカが支配した六〇年間に森林が急減したことが、よくわかる。

■キューバの森林面積の推移

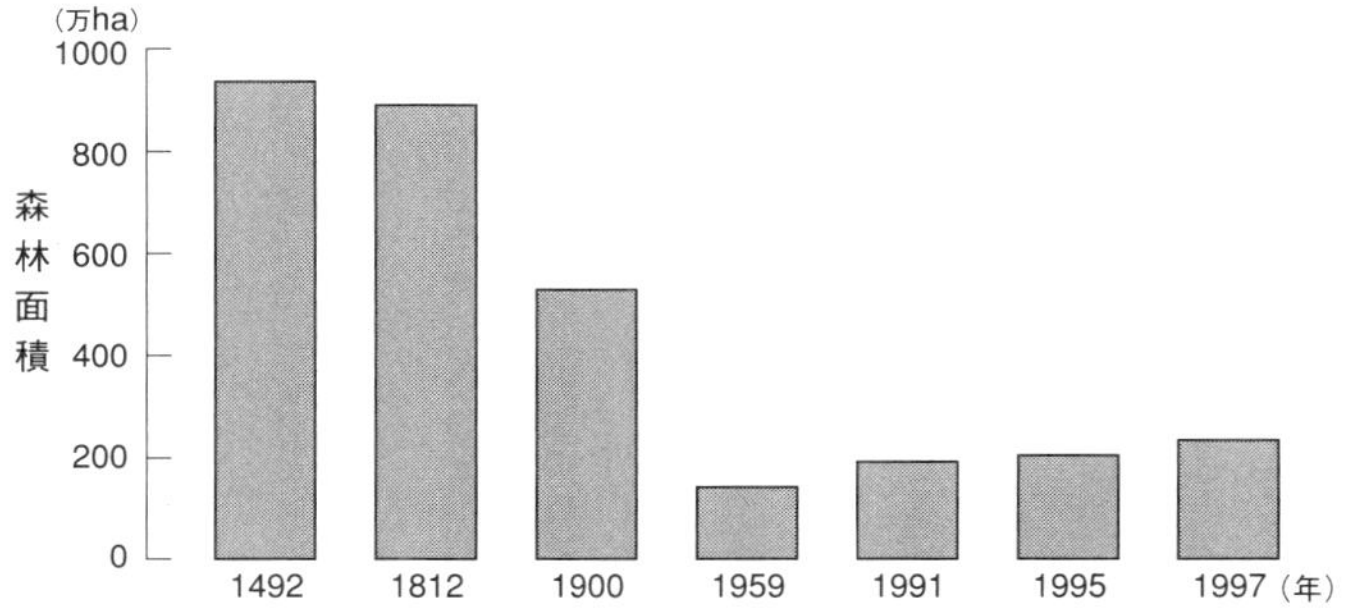


(キューバ農業省 1997)

出典：Eolia Treto. et. al “Advances in Organic Soil Management” *Sustainable Agriculture and resistance,* Food First, 2002 p165

このため、カストロは革命戦に勝利をあげると直ちに自然保護に力を入れた。生物多様性についての議論が世界でも十分になされていなかった一九六〇年代に早くも五カ所の自然保存区を設定している。キューバの国土は約一一〇〇万ヘクタールと日本の三分の一ほどしかないのだが、現在ではこのうち六パーセントの約六六万ヘクタールが「重要保護地域」の指定を受け(4)、この中には四つの生物種保存区と一〇万ヘクタールの一一の国立公園がある。それ以外の自然保護地域を全部あわせると国土の二二パーセントに達している(4)(5)。

ちなみに、日本の場合は二〇〇〇年末現在の国立公園面積は二〇四万六五〇八、国定公園が一三四万三一八一ヘクタールで、両方で国土の八・九パーセントを占めている。自然環境保全地域に指定されているのは、二〇〇一年末現在、原生自然環境保全地域が五六三一ヘクタール、自然環境保全地域は二万一五九三ヘクタールにすぎず、都道府県の自然環境保全地域七万三七三九ヘクタールを加えても一〇万ヘクタールほどでしかない[6]。

こうして自然保護の網を掛ける一方で、カストロは、荒廃した山林を復元するため、一九五九年の四月一〇日に早くも森林再生法を制定し、荒廃した山地の再植林に着手する。一九七〇年代から全国規模で展開された「マナティ・プラン」と称される大がかりな植林運動には国民の半数が参加し、結果として一四パーセントまで落ち込んでいた緑被率を一九八九年には一八パーセント[7]、二〇〇〇年には二一パーセントにまで回復させた[8]。ピナール・デル・リオ州東部の山岳地帯も三〇年以上前には過剰放牧で不毛の地となっていたが、自然植生の再生に成功したため、一九九〇年代の半ばには、ユネスコが国際生物種保存地区として宣言するまでにいたった[9]。今、地球全体で森林破壊が深刻な問題となっているが、とりわけ貧しい発展途上国では熱帯雨林の減少が著しく、ラテンアメリカ内で国単位で森林面積が増えているのは、キューバだけである。

しかし、このように革命以来森林復元に力を注いできたものの、経済崩壊に伴う石油不足でエネルギー問題が深刻化し、薪が燃料として乱獲されはじめる[10]。そのため「食料だけではなく木材も都市で自給しようではないか」という気運が高まる。こうしたバックグラウンドがあって「ミ・プログラマ・ヴェルデ」、直訳すれば「わたしの緑計画」というプロジェクトが始まった。ハバナ市内では苗木を満載して走っているトラックを見かけたし、コンサルティング・ショップにも観葉樹が置いてあったが、これは皆「わたしの緑計画」に関係したことだったのである。

## 草の根ボランティアで一二〇〇万本の木を植える

計画が、スタートしたのは一九九六年。そもそもの契機は、ハバナの緑をもっと増やす必要があると政府が判断したためだという。都市緑化を進める「わたしの緑計画」とはどのようなものなのだろうか。農業省でプログラムを担当するイザベル・ルソ技師に話を聞いた。

「大都市では一人当たり一四～一八平方メートルの緑が必要だという国際的な基準があります。プラザ・デ・ラ・レボルシオンやプラヤ区のように二一～二二平方メートルある地区もありますが、アバナ・ビエハのような旧市街では〇・五平方メートルしかなく、全体平均では一二平方メートルしかありません。ですから、空いている場所があればどこでも木を植えようと、農業省が都市緑化のプロジェクトを指導するようになったのです」

地区住民が必要と感じれば、市内のどこでも植えたいところに植樹できる点が、土地私有権の強い日本とは決定的に違う。そして、日本では、行政が専門業者に委託し、航空写真などを活用して緑被率を調査するが、物資が乏しく予算もないキューバでは、住民がボランティアで参加することで緑の実態を把握した。コンセホ・ポプラールや革命防衛委員会、女性連盟といったコミュニティ組織を通じて調査を行い、一七〇〇万本の木を植えられるポテンシャルが市内にあることを導き出したという。

もちろん、植樹に参加できる人たちがいる地区もあれば、いない場所もある。どこに住む誰が植えるのか。あるいはどの組織が責任を持って植えるのか。そして、植えるのであればどんな樹種をどの地区に何本植えるのか。そうした詳細な実行プランも地区ごとに作成し、五一二〇の全体プログラムに積み上げた。ここまで顔が見える植樹プランは、草の根の住民参加がなければとうてい出来ない。プログラムの名称に英語の「マイ」にあたる「ミ」という形容詞を用いているのも、市民一人ひとりが、計画に親近感をいだき、市の緑化に自己責任を持つよう配慮しているためだという。

「全ハバナ市民がひとり一本の木は植えよう」とのかけ声のもとに、運動は一九九七年から展開されたが、次頁の表のように二〇〇〇年までに延べ二六四〇ヘクタール、一二三〇万本の植樹が行われ、枯死率を加味してもわずか四年間で九六〇万本もの樹木が増えたことになる。

「現在までに、五一二〇プログラムのうち約三一〇〇が達成され、植えた木の八〇パーセントが生き残っています。二〇〇一年も約二五〇万本を植樹しましたし、二〇〇二年も二五〇万本を植える予定です」

一七〇〇万本というとてつもない目標も二〇〇二年中にはほぼ達成されてしまうではないか。そう問いかけると、イザベルさんはこう答える。

「いいえ、プログラムを進める中で、さらに木を植える必要性が出てきたんです。例えば、メインストリートや公園でも二〇〇〇ヘクタールはまったく木がありませんし、病気にかかって植えかえなければならない樹木もあるんです。アバナ・ビエハのような緑が少ない地区では、地区の生活環境を高めるた

表4　わたしの緑計画の植栽実績

| | 植栽(本) | 面積(ha) | 生存率(%) |
|---|---|---|---|
| 1997年 | 3,075,000 | 910.0 | 74 |
| 1998年 | 3,588,200 | 705.2 | 80 |
| 1999年 | 3,200,100 | 513.8 | 80 |
| 2000年 | 2,400,400 | 507.9 | − |
| 計 | 12,263,700 | 2,636.9 | − |

（イザベル・ルソ・ミルエットさんの提供資料より著者作成）

めに、古い建物が倒壊した後は再建せずに、木を植えるか公園にするようにしていますし、土がない道路沿いもポットに植えることで街路樹を増やしていく。そうしたことが政府のプランとして決まっているのです」

だから、まだ木は足りない。イザベルさんは微に入り細に入り具体的な数字をあげながら、そう強調する。慢性的な紙不足に苦しんでいることもあるが、彼女だけでなく多くのキューバの人々は、手元に一切資料を持たずに次から次へと細かい数値をすらすらあげる。まさか全部頭の中に入っているわけではないだろうが、こうしたデータは一体どう管理しているのだろうか。そんな素朴な疑問をぶつけると、イザベルさんはふき出した。

「もちろん、細かいデータは全部コンピュータにインプットして、この五年間の実績はＧＩＳ（地理情報システム）で管理しているのです」

地区ごとの植樹本数、貴重な古樹や病気にかかり改植が必要な位置、プログラムの進行状況は、コンピュータ上で整理され、

「ハバナに緑を（シ・アバナ・ベルデ）」というコンピュータシステムを立ち上げる準備も着々と進んでいるという。

先進国ではGISは珍しいものではないが、キューバはあくまでも発展途上国なのだし、加えてアメリカの経済封鎖を受けて慢性的な物資不足に苦しんでいる。今、イザベルさんと対談を行っている農業省のハバナ農林事務所も、会議室のコンセントは壊れていて電気が使えない。外国人観光客が出入りするホテルやレストランはホスピタリティをよくするために優先して電力を提供しているために気がつかないが、それ以外の場所では研究所や大学でもいきなり明かりが消えて真っ暗やみになってしまうことがある。通訳の瀬戸くみこさんは、そのような事情をちゃんと心得ていて、いつも小さな懐中電灯を持参している。パソコンにしても、車と同じように日本ではとっくにお払い箱になるような年代物を何度も修理し、大事に使っている。イザベルさんは「資材が手に入らないんで大変なんです」と笑い飛ばすが、システムを作り上げるのには大変な手間と苦労がかかっている。

## モノ不足を補う環境意識とコミュニティ参加

資材不足を補っているのは、市民たちの高い環境意識と参加意欲である。住民の誰しもがコミュニティの一員としての責任感を自覚していることが、プログラムを展開できるベースにある。

「自宅前に木を植えられるスペースがあれば、そこに木を植え、大きくなるまで育てることが、その家の責務なのです。また、環境教育も盛んですから、学校でも子どもたちがプログラムに参加して木を植えています。苗も市民が自前で買い求めますし、植えるのもボランティアです」

子どもや若者の植林への参加を促すために、自然を守る絵を描くコンクールが開催され、テレビやラジオ、あるいはグランマ紙のような新聞や女性同盟の機関誌を通じて「木を一本を植えれば、その分だけ酸素が増える」という環境意識啓発のキャンペーンが行われている。こうした啓発活動を通じて、市民たちは緑の大切さやどの程度の頻度で水をやれば木が根づくのかといった具体的な知識を持っている。あわせて、革命防衛委員会や女性連盟も地区ごとに植林リーダーの育成に取り組んでいるし、市内の一五の地区ごとに配置された専門技師や公社のコンサルタントが、コンセホ・ポプラールと連携し、技術面からサポートする。万全の支援体制が組まれた上で、市民たちの自発的な植林活動は進んでいるといえる。とはいえ、すべてがボランティアだけでは大変である。政府は育林基金を設け、コンサルティング・ショップから一〇ペソで苗木を買いあげ、市民に一ペソで販売することもあるという。

## 廃棄ビニールや空き缶で苗床を作る

数百万本単位で新たに植林を行うとなると、苗木の確保や生産も大変である。プロジェクト用の苗木の供給や優良樹の試験栽培を担うのは、レーニン公園の近隣にあるハバナ植物園だが、熱帯農業基礎研究所も苗木を生産している。同研究所のコンパニオーニ副所長によると、一九九七年末にひとつの育苗センターが完成し、月当たり三万本の苗を生産。一九九八年にはさらに三カ所が増設され、将来的にはドイツなどの海外NGOからの援助を受けて、ハバナ市郊外にさらに七カ所を建設する予定だという。[1]

しかし、経済危機に伴う慢性的なモノ不足はこうした苗づくりにも深刻な影響を与えている。日本では掃いて捨てるほどあるプラスチック製の育苗ポットもキューバでは手に入らない。育苗センターでは、ゴミ収集業者と手を組み、廃棄ビニールを手作業で縫いあげてポットとして再利用したり、空き缶を育床として活用している。

研究所や育苗センターに加えて、わたしの緑計画用の苗木生産を行っている民間の農園も一九九九年現在で市内に八六カ所、小規模な生産農場は九二もある。[11] ハバナ南部にある農業協同組合は、果樹や観葉植物、以前に絶滅したカシュー・ナッツのような希少種を専門的に生産している。[1]

わたしの緑計画で植栽される樹種は、希少種に加えて、果樹や調理用の燃料、建築用の木材に役立つ有用樹だが、植える樹種は一律ではなく、地区の特性に応じて変えてある。二〇〇一年には、ハバナでは六七種類の木が植えられたが、うち果樹が四三、残りのほとんどは希少種で他の州と比較すると木材用や燃料用の樹種は少ない。他の都市と比較すれば、燃料ガスが比較的潤沢に使えるためだという。

もちろん、こうした植樹は、農業生産にも役立つ。ボジェロス区のある農家は、計画の一環として農場に二〇本以上のグァバとアボカトを植えている。[1] 果樹そのものも農家収入につながるが、夏季には熱帯の強い日差しから影を作ることで野菜を保護し、栽培時期を伸ばせる。これは、一種のアグロフォレストリーといえるだろう。

民間への育苗委託をどう進めているのか、再びイザベルさんの話を聞いてみよう。

「木を増やすためには苗木づくりも必要です。農家や広い庭を持っている個人に育ててもらうように依頼し、そこから買うこともあります。公社を通じて育樹資金を融資し、三年間育ててもらい、八五パーセントの苗が生き残っていたら面積当たり、融資額の三割増しを支払います。つまり、農家は三割増しの利益があがるのです。六五パーセント生産できた場合も、育てた苗木分の代金を支払います。もちろん、中には育てるのに一〇年も要する樹種もありますから、そうしたときには、枝払いなどの管理作業の経費を全額政府が負担するのです。二〇〇一年には農業畜産会社は、二〇万ペソを農家や個人に支払いました」

契約量の八五パーセントを達成すれば三割も利潤があがるのだから育てる農家のメリットも大きい。だが、六五パーセントに満たない場合はどうなるのだろうか。

「もちろん、ノルマが果たせなければお金を払いません。借金だけが残るのです。だからこそ農家は一生懸命苗を育ててくれるわけです」

社会主義国といっても生産のための動機づけやモラール向上のためのペナルティは制度化されている。

「二〇〇二年の一月には植林に関係する三八もの全機関を参集する会議がありました。これまでの植栽実績を評価したうえで、河川流域での植林がまだ不十分であること、郊外からハバナに入る街道の街路樹が乏しいことが課題としてあげられました。そこで、二〇〇二年はもう一度、緑林の実態調査をしてプランを見直し、二〇〇三年から二〇〇五年にかけて大幅にシステムを強化した次期プログラムを展開する予定なんです」

わたしの緑の計画は発展し続けている。食料生産からスタートした都市農業運動は、都市生態系の多様化や木材、燃料といった生活資材全般の自給までその概念を拡大させつつあるといえるだろう。そして、そのバックボーンには、「森なき都市は病んでおり、樹木なき大地は干からびる」というホセ・マルティの思想がある。

日本も都市では緑が次々と減少し、一見緑が豊富に見える山も緑を守る担い手が激減して極めて危機的な状況にある。緑を守る行政担当者として、そんな日本へのメッセージを頼んでみた。イザベルさんはちょっと首をかしげてみせてから、すぐこう言った。

「木を植えることは、命を植えることです」

「それだけですか」

「ええ、私の伝えたいメッセージはその一言だけです。ただ、頭の中で繰り返し何度もこの言葉の意味を自分で考えてみてください」

後何をするかは自分で考えなさいというわけだった。

◉コラム4

## キューバの使徒ホセ・マルティ

　まだ若きアルゼンチンの医学生だったチェ・ゲバラが、青春の放浪の旅に出たとき、好んで口ずさんでいたのはマルティの詩だった。

　キューバには、赤旗や、カストロの銅像も全くない。そのかわりにいたる所で目にされるのは、キューバの使徒、独立の父として誰もが敬愛するマルティの胸像や肖像である。日本のかつての尋常小学校に二宮尊徳の像があったように、どの小学校にもマルティの小さな白い胸像がある。

　日本ではほとんど知られていないが、ホセ・マルティ・ペレス（一八五三～一八九五）は、傑出した詩人、ジャーナリスト、劇作家、教育家であると同時に、孫文やガンジーにも勝るとも劣らない世界的な大思想家である。キューバ革命は、マルティを抜きにしては語れない。

　マルティはハバナの下町の貧しい家庭で生まれたが、すでに小学生の時から当時スペインの統治下にあったキューバの独立運動に関心を持っていた。一六歳の時に早くも運動に身を投じ、六年間の禁固刑を受け、ハバナの石切り場で足に鎖を巻かれ、強制労働に従事している。その後、ピノス島への流刑の後、スペインへ追放。追放先のマドリード大学とサラゴーサ大学で、マルティは勉学に勤しんだ。半年内で弁護士の単位を取得。哲学や文学もすべて最高の成績だった。哲学、歴史、文学と膨大な古典に目を通し、友人たちは「マルティはいつ眠るのだろう」と噂した。

　その後もマルティの亡命生活は続き、グアテマラ、メキシコ、ベネズエラなど各地を転々とする。中でもニューヨークには一五年にわたって居住し、その間、勃興しつつあるアメリカ資本主義社会の現状を、優れたジャーナリストの目で、政治、経済、社会、文化などの多方面からつぶさに観察した。

「私は怪物の体内ですごした。だから、その内臓について熟知している」。マルティはそう語ったが、アメリカ資本主義社会が抱える問題点やヨーロッパ亡命中に学んだフランスの啓蒙思想やイギリスの政治思想に加え、メキシコ、グアテマラなどでの暮らしで得た先住民の文化や土着思想をベースに独自の思想を編み出したのである。

その集大成とも言うべき『われらがアメリカ』(一八九一年)では、アメリカを「彼らのアメリカ」と呼び、「我らのアメリカ」すなわち、ラテンアメリカと対峙させた。そして、キューバとラテンアメリカの解放を訴えると同時に、アメリカ「帝国主義」の進出を予言し、それが将来的にキューバを含めた発展途上国にとっての大きな脅威になると主張した。十九世紀末に第三世界の視点から早くも今日の南北問題を予見していたのである。

マルティは、人々を鼓舞する大雄弁家であると同時に、子どもを大切にする教育家でもあった。一八八九年には子どもむけの雑誌「黄金時代」を創刊し、自ら執筆している。それは、少年少女たちに、世界がどう作られてきたのか、人間が何をやってきたのか、宗教とはなにか、蒸気機関や電気がどう作られたのかを、美しい物語や童話を通じて語るものだった。

だが、なによりもマルティは行動する革命家だった。一八九二年にキューバ革命党を結成し、党首となったが、「万人による万人の幸福」を唱えたその党の綱領はきわめて民主的なもので、ヨーロッパの社会主義政党に先んじるほどの内容を持っていた。

そして、一八九五年に解放戦線を組織し、ニューヨークからキューバへと上陸。キューバ独立解放軍は、スペイン軍を各地で打ち破り、あと一歩のところまで追いつめた。だが、ギリギリの段階で、アメリカが独立戦争に介入し、独立軍の頭ごしにスペインとの平和条約を結び、キューバはアメリカの占領下に置かれてしまうのである。

一八九五年五月一八日、マルティは野営地で友人宛の手紙にこう書いた。

「いま私は祖国と自分の義務のため、日々命を捧げる危険の中に身を置いています。私の義務とは、キューバを独立させることで、アメリカが勢力を伸ばし、われらがアメリカに襲いかかるのを阻止することなのです。私が今日までしてきたすべてのこと、今後しようとしているすべてのことは、そのためにほかなりません」

翌日、マルティは、独立軍、最高司令官ゴメス将軍から「野営地に留まるように」と言われていたが、周囲が止めるのを振り切って、自ら戦場にたつ。手に拳銃を持ち、馬上硝煙の中を疾駆するうち、灌木の茂みから一斉射撃が起こる。三発の銃弾が胸を貫き、マルティは白馬からころげ落ち、顔を太陽に向けて死んだ。享年四二歳。

生誕一〇〇周年にあたる一九五三年、カストロはゲリラを率い、アメリカの傀儡政権であるバチスタ軍事政権を打倒することを目指し、モンカダ兵営を襲撃する。このクーデターは失敗に終わったが、裁判の法廷で弁護士でもあるカストロは「歴史は私に無罪を証明するであろう」と死を決した有名な自己弁護を行う。そして「この軍事襲撃のシナリオを書いた張本人はおまえか」と問われると、「それは、マルティである」と答えた。

個人が自由に生きながらも、同時に全体に奉仕する社会、法ではなくモラールや道徳律によって動く社会。マルティは、ルソーの影響も受けている。十九世紀の自由主義思想の良質な部分を抽出し、ラテンアメリカの先住民族の土着文化にも視野を広げたマルティの理想。カストロの革命は、使徒マルティの志を受け継いだ弟子たるカストロのキューバ独立運動であると解釈するとわかりやすい。

ソ連崩壊後の一九九一年、第四回共産党大会では「低開発と新植民地支配主義への唯一のオルターナティブである社会主義に、マルティの思想を融合したものがキューバ革命である」というイデオロギーの再定義が行われた。社会主義の堅持を依然として掲げたものの、革命の原点に返ること、そしてマルティ思想の独自性を改めて重視したのである。

**参考文献**


後藤政子監修（一九九九）ホセ・マルティ選集3『共生する革命』日本経済評論社
後藤政子訳（一九九五）『カストロ革命を語る』同文舘出版
H・アルメンドロス、神尾朱美訳（一九九七）『椰子より高く正義をかかげよ、ホセ・マルティの思想と生涯』海風書房
カルメン・R・アルフォンソ・H、神修修訳（一九九七）『キューバ・ガイド』海風書房

## 引用文献


(1)——— Catherine Murphy (1999) "Cultivating Havana" *Food First Development Report*, No12

(2)——— 堀田善衛（1966）『キューバ紀行』岩波書店

(3)——— Christopher P. Baker (1997) *Cuba Handbook,* Moon travel Handbooks p23

(4)——— Maria Lopez Vigil (1998) "Twenty Issues for a green agenda—Ethics and the Culture of Development Conference"
http://www.afsc.org/cuba/grnagnde.htm

(5)——— Virginia Warner Brodine (1992) "Environment Green Cuba"
http://www.essential.org/monitor/hyper/issues/1992/11/mm1192_10.html

(6)——— 環境省HPより

(7)——— Sergio Diaz-Briquets (1996) "Forestry Policies of Cuba's Socialist Government"
http://www.lanic.utexas.edu/la/cb/cuba/asce/cuba6/

(8)——— Alverto D. Perez (2002) "Emeralds of the Cauto" Empowerming Women

(9)——— Stephen Zunes (1995) "Will Cuba Go Green?"
http://www.context.org/ICLIB/IC40/Signs.htm

(10)——— Serigio Diaz-Briquets and Jorge F. Perez-Lopez (1997) "The Environment and the Cuban Transition"
http://www.lanic.utexas.edu/la/cb/cuba/asce/cuba7/

(11)——— Mario Gonzalez Novo (1999) "Urban Agriculture in the city of Havana"

# 2 首都公園プロジェクト

## 首都のど真ん中に緑のオアシスを

「わたしの緑計画」が、各家庭の庭先や街路樹など、スポット的に緑を増やす戦略をとっているとすれば、巨大な緑地ゾーンを面として首都の中心部に新たに創出してしまおうというプランもある。「首都公園プロジェクト」と称されるプロジェクトがそれで、計画対象地は市の中央を南北に貫くアルメンダレス川に沿う。河口から九・五キロメートルほど遡上した市の中心部まで、プラヤ、プラザ、セロ、マリアナオの四区にまたがり、七〇〇ヘクタールもの広さを持つ。[1] この大がかりな都市環境再生プロジェクトが一九九〇年から動き出している。[2] アルメンダレス川沿いにある公園本部を訪れ、プロジェクトの総責任者、ビニシオ・ケベド・ロドリゲスさんの話を聞いた。

「この首都公園プロジェクトのアイデアは、フィデルが一九八九年に提唱したのです。遊んだり、散歩したりできる空間が市の真ん中にも欲しい。そんな市民の要望を受け、フィデルの呼びかけで関係機関が参集し、正式に政府プロジェクトを発足させることになったのです。アルメンダレス川流域には、自然森が残っていますから、保護すれば公園に使える。ですが、エリア内には森林が伐採されて土地も痩せ、砂漠のようになっているところもあるのです。このような場所は、土を肥沃にしてから植林しなければなりません。

また、地区内には約二万人が居住していますから、河川を浄化したり生活環境の改善もしなければなりません。それには、住民の環境意識が高まってみんなが参加することが不可欠です。住民が参加することで地区の文化も発展するわけですし、そうでなければ、プロジェクトの意味がない。ですから、地区内にはエコロジーセンターがあり、子供たちを河川浄化や植林プロジェクトに参加させる環境教育をやっていますし、野外劇場に子供たちを呼んで音楽コンサートを開く。そんな文化活動もやっているのです」

首都のど真ん中に大規模な公園を作ろうという構想そのものは以前からあり、一九二〇年代半ばにまで遡る。だが、一九三〇年代の不景気や第二次世界大戦、そして革命後のハバナの急速な都市化と工業化により、構想案のままにとどまっていた。一九四〇年代から一九六〇年代にかけ、動植物園、レクリエーション施設、川岸の散策道などは整備されたものの、(1)首都公園構想はとうてい実現不可能な夢とされていた。(3)そして、カストロの提案を受けて一九九〇年にようやく一度決議はされたものの、その後の経済危機の深化でプランは再び動かないまま中断されてしまう。

だが、経済危機には明暗の両面があった。有機農業や都市農業、そして自然エネルギーと、生き残りをかけた様々な分野での持続可能な社会構築に向けた取り組みが始まり、社会全体が環境を重視する方向へとシフトする中で、首都公園プランが再浮上する。「食料生産とあわせて、都市内での生物多様性を促進しよう」というわけだった。[1] 一九九四年には地区の活性化と環境改善のためのプログラムを策定。同年ホセ・フォルネス博士らが率いる建築家のグループが、土地利用計画を作成する。[2] しかし、「首都公園を作る」という青写真がいくらできても、計画を実行に移すためには具体的な戦略がなければならない。事業を実施するには、ビニシオさんが指摘するように、コミュニティ住民やNPOの参加が必要だし、関係諸機関を巻き込むための仕組みも不可欠である。技術チームは、こうした組織化や全体のマネジメントが苦手で、森林再生や環境復元、インフラ基盤への投資といった公園づくりの個別テーマごとのアクション・プログラムも十分に煮詰めきれなかった。

プロジェクトが具体的に走りだすためには、キーパーソン、国会議員でカストロの秘書も務めていた故ヘスス・モンタネ氏の登場が必要だった。[4]

「一九九六年にはアルメンダレス川浄化をメインテーマとした国際会議があったんですが、その場でもモンタネ氏は、プロジェクトを推進するために大変な意気込みで頑張りました。一九九九年に惜しむらくはお亡くなりになられるのですが、彼なくしてはプロジェクトはここまで進展しなかったでしょう」

## 首都公園プロジェクトに関する国内外組織

（行政）
プラザ、プラヤ、セーロ、マリアナオ区
コンセホ・ポプラール（ポゴロッチ、ラ・セイバ、エル・カルメロ、プエンテス・グランデス、パラティノ、コロン、シエラ、ミラマル、アラマダ）

（研究機関）
ハバナ大学とハバナ工科大学

（NPO）
マーティン・ルーサー・キング記念センター
（Centro Memorial Martin Luther King）
ヨーロッパ研究センター（Centro de Estudios Europeos）
アメリカ研究センター（Centro de Estudios sobre America）
自然と人間の基金
（Fundacion de Antonio Numez Jiminez por la Naturaleza y El Hombre）
キューバ教会協議会（Consejo de Iglesias de Cuba）

（カナダの公的機関及びNPO）
オクスファム・カナダ、エバーグリーン・ファウンデーション、トロント市、モントリオール市、バンクーバー市、Kitchener市、National Capital Commission、Task Force to Bring Back the Don River（トロント）、Toronto and Region Conservation Authority、Ryerson工科大学

（カナダの民間企業）
Tarandus Associates Ltd.、Hough Woodland Naylor Danc、Tingle and Associates、Procter and Redfern

（イタリア）
Terranouva、CRIC（Centro Regionale d'Intervento per la Cooperazione）、COSPE（Cooperazione per lo Sviluppo dei Paesi Emergenti）

（その他）
オクスファム・ベルギー、HIVOS（オランダ）、ボル財団（ドイツ）、アンダルシア市議会（スペイン）、アンダルシア連合（Junta de Andalucia）（スペイン）、キューバ協力協会（フランス）

出典：Andrew Farncombe and Rafael Betancourt (2000) "Canada Contributes to Sustainable Urban Development in Cuba"

ビニシオさんがこう評価するように、ヘスス氏は「市民や都市を訪れた人たちが、緑や自然と親しめ、都会生活でのストレスを癒せる緑のオアシスを市街地の中心になんとしても作ろう」という夢を抱き続け、この夢に触発されたり、プロジェクトに関心を持った人々が氏を中心に集まり、ハバナ市、外国投資・経済協力省、ハバナ工科大学、首都総合開発グループなど様々な組織からなる横断的なネットワークが作られていった。ボストンのマサチューセッツ大学教授など国外からも「メンバーに加わりたい」という賛同者が現れ[4]、最終的にはカナダ、ドイツ、イタリア、ベルギー、オランダ、カナダ、ニカラグアなど一三カ国、二一もの海外NGOがプロジェクトに協力の意を示し、資金援助を行うことになったのである。

## 首都公園化の戦略プランを立てる

では、プロジェクトがどのように進展していったのか、少し詳しく経過をトレースしてみよう。公園の対象地となるプラヤ、プラザ、セロ、マリアナオの四区は、ハバナ市内でも最も人口が多い地区である。プロジェクトは皮切りとして、この四地区内で五つにテーマを絞って都市農業、森林再生、汚水の自然浄化処理、ゴミや廃棄物の処理、環境教育のパイロット事業を実施。あわせて、どう公園を運営するかの経営戦略を含めて、公園整備の五カ年事業計画を作成した。このパイロット事業と計画策定には、地区住民をはじめとして一五以上の政府機関とNPOから、五〇〇人以上の関係者が参加した。うち、

直売市で売られたパイナップルの頭もコンポストの原料としてきちんと集められる。

街路樹の落ち葉もちゃんと回収。

公園プロジェクトのチームや関係NPOのリーダーなど、プロジェクトのコアメンバーは、都市マネジメント、環境プランニング、住民参加の進め方などの専門的なトレーニングを受けた。こうした人材育成やノウハウ提供、財政援助には、カナダの国際開発機関とトロント市に居をかまえるNGO「カナダ都市構想」からの協力が大きな助けとなった。カナダは、在キューバ大使がプロジェクトに大いに乗り気になったこともあり、一九九五年にキューバと援助契約を取り結び、プロジェクトを全面的にバックアップしてきたのである。加えて、このほかの外国の諸機関からも二〇万ドル（約二七〇〇万円）の資金援助がなされ、八つの国際機関との連携体制も整った。

こうした連携体制の中で、一九九五年から一九九八年にかけて以下に掲げる項目からなる戦略プランが策定されたのである。[(4)]

(1)公園予定地区の九〇パーセントは現在緑がないが、少なくとも地区の八〇パーセントで植林、有機都市菜園づくりを行い、市内に新たな「緑の肺」を創出する。

(2)公園予定地区内には四万二七〇〇人が居住し、五一の工場から日量一万三〇〇〇トンの生活汚水と六〇〇〇トンの工業廃水が流されている。地区内の環境改善に努め、とりわけ、公園の中心をなすアルメンダレス川の浄化を図る。

(3)地区の社会的なインフラを強化し、社会的・文化的・経済的な発展を図る。

(4)環境保全や環境改善活動に対する理解と支援が得られるように、環境教育プログラムを通じて、地区住民の環境意識を高める。

(5)あらゆる年齢階層の住民に対して、レクリエーションと教育的な機会を提供する。

(6)将来的に経済的な自立が図れるよう、経済面での発展を促進する。とりわけ、都市農場からの収益での公園の自主財源化に資する。

(7)公園の維持管理に不可欠な施設基盤を充実させる。(1)

ここに掲げた戦略は、当然のことながら、経済危機の中で芽生えたキューバの新たな環境理念や社会ビジョンを反映している。計画内容を詳細に見ていくと、環境教育、レクリエーション機会の創出、森林再生、都市農業と有機農業の推進、有機野菜レストランの運営、住宅の建設と修復・再建、河川水質の浄化や汚水処理技術の開発、工業廃棄物やゴミの総合処理、コミュニティ活動と、実に幅広く、かつ多岐にわたっている。(3)

プロジェクトは、三カ年の実績とパイロット事業を通して明らかになった問題点を踏まえ、次の第二段階へと進む。一九九八年から二〇〇一年までの三カ年は、プロジェクトを活性化する上で「鍵」となる以下の五点に焦点を置いた。

(1)四地区及び九つのコンセホ・ポプラール、そして公園内の産業との連携体制を継続する。

(2)コンセホ・ポプラール、ポゴロッチ及びラ・セイバにおいて森林再生とゴミ処理のデモンストレーションを実施する。

(3)計画を強化するためGISを活用する。
(4)政府からの補助金や外国からの援助金への依存度を引き下げ、経済的な自立を促すため、公園内に公社を設立する。
(5)ケーススタディを通じて得られた成果をマニュアル化し、ワークショップなどを通じて他の都市に提供する。首都公園プロジェクトは、都市マネジメントの戦略的なモデルとなりうるからである。(4)

## アルメンダレス川の浄化作戦

では、プロジェクトがどのように動いているのか、リディア・フェレーレさんの案内で現場を訪ねて見よう。リディアさんは元生物学の教師で、以前はポゴロティ地区のコンセホ・ポプラールの代表だった。しかし、自然への造詣が深く地区住民とも親密なことから、今はプロジェクトの副リーダーを務めている。

「住民との交流もありますし、私が一番好きな自然を守る仕事がやれるので、毎日が本当に面白いし楽しいのです。世界中を見渡しても、都市のど真ん中でこんな公園プロジェクトをやっている事例は少ないんじゃないかしら」と胸を張る。

まず、事務所の近くを流れるアルメンダレス川の川岸に下りてみる。水が茶色くどんよりと濁っていて、お世辞にもきれいとはいえない。

チェ・ゲバラの顔が描かれたリサイクルセンター。市内の空き缶や古紙、生ゴミをリサイクルする初めてのモデル工場として1999年の12月から稼働している。「俺達が環境を守る」と、リサイクル業務に従事する作業員たちの士気もすこぶる高い。

首都公園プロジェクト地区内のリサイクルセンター。直売所で売れ残った有機廃棄物や市内の落ち葉、生ゴミなどはここでミミズを使って堆肥にされる。中心に植えられているのはバナナの木。すぐに成長し日陰を作りミミズが育ちやすくする。一種のアグロフォレストリーである。

市内の汚水のおよそ半分は、アルメンダレス川に流れ込むが、一九〇二年に建設された下水処理場は老朽化しており、毎秒二〇〇リットルもの排水がほとんど未処理のまま流される。[2][3][5] 下流域は、LPガス、窒素・酸素、製紙など二六もの工場が立ち並ぶ工業地帯だが、その排水処理設備も十分ではない。河川は周囲をビルに取り囲まれ、場所によっては水量が少なく干上がって、臭気がただよう。近隣の居住者の健康も害している。[3]

「河川沿いの工場を移転させるか、もっと浄化能力が高い処理場を整備すべきだ[3]」という科学者たちの提案を受け、政府は工業排水の処理プラントの整備に着手する。

「この製紙工場は川を汚染するので二年前に営業をやめさせました。代わりに壊した建物からコンクリートを再生する工場やこんなリサイクル工場を動かしています」と、リディアさんの案内で、チェ・ゲバラの顔が描かれたリサイクル工場を訪れる。以前は建設省が所管する建物だったが、市内の空き缶や古紙、生ゴミをリサイクルする初めてのモデル工場として一九九九年の一二月から動き始めたという。

「俺達が環境を守らないでどうなる」と、リサイクル業務に従事する作業員たちの士気も高い。

工場のアンドレス・ルイス・ヤネスさんは、オルガノポニコを前にこう熱弁をふるう。

「ここでは、食堂の残りや家庭の生ゴミ、農民市場で売れ残った農産物や刈った草など市内の有機廃棄物を全部集めて、ミミズを使って堆肥にしています。二〇〇一年には一五〇〇トンを生産し、オルガノポニコ用にトン当たり四〇～一〇〇ペソで販売しています。道路や庭の掃除をすることを『コムナレス』

というのですが、これによるゴミも全部集めれば一万五〇〇〇トンは作れる見込みです。ハバナでもゴミの埋め立て場が少なくなってきていますから、有機物は捨てずに再利用することが一番です」

河床にたまった泥を浚渫したり、河原の草を刈り採るなどの活動も行われ、場所によっては以前の流路を復元するために水が抜かれ、流路の変更で生じた余剰地やその近隣地帯では、森林が再生された。しかし、「わたしの緑計画」のところで説明したように、植林そのものはキューバではとりたてて珍しいものではない。首都公園プロジェクトが興味深いのは、コミュニティレベルで住民たちの環境意識を高めることを通じて、森林復元や河川浄化を実施しようとしていることにある[(3)(6)]。

なぜ、住民の意識啓発が必要だったのか。環境教育を行うエコロジー・センターを訪れジョシエル・マレロさんに尋ねてみた。公園地区内には、地区住民の社会参加を進めるため、こうしたセンターも設置されているのである。

「一般市民を参加させるうえでは、いろいろと難しい面があり苦労しながらやっています。なぜ難しいかというと、日本でもそうでしょうが、コミュニティに住んでいる人たちの意見をまとめあげ、合意を得るのは大変だからです。プロジェクトがスタートする以前の一九九四年から一九九五年にかけて、若手専門家が中心となって計画案を作成したんですが、その際に住民懇談会を開いてニーズを汲み上げたんです。川をきれいにしたい、野球がやれる広場が欲しいなど、多くの意見が寄せられました。ですが、家庭レベルでは、何をしたいとか、あれが欲しいとか要望が出てくるのですが、公園プロジェクトのように大きいテーマになると、自分たちの暮らしとは無関係だと思うらしく、参加者が少なくほとんど意見が出ないのです。ですから、スタート段階ではいろいろな専門家が上から指導することが必要でした」

公園の将来像を展示したレプリカ模型を前に、ジョシエルさんは意識啓発の難しさを語った。

とはいえ、「ここで暮らす地区の住民参加がなければ、一歩も前へ進むことができない(3)」というのが、専門家メンバーたちの見解だった。そこで、科学者だけではなく社会学者も加えたプロジェクトチームが編成され、地域に密着して水質をモニタリングするシステムを設置。ワークショップを次々と開催し、地区住民の環境意識の啓発に膨大な時間を割きエネルギーを注いだ(4)(5)。その成果がどうあがったかについては、次章第三節で述べよう。

また、河川浄化には、各家庭からたれ流される生活雑排水の処理も必要である。若手技術者たちは、大規模な下水道ではなく、小規模な浄化処理装置を数多く設置し、かつ、バイオ的な処理方法で水質を浄化しようと考えた(3)。湿地をもうけ植物を植え込めば、植物が有機成分を吸収するし、硝化菌と脱窒菌の働きで窒素も除去できる。コストも安く、より自然に浄化できる。こうしたバイオ浄化施設の開発には、ワシントン大学のプロジェクトチームも関わっている(2)。今、取り組んでいる最も先進的なシステムは、最終処理水を都市農業やコミュニティ菜園の灌漑水に再活用し、汚泥も肥料としてリサイクルするものだ。建築家のガブリエラ・ゴンサレスさんは、「汚泥の利活用については、まだまだ文化的な障壁があります(5)」と認めつつも、教育や実践を通じていずれは住民意識が変わっていくことを期待している。

このように、まず、環境を診断することから始まり、環境教育を通じて人々を啓発し、地区住民の参画を促し、最終的にはコミュニティレベルでのパートナーシップの創設によって地区の抱える課題を解決していく。また、そのために地区住民のニーズに耳を傾け、コミュニティレベルでの意思決定や活動を最重視する。プロジェクトの活動は、トップダウン方式ではなく、あくまでも個人参加を促すボトムアップ方式で実行されている。これは、キューバにおいては初めての試みであり、他の都市での持続可能な開発のモデルにもなるであろう。(4)

## 有機農場づくりと森林復元

首都公園プロジェクトの計画には都市農業の重点振興地区も設けられている。プロジェクトをバックアップしているNGOオクスファム・カナダのホームページを開くと、写真入りで次のような記事を読むことができる。

「私たちは、ニームの木を畑の北東側に植えました。風を利用するためです。蒸発散の過程で、ニームは天然の農薬成分を放ちます。風が吹けば、それが畑に広がる。エコロジカルな害虫防除のひとつです」

プロジェクトの農業主任、アニバル・サヤス氏の説明だ。

畑を横切って進むと、主任はまだ若い椰子の並木を指さす。

「農道に沿って、ココナッツの木を植えています。さほど作物の日陰にはなりませんし、いずれ美しい街路樹に成長しますし、実も食べられます」

この農場はハバナの中央にある。近くの大通りからは車の騒音が聞こえてくる。住宅や工場が農場を取り巻いているのだ。だが、農場は、トマト、豆、レタス、ホウレンソウ、キャッサバ、グァバ、パパイヤ、バナナ、カーネーション、百日草、金魚草、マリーゴールドなど、実に多様な作物の豊かな実りを生み出している。

農業プロジェクトは、既存の農場をベースに、それぞれ四〜五ヘクタールからなる小規模な農場を延べ六〇ヘクタール整備することを目標においている。住民参加の下に農場をより効率的に運営し、環境に優しい有機農業がやれることをデモンストレートすることを目指している。

プロジェクトのコアとなる農場は九カ所あり、うち六農場は有機農業で、野菜や果樹、花卉を育てている。これには、農業省やアクタフのフェルナンド・フネス博士もアドバイザーとして加わっている。農場の農産物は、まず地域コミュニティへ供給され、残りはハバナの農民市場にも出荷されている。

残りの三カ所は食料生産よりも、潜在植生を回復することにより重点を置いている。キューバには、一九四〇年代の自然植生を記録した植生カタログや標本コレクションが保存されているが、これらを参考にして、都市内に森を復元し、豊かな生物多様性を取り戻そうとしているのである。(1)

リディアさんに、植林を進めているという現場に案内してもらう。植え付けられた苗木を前に林業の専門技師デウルセ・ビルヒニアさんはこう話す。

「東部地域ではマナティ・プラン、山岳地域ではトルキーノ・プランという植林計画があり、このハバナ市内では、わたしの緑計画を進めています。この場所では、失われたキューバ独自の樹種や希少種を再生しようと努力しています。そのため、ピナール・デル・リオ州にある森林研究センターやピナール・デル・リオ大学と連携して研究も行っていますし、小中学校の生徒や工場の労働者、一般市民も参加して、植樹を進めているんです」

はるか将来、再びこの地を訪れる機会があったら、きっと鬱蒼とした森に戻っていることだろう。

## エコツーリズムで外貨を稼ぐ

「公園プロジェクトは、ただ木を植えるだけでなく、都市環境の改善もしなければなりません。それには、エリア内の工場や地区住民の参加が必要ですから、環境浄化のためのキャンペーンをやっていますし、毎年どのような環境問題があるのかを調べ、調査結果報告書としてまとめています」ビニシオさんは、何度も住民参加の重要性を強調した。しかし、同時に氏はプロジェクトが発展するためには、住民参加や外国からの援助だけにも頼ってはいられない、自分たちで収益をあげていかなければ駄目だとも主張する。プロジェクトは、環境保全と同時に経済的な自立も視野に入れている。「公園ですから、エコロジー的な価値もありますし、町中でエコツーリズムがやれる可能性もあると思うんです」

首都のど真ん中に緑のオアシスを新たに創出する首都公園プロジェクトの中心地。とても200万都市の中心にいるとは思えないほどの鬱蒼とした森林で、エキゾチックなムードが漂う。庶民に根づく「サンテリア」と総称されるヨルバ教、ブードゥー教などのアフリカ系の宗教儀式の場所としても使われる。

革命時にオーナーが国外に逃亡した資産家の邸宅。荒れるがままになっていたが、修理改装して、有機野菜を提供するエコレストランとして生まれ変わる予定だ。首都公園プロジェクトは、環境保全と同時に経営的な独立採算化も視野に入れ、市内でのグリーンツーリズムのプランも立てている。

河川沿いを散策したが、とても二二〇万都市の中心部には思えないほどの鬱蒼とした森林が残っている。シダやコケが絡みついた板根には熱帯ならではのミステリアスなムードが漂う。こうした場所は、庶民の間で今も信者を集める「サンテリア」というアフリカ系の宗教の儀式にも使われるという。たしかにその可能性は十分にあるだろう。

「また、スペイン統治時代の遺跡が残っています。新たな投資が必要ですが、こうした古い建物を修理改装して、レストランや喫茶店としてもう一度使えるようにする。そこで観光客の皆さんに楽しんでもらったり、国際イベントを行うことで外貨を得るようにしたいのです」

そのために二〇〇一年の一一月一日には「パルケ・メトロポリターノ」という会社を設立したという。目玉のひとつ「ラ・トロピカル」というビール工場を訪れてみた。工場は革命以前から運営され、今でもビールを生産しているが、工場に併設していた庭園やレストランは、革命時にオーナーが国外に逃亡したため、荒れるがままになっていた。

「このレストランは、一九一一年に建てられたものなんです。遊休化していたので、首都公園に移管して、傷んだところを修理して、有機野菜のレストランを開こうと思っているんです」

イスラム風の美しい内装が施された建物を見学し、リディアさんと一緒に屋上に上がると、涼しい風が吹いていた。見渡すかぎり、一面の緑で、素晴らしい景観が広がる。とても二二〇万人を超える大都市の中心にいるとは思えない。ここを訪れた人は、十分にエコツーリズムを満喫できるに違いない。

## 引用文献


(1)——Cathy Holtslander (2000) "Cuba's Organic Urban Agriculture in Action" Oxfam Canada

サイト消失。一部は下記サイトで読める。

Cathy Holtslander (2000) "Community Gardens: Metropolitan Park Project - Havana Cuba"

http://www.globalexchange.org/campaigns/cuba/sustainable/oxfam091100.html

(2)——Hilda Blanco et al. (2000) "Incremental Ecological Wastewater Treatment:The Havana Prototype"

http://online.caup.washington.edu/courses/udpsp00/udp508b/context.html

(3)——Global Exchange (1997) "A Patch of Green:Supporting Sustainable Development in Cuba"

http://www.globalexchange.org/education/publications/newsltr3.97p3.html

(4)——Andrew Farncombe and Rafael Betancourt (2000) "Canada Contributes to Sustainable Urban Development in Cuba: Revitalization of el Parque Metropolitano de La Habana"

http://www.globalexchange.org/campaigns/cuba/sustainable/metroPark.html

(5)——Irginia Warner Brodine (1992) "Environment Green Cuba"

http://www.essential.org/monitor/hyper/issues/1992/11/mm1192_10.html

(6)——Maria Lopez Vigil (1998) "Twenty Issues for a green agenda—Ethics and the Culture of Development Conference"

http://www.afsc.org/cuba/grnagnde.htm

# 3 キューバの交通革命

## 自動車天国だった首都ハバナ

風車が回る有機農場を牛が耕し、車を捨てた市民が自転車で町中を駆け抜ける。エコロジストが理想像として頭に描く未来図は、だいたいこのような風景ではあるまいか。このイメージとまったく同じ光景がキューバでは現実のものとなっている。首都ハバナこそ、観光用のタクシーが走りまわっているものの、一歩地方都市や郊外へ踏み出すと、人々の移動手段となっているのは、無数の馬車や自転車である。「大量の非動力的な乗物の導入を通じて、その交通システムを動力化から切り離しているキューバの経過は、交通史上先例がない」。一九九四年の世界銀行のレポートは、この転換ぶりを驚きの目を持って報告している。(1)

だが、野菜食と同じようにかつては「自転車に乗る」という習慣もなかった。(2) ハバナ大学で教鞭をとるモーリセ・ハルペリン教授は、「一九六〇年代を振り返ってみましても、ただの一人も自転車に乗っている人を見かけたことがありませんでした」と語っているが、多くの市民は自転車を使ったことがなかったと言っている。(3) 他の先進国の都市とは異なり、ハバナでは地下鉄もなければ、市電網もない。結局、自動車が交通の主流とならざるをえず、一人当たりでは世界でも最も車が多い都市のひとつだった。車の邪魔になることから、政府は市内での自転車利用を禁止しようとしたことすらあったという。(2) 一九八九年に自転車の利用普及を推進するさる国際的な団体が調査を行った折にも、ハバナの都市計画プランナーは「自転車は国民から受け入れられていませんし、とくに普及のための政策は何も立てておりません」と返答している。

キューバでは一九六〇年にソ連製の自動車、ラダ・モスコビッチを輸入して以来、バスはハンガリーやチェコ製のものを利用してきた。一九六七年からは国産バス「ヒロン」の製造に着手したものの、ソ連製のトラックのエンジンを汎用したため燃費が悪く、結果としてハンガリー製のバスが最も広く使用されることになったのである。だが、このハンガリー製「イカロ」も快適性に欠けるうえに、排気ガス対策も十分ではなかった。市内は自動車が撒き散らす煙が蔓延し、市民の健康を害していた。(3) カストロの一九九〇年の次のような発言がそれを物語っている。「ハンガリー製のバスは、一ガロンの燃料で六キロメートル走る。それは都市を煙で充満させ、誰しもを毒する。我々はいくつかのデータを得られるだろう。ハンガリー製のバスによって殺された人々の数の統計を、だ！」(5)

シエンフエーゴス市内をゆく乗り合い馬車。観光馬車ではない。経済危機に伴う石油ショックで都市交通は一時的に麻痺。馬車や自転車が市民の足として登場した。エコロジストが理想像として頭に描く未来図がキューバでは現実のものとなっている。

ハバナ郊外のサンアントニオ・デ・ロス・バーニョスにて。ゴミの収集でも馬車が活躍。究極の脱石油文明の風景だ。

一ガロンで六キロとは、リットルに換算すると一・六キロである。トヨタの「プリウス」は一リットルで二八キロは走るのだから、いくらバスにしてもひどすぎる燃費である。

## 中国から一〇〇万台の自転車を緊急輸入

だが、このエネルギーがぶ飲みともいうべき交通システムも経済危機が直撃する。一九九〇年八月に政府は、エネルギー備蓄のための規制を発動し、国営部門へのガソリンの配給量を五〇パーセント、民間部門を三〇パーセント削減。[5] 自動車についても同様に、公共用のガソリンは五〇パーセント、民間の乗用車への配給量は三〇パーセントカットされることとなった。[4] 一九八八年の段階では、キューバの全エネルギー消費量の一二パーセントが交通や物流に振り向けられていたから、[5] この削減で各地で交通の麻痺が生じた。首都ハバナでは、スペア部品や燃料の不足で、バスの運行数は以前の一二〇〇台から、一九九三年五月には五〇〇台と半分以下になってしまうし、郊外ではさらに深刻で、一九九二年末で早くも、三年前の五分の一以下の路線しか走らなくなってしまう。[5]

大気汚染が改善され、スモッグがなくなるという一面のメリットはあったものの、マリア・ボルネスさん夫婦が学校へ通勤できなくなってしまったように、労働者は職場に行けず、学生も学校に通えないという事態が発生した。[4] そして、この交通危機への対応策として政府が選択したのが、自転車を交通の一要として位置づけることだったのである。[2] 一二〇万台の自転車を購入する契約を中国と直ちに結び、一

自動車から自転車へ。エコロジストたちの夢がキューバでは実現している。石油ショックでハバナの交通は麻痺。自転車が市民の足がわりになった。遠隔地にゆく人のための乗り合い改造バスも登場した。自宅から近くのバス停まで自転車で出かけ、自転車を抱えてバスに乗り込む。排気ガスが蔓延していた首都はいまクリーンになった。
（写真・日本電波ニュース社提供）

九九一年末までに五三万台を緊急確保。一九九一年五月一日のメーデーでは、市民啓発も兼ねてキューバ軍の兵士たちが自転車に乗り、パレードを行った。[(3)] 都市農業や自然医療と同じように、ここでも軍が大きな役割を演じたことがわかる。

自転車パレードは、サンフランシスコのエコロジストたちが中心となって始めたアースデーの恒例行事にもなっているから、キューバの自転車革命は、アメリカ人やカナダ人からも好感を持って評価されている。インターネット上で読めるレポートのいくつかを簡単に紹介してみよう。「今、キューバで最も目につくのは、いたるところにある自転車です。ハバナだけで八〇万台の自転車があります。ほとんどが中国から購入されたものですが、まもなく国産されるようになりますし、将来的にも主要な交通手段として期待されているのです」と、一九九二年にキューバを訪れたさるアメリカ人が報告すれば[6]、一九九五年にハバナを旅したシアトルの研究員も次のように語る。「自転車革命がキューバを席巻しているのです。数百万ものキューバ人が、いま、自分の力で旅をしています。何百マイルの車線、通路、道路が自転車用に整えられ、ハバナは今自転車に最も優しい都市となっています。車の台数は、四年前の三分の二に減り、自転車の数は四〇倍にもなりました。一〇〇万台の自転車が中国から輸入され、国全体では五つの自転車工場が完成しています[1]」

そして、一九九七年に自転車で旅したカナダのサイクリストはこう喜びの声をあげる。「一九九〇年代初めに、キューバは一〇〇万台を超す自転車を中国から輸入しました。また、何百万台もの国産自転車を作るため六つの工場を設立しました。通勤から物資の輸送にいたるまで、自転車はあらゆる場面で使われ、教師はそれに乗って学校に、医師は病院に、農民は畑に、そして、子どもたちは車がめったに通らない田舎道を二人乗りで走るのです。卵、ココナッツ、ピザや肉の配給も、みな自転車でなされている。どんな場所でも自転車が見受けられ、文化の一部にすらなっている。僕らと同じように市民や農家の人たちが、自転車に乗る姿を目にすることは本当に嬉しいことですね[7][8]」

## 工員や市民のアイデアで乗りやすく改良

キューバの交通革命は、どのように進展していったのか、少し詳しく経過を追ってみよう。経済危機以前には、ハバナ市全体でも自転車はわずか三万台しかなかった。[3] だが、最終的には中国からは一二〇万台以上、[5] 他国からのものも含めると一五〇万台が輸入され、[2] 新たに設立された六カ所の工場も五年間で五〇万台を生産し、[5] 国内商業省を通じて、[3] 学生には六〇ペソのクレジットで、労働者には一二〇ペソで販売された。[4] 一九九一年に設立されたハバナの自転車工場のナルシソ・エルナンデス工場長は、「自転車は今、ヤシの木のようにどんな場所にもありますよ」と自慢している。[3] すなわち、輸入と国産を合わせて、一九九一年から一九九七年までの六年間に二〇〇万台も増えたことになる。

ハバナでは、多くの交通標識がとり払われ、四〇キロメートルの道路が自転車専用車線として再整備され、自転車に乗る市民の安全を守るため、自動車の制限速度は引き下げられ、多くの職場で駐輪場が作られた。[4] だが、短期間でこれだけ急激な転換を行うことは容易ではなく、いくつかの問題を解決する必要があった。

最も大きかったのは、「十分な食べ物がない中で、自転車に乗れば、体力を使うし腹が減る」という不平の声だった。とりわけ中国製の自転車は「飛鳩」と名付けられていたが、その名とは裏腹に二二キログラムと重量級で、階段を持ち上げるのが大変だったし、変速ギアーも付いていなかったから、坂道や強い向かい風を受けて走るときにはよけいに力がいった。自転車工場では、どうすれば乗り安く改造できるかの改善策に取り組み、現場で働く従業員が、まず真っ先に改良点に気がつくよう全工員に自転車が通勤用として割り振られた。チェーンやブレーキは輸入品だが、フレームやハンドルは国産でも作

革命前にアメリカが持ち込んだ高級車は、修理に修理を重ねられ今も現役で走り続けている。石油不足の中で登場したトレーラーを組みあわせた「ラクダバス」や馬車も町中を走っている。

れる。中国製の頑丈なフレームを小さなものに置き換えることで、目方を七キログラムほど軽くした。[3] 交換部品も経済危機の中で不足し続けたが、一人ひとりが創意工夫で補い、ラックやチャイルド・シートなども一般市民が発明していった。[4]

交通事故の増加も問題となった。一九九一年のハバナの交通事故死亡者数は、一九九〇年時とほぼ同じく三〇三人だったが、自転車事故での死亡数が一六人から一二〇人まではね上がった。防護用のヘルメットも普及しない中で、バスしか乗った経験がなく、道路標識や交通法規にも慣れていない膨大な数の市民が自転車で町に繰り出したことによるやむをえない結果であった。[4] 自転車が導入されたばかりの頃は病院の救急治療室は怪我人で満杯だったという。[3] しかし、これも交通安全キャンペーンを強化することで解決されていく。[4]

窃盗も生じた。ハバナでは最初に五〇万台が配布された時点で、およそ〇・一パーセントの窃盗事件が発生したが、警察はこの程度の件数でも「容認しがたいほど多い」と憂慮し、ナンバープレートをつけたり、自転車を登録することで対処した。(4)

市民たちの自助努力に加えて、政府機関も自転車普及のための調査・研究や教育キャンペーンを実行したこともあって、自転車は主要な交通手段として次第に定着し、一九九三年には首都の全交通量の三〇パーセントを占めるまでにいたった。また、一九九四年と一九九五年に政府は中国から積荷用のオート三輪を六万台輸入し、それまでのトラックを半分に削減した。世界銀行の都市経済専門家は、こうした全国規模での自転車への転換で年間に五〇〇〇万ドル、トラックを削減することでさらに五億ドルの経費節減につながったと分析している。(4) そして、国家経済上の便益のみならず、メリットは市民たちの実生活の中でも感じられている。「自転車に乗ることでこれまで話すチャンスのなかったもの同士が知り合いとなり、友人になったりするチャンスも増えましたね」「私は自転車を楽しんでいる。経済危機がなければ決してこうした経験はしなかっただろう」「バスを待つよりも、自転車のほうが楽しいし、効率的で、より早く目的地に着ける」

このように多くの市民たちが語っている。雨天時や体調が悪いといった場合を除いて、市民が車やバスに乗る機会はめっきり減った。(4)

## 景気が回復しても自転車は捨てない

さて、経済危機の中で緊急的に導入された自転車ではあったが、その後経済が回復する中で、観光バスなど多くの車輌が輸入され、今大都市では再び自動車が走りはじめている。だが、政府は、経済と環境の両面から今も自転車重視の政策を捨て去ってはいない。一九九六年には政府内に「自転車委員会」が設置されたし、一九九七年一二月の国会でも「将来的にも、近くへ移動する際にはなるべく自転車を利用するよう呼びかけよう」との決議を行っている。二八項目からなる経済再生計画の中にも「自転車」は位置づけられ、今も年間一〇万台のペースで国内生産は続けられ、スペア部品や道路標識、ペンキの不足といった問題もある程度は解決されつつある。ラジオ、テレビ、新聞を通じた交通安全キャンペーンに加え、チューブやその他の部品を一層供給し、修理コストも削減し、駐輪場を増設。さらに都市での自転車利用を増やす計画が立てられている。(2)

自転車利用を促進する上では、排気ガス対策も不可欠である。(2) キューバの自動車の多くは革命以前からあった一九五〇年代のアメリカ車である。今もハバナ市内は往年のアメリカ車が修理を重ねられて、現役で走っている。まるで、生きた博物館のようなノスタルジックな光景だが、こうしたオールドカーは、先進国並の排ガス規制をクリアできない。政府は今後、新たな排ガス基準を設け、将来的には規制強化に乗り出す方針を打ち出している。(2) オールドカー・ファンには悲しいことだが、基準に合致しない車は、いずれ廃車にされてしまうだろう。

また、自転車利用が広まる中で現状にそぐわない計画上の問題点もいくつか修正された。当初は職場から一〇キロメートル圏に居住する人を対象に自転車が配給されたが、遠距離通勤への不満の声があがったため、五キロメートル通勤が優先されるようになった。また、ハバナ郊外に住むサラリーマンが大変だ(2)というで、大型バスの座席を取り払って改造した自転車専用の乗り合いバスも登場した。自宅から近くのバス停まで自転車で出かけ、自転車を抱えてバスに乗り込み、市内の近くの適当な場所で降りて、そこから職場まで通勤すればよい(9)。

ヨーロッパでは今、都市環境を守るため、人と車の関係を見直す動きが高まっている。市街地への車の乗り入れを禁止したり、電車の駅前に広い駐車場を作り、車から電車に乗り換える「パーク・アンド・ライド」方式が広く採用されつつある(10)。キューバ流「パーク・アンド・ライド」は、これをもっと徹底させたものだといえるだろう。

政府の自転車普及の新プログラムは、大卒や技術者といったインテリ階層をとくにターゲットに置いている。自動車を重視する伝統はいまだに根強く残っているし、高所得のインテリ層ほど、将来的にオートバイや車に乗る可能性が最も高い予備軍だからである。経済が発展し、選択肢が増えても、市民たちが持続可能な交通手段を選ぶように、政府はあの手この手を使って「自転車文化」を奨励している(2)。

最後にカストロ自身が自転車をどう思っているのか。その見解を載せておこう。「我々は自転車の時代に突入した。たとえ経済危機が終わったとしても、この素晴らしい習慣を見捨ててはならない。自転車はエネルギー、環境汚染、健康など多くの問題を解決する。自転車を持つことで我々の社会は、暮らしの質を改善することができるだろう。ハンガリー製のバスが真っ黒い排気ガスを吐き出し、ハバナの通りで市民を発作的に咳き込ませていた姿を見た人は、このことに同意するだろう(3)」

## 引用文献


(1)——— Stephen Zunes (1995) "Will Cuba Go Green?"
http://www.context.org/ICLIB/IC40/Signs.htm

(2)——— David Mozer (2001) "Cuba's Bicycle Policy, Cuba Maintains Bike Priority" International Bicycle Fund
http://www.ibike.org/cubapolicy.htm

(3)——— Christopher P. Baker (1997) "The bicycle recolution" *Cuba Handbook* p188

(4)——— Margot Pepper (1993) "Cuba's revolution in transportation" Green Left Weekly
http://jinx.sistm.unsw.edu.au/~greenlft/1993/88/88cenb.htm

(5)——— Serigio Diaz-Briquets and Jorge F. Perez-Lopez (1995) "The Special Period and The Environment"

(6)——— Virginia Warner Brodine (1992) "Green Cuba"
http://www.essential.org/monitor/hyper/issues/1992/11/mm1192_10.html

(7)——— Tooker Gomberg and Angela Bischoff (1997) "Cuba has lessons for Canada's Energy Minister"
http://www.greenspiration.org/Article/ChretienSentMinister.html

(8)——— Tooker Gomberg (1997) "Cuban cyclists were our fellow travellers"
http://www.greenspiration.org/Article/CubanCyclists.html

(9)——— 日本電波ニュース社の取材記録より聞き取り

(10)——— 日本経済新聞社編（1996）『都市は誰のためにあるのか』日本経済新聞社

# 4 原発から自然エネルギーへ

## 完成しなかった幻の原発

カストロは、エネルギー問題を解決するため原発の開発を進めていた。キューバでの原子力開発の歴史は古い。革命以前のバチスタ政権時代に既にアメリカは原発建設の援助を提案していた。だが、プランは革命後に国交が断絶したことで、一九六〇年に破談となり、以後長らく休止状態にあった。しかし、一九七六年に、シエンフエーゴス州のフラグアに核動力炉を建築する協定がソ連と結ばれ、建設は一九八三年にスタートする。(1) 一九九三年の春には稼働予定で、ほぼ九割まで完成にこぎつけていた。第一高炉が動き出せば一二〇万トンの石油に匹敵するエネルギーを生み出してくれる見込みだった。(2)

だが、設計から資金までソ連の援助が支えていたから、ソ連崩壊でこの原発プロジェクトは頓挫する。アントニオ・ブランコさんはこう述懐している。

「原発を頼みとすることは、癌患者に化学療法を施すようなものです。延命はできても大きなリスクが伴います。ですが、他に選択肢がなかったのです。石油がありませんし、アメリカに近いという地理的条件から、ミサイル危機のようなときに原発はエネルギー備蓄の手段になったからなのです。ところが、今建設は止まってしまいました。建設に欠かせない融資がなくなってしまったのです[3][10]」

サンティアゴ・デ・クーバにある、ソーラーエネルギー研究所のルベン・ラモス科学部長もこう語る。

「使わないに越したことはありませんが、経済封鎖の中でやむをえない選択だったのです。すべての情熱をかけてやってきたのですが、ソ連崩壊と封鎖の強化というダブルパンチを受けて駄目になってしまいました」

当時、原発建設には五〇〇〇人もの人々が従事していた。完成させるには、どうしてもあと一〇〜一五億ドルの資金調達が必要だった。だが、アメリカからすれば、原発は大きな脅威である。キューバが核を持つことになるし、チェルノブイリのような惨事が起これば、距離が近いだけに自国も打撃を受ける。フラグア原発はチェルノブイリ型とは異なる新型の加圧方式で、国際原子力機関の定期調査を受けることとなっていたが、アメリカは「安全性」の欠如を国際社会に喧伝し、ロシアをはじめ各国が援助をしないよう圧力をかけた[4]。カストロは多くの国々を走りまわったが、結局資金を獲得できなかった。一九九二年九月に建設中止が決定[1]。シエンフエーゴス湾からは、未完成のまま頓挫した原発を眺めることができる。

キューバは国内の九六パーセントの電化をなし遂げていたが、そのほとんど全てを輸入石油がまかなってきたから、経済危機は日本の石油ショックとは比較の対象にはならないほどの電力不足をもたらした。政府は全力をあげてエネルギー備蓄に取り組み、電気技師たちが全国の各家庭を訪れては、漏電をチェックしたり、電球を省エネ式のものに交換するなど、微に入り細に入り、省エネ指導に奔走した。[5]テレビの放映時間は短縮され、エアコンの使用も全面停止。街頭の点灯も制限され、各家庭で節電が呼びかけられた。[6]

しかし、一九九二年に経済が一層悪化すると、それまで民間が使用していた四〇〇万トンの石油使用量を二〇〇万トンまで半減せざるをえなくなったし、[7]七月からは新たな計画停電がスタートし、ハバナでは一日一〇時間の停電が続くようになる。[6]在日キューバ大使館のミゲル・バヨナさん（文化参事官）は当時のエピソードをこう語る。

「もちろん、電気は全部止まってしまいまして、夜は真っ暗でした。ですが、病院だけは煌々と明かりが灯っていました。乏しい資源をかき集めて市民の命を守ろうとしている。明かりはその象徴のように思えたのです。限られた資源と予算をどこに投資すれば国民が豊かになれるか。チェスの手を考えるように熟慮している。苦闘する政府を信頼する気になりましたね」

だが、状況はさらに悪化してゆく。一九九四年には年間三四四日とほぼ毎日停電が続いたし、医療研究所やクリニックも停電が続くようになり、ある総合診療所の院長は、「日が暮れてからは、ほとんど治療ができない」と嘆いた[8]。人々は蝋燭や灯油に頼るしかなく、火傷も起こった[9]。もちろん、原発に頼ることもできない。キューバはこのエネルギー危機をどうやって切り抜けたのだろうか。

## 自然エネルギーへの方向転換

「この緊急事態が、従来のエネルギー政策を抜本的に見直すことにつながったんです」。ソーラーエネルギー研究所のルベン科学部長はこう主張する。「キューバには多くの研究者がいます。危機は彼らが活躍できるチャンスでもあるのです。地道な研究成果をいかに未来に向け応用できるかが大切なんです。そして、自然エネルギーは自然を壊さず人間にメリットをもたらすことができます」

エネルギー危機の中で、カストロ政権が選択したのは、輸入に頼らず、地域で利用可能なバイオマス、水力、ソーラー、風力といった自然エネルギーの開発だった。

最大の再生エネルギー源として重視されているのはバイオマスで、サトウキビが中心をなす。国内の一五五の製糖工場の多くはバガスで稼働。国内のエネルギー需要量の三〇パーセント、石油換算で四〇〇万トン近くをまかなっている。

砂糖省が新たに創設した発電企業ビオエネルヒコのヒルベルト・フォント所長はこう語る。

「一五五の工場は全体で八〇〇メガワットの発電容量を持っています。政府はバイオ発電を重視しています。発電効率をアップさせることで、砂糖産業は輸入石油の代替となり、エネルギー自給に大いに貢献するでしょう」[13]

サトウキビの利用は、火力発電だけにとどまらない。精練過程で年間に三〇〇万トン生み出される副産物「カチャザ」。研究者たちは、これをメタンガスに転換させるバイオガス醗酵機の開発にも取り組んでいる。一九九六年に製糖工場内に建てられたあるバイオガスプラントは、メタンガスで四〇〇人の従業員の調理用燃料を完全にまかなっている。[12] また、サトウキビからはアルコールも抽出できるし、微生物を利用して、砂糖精製に必要なエネルギー消費を半分以上も削減できる酵素の研究も進められている。[1]

二番目に重要な自然エネルギー源は、水力である。キューバは、大河川はないが小規模水力発電に適した小河川が数多くある。[12]

一九九三年にカストロは、「緊急に優先すべきことは、ミニ水力発電所を作ることだ。いま、こうした発電所が毎年三〇ずつ作られている」と水力発電所建設を奨励した。[15]

現在、二二〇を超す小規模水力発電所が、年間に八〇ギガワット時のエネルギーを生み出し、さらに二五〇が建設中である。受益者は三万人だが、うち二万五〇〇〇人は送電線が引けない山岳集落の住民である。[7] 例えば、サンティアゴ・デ・クーバ郊外の山村にはピーク出力で三〇キロワットの小規模水力発電所があり、五六世帯二五〇人が電気の恩恵を受けている。[12] 一九九八年にはカマグエイに適正技術総合センターが設立され、水力エネルギーに関する新たな適正技術開発に取り組んでいる。[16]

風力エネルギーの開発も盛んである。キューバは、風にも恵まれ、とりわけ海岸地域では、一〇～一八m/hの速度で規則的な風が吹く。[1] かつて牧場の揚水用に利用され、その後の電化やディーゼル発電機の普及の中で一度は見捨てられていた風車が、再び見直されている。九〇〇〇台以上の風車が揚水用に稼働中で、[7] 一キロワット以下の小規模の風力発電所も数多くある。[12] 一九九一年からは「国家エネルギー委員会」が、風力発電、風力揚水の可能性を検討。翌一九九二年からは、大規模風力発電所の導入に向け一七地区でモニタリング調査が行われた。[12] カタロニアなど海外の風力発電メーカーとの技術交流も進んでいるし、スペイン、ドイツ、デンマークなどのNGOの援助を受け、一九九九年にはグランマ州に四〇キロワットの二基の風力発電が完成。シエゴ・デ・アビラ州の北海岸のツリグアノ島でも二基の風車が四五〇キロワット/時の電力を生み出している。[12][23]

## ソーラーで動く山村の診療所

だが、自然エネルギーの中でも最もいま注目を浴び、普及しているのは、ソーラーエネルギーであろう。熱帯キューバにはさんさんと日光が降りそそぐ。日射量は年間を通じて平方メートル当たり五キロワット時を超え、[12] 国土全体が受け取る太陽エネルギーは、毎年二〇〇億トンの石油に相当するといわれる。

国土の電化は九六パーセントまで進んだとはいえ、残りの四パーセント、一六万世帯は電力供給を受けていなかった。[11] 例えば、ファミリードクターの診療所の七〇〇は未送電の集落にあり、うち三〇〇は

ラ・マグダレナ村。キューバ東部のシエラマエストラ山塊は、カストロらがこもってゲリラ戦を展開した革命の拠点。こうした僻村も自然エネルギーで電化が進む。全戸の屋根にソーラーパネルが載っている様は壮観だ。村人の家からは、真っ昼間からがんがんにサルサの音楽が流れていた。

ラ・マグダレナ村の診療所。村の人口は600人弱。どんな僻地にも医師と看護婦を置き無医村をなくす。これがキューバの医療政策の方針である。屋上に取り付けられたソーラーパネルで夜間診察やワクチンの冷蔵保存を行えるようになり、村人たちは離れた町まで通院する必要がなくなった。

まったく電気がない。[12] こうしたクリニックに電気を提供するため、ソーラーパネルの導入が一九八七年からはじまった。

モデル地区といわれるサンティアゴ・デ・クーバ市内から車で二時間半以上かかるラ・マグダレナ村を訪れてみた。集落の中心には、学校と診療所がある。

ファミリードクターのアニエルカ・アントン医師はこう語る。

「この村には一三六世帯、四五四人の住民がいます。電気が来たのは三年前で、電気が来るまでは医師がおらず、二〇キロはなれたところにある診療所に通っていました」

アニエルカ医師がスイッチをひねると、見事に部屋が明るくなり、ベットの脇のランプにも明かりが灯った。

「太陽電池のパネルはいつも雑巾で磨いています。冷蔵庫の中には薬、注射用のワクチン、氷が入っています。病院ができて、皆安心してくれています」

集落の農家の屋根にすべてパネルが載っているさまは、感動的である。

「電気は誇りに思っています。以前は冷蔵庫も持てませんでしたが、学校や病院も電化され、安心して暮らせます。今日は天気が悪いのですが、天気がよければ、夜中までテレビが見られるのも嬉しいことです」

そう笑みを浮かべる農民ベニート・エルナンデスさんの家では、真っ昼間からがんがんにサルサの音楽が流れていた。

## 山村の二〇〇〇校をソーラーパネルで電化に成功

ソーラーエネルギー研究所のルベン・ラモス科学部長はこう語る。

「三〇〇〇の小学校は山村地域にあります。以前の電化プランは経済危機で駄目になりましたが、電気がないことで山の上の子どもたちの学力が遅れることは良くありません。そこでソーラーを使用することにしたんです。二〇〇〇校についてはほぼ電化を達成しました。テレビもパソコンもあるのです」

二〇〇〇年、電気がない小学校を電化させるプロジェクトがスタートし、わずか一年の間に一九九四の小学校にソーラーパネルが設置された。うち、二一校は生徒がたった一人しかいない山村の分校である。[17]

学校に設置されるソーラーシステムは、一六五ワットの太陽電池、二〇アンペアのコントローラー、二五〇ワットのインバーター、二二〇アンペア時・六ボルトのバッテリーからなるシンプルなものだ。だが、これでも一五ワットの電灯、七〇ワットのテレビ、二〇ワットのビデオを動かせる。テレビやビデオを使うと一日五時間だが、使わなければ八時間は動く。[17]

システムの導入にあたっては、NPOキューバ・ソーラーと太陽電池企業エコソルが奔走した。キューバ・ソーラーとは、科学者、技術者、プランナーからなり、風力、水力、バイオマスエネルギーなど様々な自然エネルギー技術の開発、教育、導入プロジェクトを実施しているＮＰＯである。彼らやエコソルのメンバーと大学教授、学生、教師、ボランティアからなる二五のチームが編成され、農村に出かけてはシステムを導入し、教師や地区住民にメンテナンスの方法や動かし方を訓練した。各学校を、三カ月ごとにメンテナンスのために訪問し、エコソルは、それぞれの地域毎に修理のための小さな店も設置した。こうした実績は国際的にも評価され、二〇〇一年の六月に、国連環境計画（ＵＮＥＰ）の「グローバル五〇〇」をキューバ・ソーラーは受賞している。(17)

だが、キューバは、二〇〇二年からは次なるステップへと歩みだす。それぞれの学校にもう一つのパネルを設置し、全校にコンピュータも導入しようというのである。カストロはいう。

「コンピュータがない学校はただの一つもなきようにしよう。全部の小学校、中学校、大学にはコンピュータのラボラトリーがあるのだ(18)」

現在、ソーラーパネルシステムは、学校以外にも三二〇のファミリードクターの診療所、四カ所の病院、一〇〇カ所の社会交流センターなど、全部で二四〇〇以上も設置されている。(17)

## 太陽は経済封鎖できない

キューバのソーラー技術は、ソ連の人工衛星用に使われた太陽電池の技術が導入され、一九八四年にピナール・デル・リオ州に太陽電池工場が設立されたことに始まる。工場の機材はスペインの企業のものだったが、技術の一部にアメリカのものがあり、アメリカの封鎖の影響で十分に機材が使えず、またソ連から廉価な石油が輸入されてきたこともあり、しばらく工場は中断していた。

だが、経済危機の中で一九九五年の七月から工場が再び動き始めた。ピナール・デル・リオ州のサンタ・テレサ鉱山からは純度九九パーセントの石英砂が採れる。これとサトウキビから抽出したハロゲン化合物でシリコン結晶は作れる。工場ではいま、六〇〇人が働く。

セルはいまだにドイツ、イタリアなどから輸入されているが、国産の充電コントローラーとインバーターは、ソーラーエネルギー研究所が開発した。[19]なぜ、キューバはここまで自国製造にこだわるのだろうか。「ソーラーセルの技術と市場は、石油系の多国籍企業によって独占されている。これがソーラーエネルギーを進展させる上で深刻な障害となっている」というのが、キューバがこだわる理由である。[20]

輸入される発電パネル用のセルは、非常に高い。キューバ・ソーラーのルイス・ベリス代表はいう。

「現在、パネルの値段はアメリカの大企業が決めています。パネルは六〇から八〇ワットですが、ワット当たりの購入価格は、約四・五ドルもします。もちろん、一度導入さえしてしまえば、経済的なのですが[21]」

「石油、石炭、原子力、こうした従来のエネルギーは、武器なのです。大昔から、世界中の戦争の主な原因はエネルギーでした。エネルギーを制するものが世界を制しました。それは、キューバ革命に対しても使われました。キューバに対してアメリカが取った最初の処置は、石油を供給しないというものだったんです。

これまでのエネルギーは、力ある者、金持ちを益し、貧しき者をより貧しく、借金を背負わせてより隷属させました。再生可能なオルターナティブエネルギー、それはソーラーなのですが、ソーラーは、資本主義と帝国主義に対する武器なのです。

日光は誰のためにも降りそそぎます。中国人、黒人、インディアン、白人、老若男女、貧しき人、そして金持ちのためにも光り輝くほど気前がよいのです。太陽は封鎖することも、支配することも、破壊することもできません。太陽エネルギーは、人民のための武器なのです。人間が必要とする真の経済発展を生み出すことができる唯一のものなのです[20]」

## 持続可能な開発の実験場

こうした転換はどのような目で外国から見られているのであろうか。インターネット上で拾えるメッセージを抜粋してみよう。

「私は、ソーラーエネルギーの技術者として、キューバに教えようと思ってやってきたのですが、それは誤りでした。キューバの人たちは、私がこれまでに想像したどのレベルよりも、はるかに進展していたのです[12]」

「停電と食料、材料、コンピュータ、資金の不足にもかかわらず、キューバの進展ぶりは驚きでした。

再生可能なエネルギー関係の書物を持ってきたのですが、むしろキューバの人々から多くのものを学びました[7]」

「持続可能な発展は、経済よりも政治的な問題です。国が本気になればGNPの多寡にかかわらず暮らしの質を向上させられるのです。再生可能エネルギーの分野でキューバが達成した成果が、それを証明しています[7]」

「エコロジスト、そして途上国の人々のすべての目は、キューバへと向けられなければなりません。実際に、キューバには、あらゆる途上国にとって、そして、すべてのエコロジストにとって夢となる状況があります。住民は、バイオガス、風力発電、ソーラーの実践的な知識を持っています。キューバは、エコロジカルで持続可能な発展が現実にありうるという実証例になっているのです[11]」

発展途上国でのソーラーエネルギー利用を促進するドイツのNGO「エコ・ソーラー」もキューバに最も援助の力を入れているが、『ソーラー地球経済』(岩波書店)という著書があるヘルマン・シェーア代表も、その理由をこう述べる。

「キューバは、自然科学と技術面で発展途上国の中では最高の教育水準にある国です。素晴らしい人材を備えています。多くの日光がありますし、そしてキューバ人たちは、どの国の人よりも、他国のエネルギー源に依存することが、一体何を招くのかを理解しています[1]」

キューバ人一人当たりのエネルギー消費量は先進諸国の三〇分の一以下だが、さらにそれを自然エネルギーでまかなおうとしている。[24] カストロは次のような挑発的な発言もしている。

「我々は航空工学も、石油化学も研究しない。そのような研究は我々にとっては意味がない。我々は石油消費の削減につながる研究、輸入資源の代替となる研究、我々が生き残り、健康を保ち、食料を増産し、我が国民と経済に恩恵ある研究だけを行うのだ[22]」

二酸化炭素の排出規制をめぐってブッシュ政権の身勝手な発言を苦々しく思うヨーロッパをはじめとして、世界でカストロがいまだにたいした人気を持つ理由もわかるような気がするではないか。

(16)——Maryam Henein (1997) "Cuba- On the cutting edge of renewing energy" Discovery Science News
http://exn.ca/Stories/1997/02/20/04.asp

(17)——Laurie Stone (2002) "Revolutionary Education - PV Powered" Solar Energy International
http://www.globalexchange.org/campaigns/cuba/sustainable/solar012002.html

(18)——Lilliam Riera (2001) "Computers for school children in rural mountain areas"
http://www.globalexchange.org/campaigns/cuba/sustainable/granma070601.html

(19)——Granma International (2001) "One step closer to the sun"
http://www.globalexchange.org/campaigns/cuba/sustainable/granma090501.html

(20)——Laurie Stone (1998) "PV-Powered Revolutionary Health Care" Home Power magazine August/September
http://www.globalexchange.org/campaigns/cuba/sustainable/CubaHealthCare.html

(21)——Lilliam Riera (1999) "The sun can't be blockaded" Green Left Weekly
http://jinx.sistm.unsw.edu.au/~greenlft/1999/383/383p22.htm

(22)——Tomas Borge(1993) *Face to Face with Fidel Castro*, Ocean Press

(23)——PowerMarketers. com. (2001) "Development-Cuba: Renewable Energy to Light up the Countryside" Green Left Weekly
http://www.cubanet.org/CNews/y01/jun01/19e4.htm

(24)——Tooker Gomberg and Angela Bischoff (1997) "Cuba has lessons for Canada's Energy Minister"
http://www.greenspiration.org/Article/ChretienSentMinister.html

## 引用文献


(1)——— Maria Lopez Vigil (1998) "Twenty Issues for a green agenda：Ethics and the Culture of Development Conference"
http://www.afsc.org/cuba/grnagnde.htm

(2)——— 新藤通弘（2000）『現代キューバ経済史』大村書店 p231

(3)——— Juan Antonio Blanco and Medea Benjamin (1994) *Cuba talking about Revolution*, Ocean Press

(4)——— 伊高浩昭（1999）『キューバ変貌』三省堂 p165

(5)——— 伊高浩昭（1999）『キューバ変貌』三省堂 p279

(6)——— 新藤通弘（2000）『現代キューバ経済史』大村書店 p229

(7)——— Laurie Stone (1998) "The 'Sol' of Cuba"
http://www.solarenergy.org/cuba.html

(8)——— Kathleen Barrett "The Collapse of the Soviet Union and the Eastern Bloc: Effects on Cuban Health Care" May 1993
http://sfswww.georgetown.edu/sfs/programs/clas/Caribe/bp2.htm

(9)——— Richard Garfield, DrPH, RN and Sarah Santana "The Impact of the Economic Crisis and the US Embargo on Health in Cuba" American Journal of Public Health, January 1997
http://www.usaengage.org/news/9701ajph.html

(10)——— Virginia Warner Brodine (1992) "Environment Green Cuba"
http://www.essential.org/monitor/hyper/issues/1992/11/mm1192_10.html

(11)——— Jorge Santamarina (1992) "Cuba's renewable energy development"
http://www.antenna.nl/wise/383/cuba.html

(12)——— Roger Lippman et al. (1977) "Renewable Energy Development in Cuba: Sustainability Responds to Economic Crisis" April 1997
http://tlent.home.igc.org/renewable energy in cuba.html
Laurie Stone (1998) "The 'Sol' of Cuba"
http://www.solarenergy.org/cuba.html

(13)——— Planet Ark (2000) "Cuba seeks foreign investors for biomass power ventures"
http://www.planetark.org/dailynewsstory.cfm?newsid=8851

(14)——— Earth Summit Watch (1996) "Creating and Implementing a National Agenda 21"
http://earthsummitwatch.org/4in94/cuba.html

(15)——— Simon Brown (2002) "El Centro Integrado de Technologia Appropriada (CITA)"
http://www.cosg.supanet.com/cita.html

# 5 経済危機を逆手に取った環境教育

## ラブレターを書くために――識字運動の展開

子どもたちが学ぶことができること。それは基本的な人権である。国連は「国際的な人権合意」に「教育の権利」を掲げ、一九九八年に各国が無料の初等教育を提供することを要請した。この「子どもの教育権利条約」には世界中の国々が署名した。ただし、二カ国だけ署名しなかった国がある。ソマリアとアメリカである。

だが、理想と現実の乖離は大きい。ユニセフによれば、現在、八億五〇〇〇万人が非識字者で、かつその数は増大し続けているし、一億三〇〇〇万人以上の子どもたちが、暮らしのために働かなければならず、学校には通えない。

だが、多くの発展途上国とは異なり、キューバには、ただの一人もこうした悲惨な子どもはいない。

国連が定めた基礎的な教育水準を軽くクリアし、先進諸国に匹敵するか、むしろ上回る教育が行われている。教育を受ける権利は基本的人権として憲法上にも位置づけられ、幼稚園から博士課程にいたるまで教育は無料である。[1] どんな山奥の僻村にも学校があるし、無料の寄宿舎に入って学ぶことができる。世界中を見渡しても、これほど充実した教育制度を備えた国は数少ない。それは医療と並ぶカストロの革命の実績だった。

かつては学校に通えるのは、中産階級や上級階級の子弟だけで、国民の四割が読み書きができないほどキューバの教育環境は劣悪だった。農村と都市との格差も大きく、山岳地域の多い東部地域では非識字者率は五割に及んだ。人種差別もあからさまで、奴隷として連れてこられたアフリカ人は読み書きを学ぶ機会すら与えられなかった。アメリカの資本家でさえ、この嘆かわしい状況をさすがに憂え、一九五一年に出されたレポートはこう論じている。

「農村地域は、あらゆる点で都市部よりも劣悪である。ほとんどの学校には、教室が一つしかなく、ただ一人の教師が全学年を教えなければならない。授業の内容も農村の暮らしにはまったく適していない[1]」

状況はその後も一向に改善されず、世界銀行の統計によると革命直前の一九五八年でも半数以下の子どもしか通学できていない。農村の七割には学校がなく、一万人の教師が失業していた。教育が不十分であれば人材も育たない。一九五二年では全労働力のうち技術者や専門家はわずか四・四パーセントを占めるにすぎなかった(1)。

カストロは革命後の一九五九年に直ちに「教育改革法」を制定。すぐさま教育改革に乗り出し、一九六〇年の一二月から「識字運動」を展開する。「もし、知っているなら教えよう。もし、知らないならば学ぼう」のスローガンの下に、一万人もの失業教師や志願した三〇万人もの学生たちをインストラクターとして大動員した(2)。一三や一四歳の子どもたちですら、カンテラと手帳を片手に長距離列車に乗り込み、全国各地の農山村へ足を運んだ。この運動により、七一万人もの人々が読み書きを学び、非識字者率は二五パーセントから四パーセントへと一挙に下がる(1)。

ちなみに、識字運動でうたわれた「めざめ」というキャンペーン歌にはこんな歌詞がついている。

「今では私は何でも言える。とうとう書くことを覚えたんだから。あなたが好きだ。あなたが好きだと言えるんだ。あなたの名前と私の名前を二つ並べて書けるんだ。以前は目の中にあなたの心を察して読むしかなかったけれども、今ではあなたの手紙が読めるんだ。さあ、読み書きをならって、愛の言葉を書きましょう(3)」

ラブレターを書くために文字を学ぼうとは、いかにも情熱の国、キューバらしい。熱狂的なムードの中で、何千人もの都市の若者が農村の住民と交流し、人種差別意識の排除や男女平等など、カストロが掲げる「革命」の理想を共有しあった。この識字運動が行われたのは四〇年以上も前のことだが、今も多くの発展途上国のモデルとして推奨されている。例えば、ベネズエラではキューバをモデルに、よう

やく一九九七年から識字キャンペーンを始めている。(1)

## 障害者教育から生涯学習まで、恵まれた教育環境

現在の識字率はほぼ一〇〇パーセント。人口は一一〇〇万人だが、五〇万人以上が大卒である。(4) ある観光ガイドさんが、歴史から地質、生物学にいたるまであまりに博識なのでその理由を尋ねてみると、「外国の方にちゃんとお国を紹介できるように大学の観光学部を出たんです」という答えが返ってきた。田舎の普通の農家と話していても化学の専門用語がどんどん出てきて面くらう。多くの人々が豊富な知識を持ち、日常会話の中でも古典文学や歴史からの引用語句がしばしば飛び出すほど、人々の知的水準はすべからく高い。それも以下の充実した教育インフラと教師陣を見れば納得がいく。

直接比較することは難しいが、日本以上に教育制度は多様で充実しているともいえる。

男女平等が進んだキューバでは働く女性が困らないように、六カ月から幼稚園入学までの子どもは、全国に一〇〇〇以上もあるデイケアセンターが預かり、遊びや勉強だけでなく、食事から医療まで無料サービスを提供している。(1)

幼稚園・小学校（五〜一一歳）と中学校（一二〜一四歳）は義務教育でそれ以降は義務ではないが、高校レベルでは普通高校、教員養成校、技術専門校の三コースを選ぶことができる。技術専門校では、実社会で働くために必要なスキルが教えられ、農場、研究所、観光センターなどで実習をこなす中で、

## 表5　キューバの学校施設数の推移

| | 1959年 | 1995年 |
|---|---|---|
| デイケアセンター | 0 | 1,102 |
| 都市部の小学校 | 7,567 | 8,908 |
| 農村部の小学校 | 0 | 6,495 |
| 中学校 | 6 | 1,690 |
| 大学予備校（高校） | 21 | 244 |
| 技術専門校 | 40 | 604 |
| 特殊学校 | 15 | 441 |
| 高等教育機関 | 3 | 47 |
| その他 | 0 | 292 |

出典：UNDP An IFCO/Pastors for Peace Report (1997) "Education in Cuba"

## 表6　1999年の教育指標

住民42人当たりに1人の教員

教師及び教授数　220,000人

6～11歳の子供の99.6%が進学

12～14歳の子供の97.3%が進学

発展途上国を中心に119カ国、37,000人の外国人がキューバの学校を卒業

出典：同上

生徒たちは自分の適性を見出していく。[2]

芸術、音楽やスポーツなど自分の興味や能力に応じて、長所を伸ばせる仕組みが整えられている。キューバは様々な分野で優れた技術者を備えているが、これはこの中等レベルでの優れた教育の成果だといわれる。[1]

大学やその他の高等教育機関も居住地にかかわらず学べるように、ハバナ大学を筆頭に各州ごとに五〇もある。資本主義国ではある程度豊かでないと上の学校へ進学できないが、キューバでは医学校を含めてすべて無料だから、求められるのは能力と適性だけである。優秀な学生が海外へ留学し、その後は母国に戻らないという「頭脳流出」はキューバでは起こらない。

さらに成人教育や生涯学習も充実している。社会人や退職者の自己啓発向けに、外国語、自然科学、コンピュータ、芸術、ダンス、バレーなど、七〇ものコースが設けられているが、いずれも無料である。[1]

また、特筆すべきは障害者教育であろう。視聴覚や運動、精神面でのハンディを持った子どもたちは、幼児期から専門家による特別の教育を受ける。特殊学校も充実しているが、可能なかぎり普通校へ入学し、一般学生とも区別されない。彼らが、将来社会の構成員としてちゃんと活躍できるような社会システムが整えられているのである。先進国と比較しても障害者教育の充実ぶりは遜色はなく、数多くの国際会議の主催国ともなっている。[1]

だが、医療と同じく経済危機が直撃すると、この優れた教育システムも大打撃を受けてしまう。一九八九年に一六億六四〇〇万ペソあった教育予算は、一九九八年には九億六四〇〇万ペソと六割にまで落ち込み、人口増を勘案すると一人当たりの教育費は一五二ペソから八七ペソまで半減した。予算減だけではない。封鎖の影響で、紙、鉛筆、ペン、本、チョークといった教育資材も輸入できなければ、靴や制服用の原料もなく、校舎が傷んでも建設資材やペンキの不足で修理もままならない。加えて、栄養たっぷりの給食をタダで提供することも自慢の種だったのだが、学校給食も機能できなくなっていく。(1)

キューバはこの危機をどのようにして乗り越えたのだろうか。

## 経済危機を逆手に環境教育へシフト

教育省を訪ね、レイナルド・ルイス専門官にその理由を聞いてみた。

「ソ連崩壊後は大変でした。鉛筆やノートも何もかもが足りませんでしたが、ただ一つの学校も閉鎖しないことを目標に政府が奮闘したのです。教育と医療は最優先され、制服も中国から材料を輸入して、以前の値段のままにとどめました。そして、食料が不足する中でも子どもたちが飢えないように教育省が農業生産グループを組織し、学校で農業生産を始めたのです。また、輸入できない石油を補うため、バイオガス、風力、ソーラーなど自然エネルギーの利用も進めました」

カストロは、たとえ本がなくなっても一つの学校すら閉鎖せず、一九九四年以降も新たに一〇〇もの小学校を開校するなど教育サービスが低下しないよう努めた。教師たちも教科書や紙、鉛筆が不足する

教育省のレイナルド・ルイス専門官が手にしているのは、省エネルギー電球が、電気を浪費するアイロンをノックアウトしている模型。キューバの授業は、こうした模型を作ったり、自然エネルギーの絵を描いたり、自然を守る歌を作るなどユニークだ。環境問題への関心を高めることが目的だが、美術、音楽、国語などを総合的に組み合わせ、子どもたちの創造性を伸ばすことも忘れない。

中で、創造力を働かせ、子どもたちに学用品を共有させることでモノの大切さを学ばせたり、協力しあうことを教えるといった授業を展開し、教育の質を維持した。(1)

ギャラップ機関が実施した学校についての調査によると、七二パーセントが「大いに満足している」と答え、「少し、あるいは満足しない」の八パーセントを大きくうわまわっている。教育や医療といった公共サービスをなんとか維持しようとする政府の努力は国民側にもちゃんと伝わり、経済事情が最悪な中でもカストロの人気を維持することにつながった。(5) そして、カストロ政権は、むしろこの苦境を逆手にとり、教育科目に有機農業や自然エネルギーを導入することで、さらに充実した環境教育を展開していく。

キューバでは一九六一年から、農作業を通じて働くことの大切さを学ぶというユニークな農業教育を展開してきた。このルーツもホセ・マルティにある。マルティは「男も女も大地の知識を養われなければならない。書物を通じて間接的に学ぶことは不毛であり、自然からの直接的な学びのほうが実りが多い。朝にペンを持たば、午後には耕せ」と主張していた。[1][6]革命後のキューバの教育は、このマルティの理念を継承したから、ほとんどの小学校には「学校菜園」が設けられ、中学生も農村で一月近く農作業を行うなど、農業に身近に接してきた。そして、この基本方針は揺るがなかったが、内容に環境教育を大きく盛り込んだ。

例えば、小学校四年生以下の子どもたちは、「私たちが生きている世界」という科目の中で地球環境や森林保全の大切さを教えられるし、高学年ではエコロジー、有機農業、環境保護についても学ぶ。国語の授業の中でも農業や環境をテーマにした本を題材として取り上げ、スペイン語とあわせて知識を増やす。さらに、黙って先生の話を聞くだけでなく、子どもたちが興味を抱くテーマごとに「シルクロ・デ・インテレス」という自発的に学ぶクラブ活動の時間も週二日、二～四時間もうけられた。

教育省のヘスス・ロドリゲス指導官は、キューバの環境教育は、経済危機や地球サミット以降に盛んになったと言う。

「リオの地球サミットは、教育にも大きな影響を与えました。森林を守る、川をきれいにする、エネルギー消費を少なくするといったことを教えるようになったのです。小学校の四年生から中学の三年生までは子どもたち皆が参加する『ピオネロス・エスプロラドーレス』という制度があります。三日間くらい農村にでかけてキャンプをし、樹木の種類や自然の仕組み、どうやって火をおこすかといったことを先生が教えるのです。もちろん、近くに森林や公園、河川がある学校ならば、クラブを作って、植林や河原のゴミ掃除といった環境保護活動をするのです」

だが、環境教育そのものが始まったのは、それよりもかなり早く一九八〇年代からである。

レイナルド・ルイス専門官が補足説明をしてくれる。

「フィデルが一九八一年のエネルギー問題の会議の中で環境について強く訴え、その後、フィデルと教育省とが話し合い、子どもたちに環境をどう教えるかのプランづくりが始まったのです。地球サミットではアジェンダ21が提唱されましたが、キューバはサミットのはるか以前から環境教育に取り組んでいたんです」

自然教育の一環としてのキャンプ体験も一九八〇年代には一般に普及する。例えば、ユネスコの「人間とバイオスフィアー」プログラムと関係し、シエラ・デル・ロサリオには野外センターが作られた。もともとは山岳地域の熱帯雨林を学術的に研究する拠点だったが、地域住民やロサリオ山地の子どもたち向けの環境学習のフィールドとしたのである。(7)

環境教育について若干補足しておくと、環境教育に対する最初の専門会議はユーゴスラビアで一九七四年に開催され、その結果が「ベオグラード憲章」としてまとめられた。二年後には政府の代表者が集まり「トビリシ勧告」が提言され、同勧告やアジェンダ21の動きを受け、環境教育が「持続可能性のための教育」と定義づけられたのは、ようやく一九九七年のギリシアでの「テサロニキ宣言」においてなのである。

日本での環境教育は地球サミット以降にスタートし、旧文部省（現文部科学省）が一九九二年に環境教育指導資料を提出、環境教育が総合学習の中に取り入れられるのは一九九八年一二月の新学習指導要領においてである。このことひとつとっても、カストロのリーダーシップがどれほど先見の明があるものかがわかるだろう。

ちなみに、一九九二年、リオの地球サミットで持続可能な開発の実践において「Aプラス」の評価を受け取った国は世界で二つしかなく、うち一つはキューバだったし、[8] サミットの結論をどの国よりも大まじめに受け取ったのもキューバだった。[7] 一九九二年にキューバは憲法を改正し、その第二七条に地球サミットでの規定を以下のように盛り込んだ。

「国家は、環境と自然資源を保護する。国家は、人民の暮らしをより合理的にし、現世代と次世代の生存と幸福と安全を保障するためには、環境と資源が、持続可能な経済・社会開発と密接な関わりがあることを認識する。この政策を実施することは当該機関の責務であり、水、大気、土壌、動植物、そしてあらゆる自然保護に献身することは、人民の責務でもある[7][9]」

一九九七年には「国家環境戦略」が策定され、生物多様性の確保や環境教育のみならず、農業、医療、エネルギー、水資源管理、都市計画、人口、交通と国家政策のことごとくに環境政策が組み込まれ、法

的にあらゆる全機関が、環境問題に配慮することとなったのである。(7)

## 子どもの創造性を引きだす環境クラブ

いくつか事例を紹介しよう。ポゴロティの首都公園プロジェクト地区内にあるエルナモス・モンタルボ小学校では、プロジェクトと連携した植林活動を授業に取り入れている。ルイス・ディアス校長はこう語る。

「本校には三二三人の生徒がいますが、首都公園地区内にありますので、一九九九年から子どもたちに木を植えさせています。キューバの教育のユニークな点は、学習と労働とを結びつけていることなのです」

ルイス校長によると、環境クラブに所属している生徒は六割ほどだが、どの子どもも責任感が強く、花を摘んだりする子どもを見かけると「大切にしなければ駄目じゃないか」と注意するなど他の子どもたちにもよい影響を与えているという。

環境クラブでは、低学年から高学年まで生徒たちが一緒になって、どう自然を守るのかを自由に議論する。リディア・フェレーレさんの案内で、教室に入ると一七人の子どもたちがちょうど授業を受けていた。青いリボンの子どもが低学年で、赤いリボンの子どもは四年生以上の高学年である。

「自然を守るにはどうすればいいと思う?」とグロリア・アロンソ先生が尋ねる。黙っていっせいに手があがる。

先生は、手をあげた一人の子どもの目をじっと見つめて発言を促す。

「コミュニティのみんなで木を植えたらどうかなと思います」

一人の子の発言が終わると、また、黙ってさっと手があがる。

「ゴミを捨てないように、みんなを注意します」

「木を植えるようにコミュニティの人たちに説明をします」

「新しい木を植えれば、その分、空気がきれいになるよ」

「一五本の木を植えれば一トンの紙の材料ができるわ」

子どもたちの発言を満足げに見ていたリディアさんが質問する。

「ねえ、みんな一本の木がなくなったら、代わりに何本植えなければいけないと思う？　わかる？　そう最低五本は必要なのよ。みんなは何でこのクラブに入っているの」

子どもたちが次々と答える。

「自然を守ったり、それが大切だということを他の人にも伝えられるからです」

「コミュニティのみんなの役に立てるから」

「木を植えられるし、それを暮らしに役立てられます」

「果物がとれたり、材木にもなるし、空気もきれいになる。木は人が生きるのに必要なんです」

どの子もちゃんと自分の意見を持っている。キューバでは日曜日の朝に、小学校の子どもたち向けの「ポンテ・アル・ディア」という環境番組があるのだが、この子どもたちは、二〇〇〇年の二月に番組に登場した。

「みんなで、自然を守る歌も工夫して作ったんです。聞いてみますか」。グロリア先生が促すと、日本の教室内とは異なり、それまでてんでんばらばらに座っていた子どもたちが、さっと黒板の前に勢揃いした。この動きは、実にきびきびとしていてすがすがしい。

そして、手をたたき、足を踏みならしながら、見事なラップとラテンのリズムで、自作の踊りと歌を披露してくれた。音楽も国語も環境教育も組み合わせた授業。そして、一人ひとりの子どもの意見を尊重しながら、全員で動くところは協力させる。なかなか考えられた授業内容だと思える。

## 省エネ運動も環境教育に活かす

石油が十分に使えないキューバでは省エネ運動が盛んで、節電を授業に取り入れた学校もある。ハバナの旧市街のベネズエラのボリバリアーナ共和国小学校を訪れてみる。

「石油不足のために各地区ごとにエネルギーを節約しているのですが、本校ではエネルギーをどう節約するかを運動を通じて学んでいます」とセシリア・ミリジョ校長先生。

環境クラブの子どもたちの発表を聞かせてもらった。

子供たちが関心を持つ課題を自由に学ぶ「総合学習」の時間もキューバの小学校では設けられている。これは電気節約がどう地球環境保全につながるかを学ぶエコクラブ。高学年の子どもが低学年の子どもを指導し、元映画館の電気技師リンコルトさんもボランティアで子どもたちをサポートする。

「電気には再生できないエネルギーとできるエネルギーの二つがあります。化石からとれる石炭と石油エネルギーは、一回使うと再生できないけど、水力、風力、波力エネルギーは再生できます。波力エネルギーはフランスがたくさん使っています。また、サトウキビからとるバイオマスや家畜からとるバイオガスも再生できます。後、原子力もあるけど」

「原子力はどっちのタイプなのかな」と尋ねると、すぐさま「もちろん、使えないエネルギーだよ」という返事が返ってきた。

ちなみに、この発表をしたアベル・アバジェ君はまだ八歳にすぎない。

続いて、リーダー格の六年生のエルネスト・ガルドン君が、節電運動の話を始める。

「学校には一カ月間の電気使用量を三〇〇キロワットにしようというプランがあります。今二五〇キロワットを使っていますから、計画よりも節電しています。一〇〇キロワットまでは九センターボですが、一〇一～三〇〇キロワットは二〇センターボ、三〇〇キロワット以上だと三〇センターボになります。だから、僕らは各教室を回って、余計な電気がついていたら消す運動をやっています」

電気メーターを子どもたちがチェックしながら余計な電気を消して回る。文章でこう記述すると、物資が窮乏を極める中で子どもに節約を強制しているようにも思えるが、子どもたちの表情はいたって明るいし、教科書の水準もきわめて高い。今のような浪費的な生活をしていると地球の未来がないから、モノを大切に使おう。そして、バイオやソーラーエネルギーを活用すれば、ちゃんと自然と調和していける。そうしたストーリー展開は実にわかりやすいし、ただ地球環境の悲惨な姿を伝えて子どもたちの気を滅入らせるのではなく、具体的なアクションへと結びつけている。そして、子どもたちの活動をバックアップしているのは地域の大人たちだ。例えば、このクラブは、ハバナの映画館に勤めていたリンコルト・リアーナさんが、退職後に専門の電気を活かしてボランティアで指導をしているのである。

「こんな教育もしているんです」と先生から見せてもらった子どもたちの絵には、「省エネマン」が電気を浪費する「悪玉マン」をやっつけていたり、ソーラーパネルがテレビをつけていたり、バイオガスがお湯を沸かしていたり、いずれも希望にあふれる未来図が描かれていた。レイナルド専門官がカラー刷りの環境教育のテキストを見せてくれる。二酸化炭素の増加がなぜ地球温暖化に結びつくのか、科学的な説明が図入りでわかりやすく説明されているが、小学生が使うものとしてはかなりレベルが高い。

「教育省では教員用の指導書も作成しています。これには、石油を削減するための自然エネルギーの利用方法などが載っています。ですが、この指導書を作成するための委員会には、教師だけでなく子どもも参加させたのです。見てください、ここにある絵は、そんな子どもが描いたものです」

どのような教え方をしたらよいのかを子どもの目線からも、検討することが必要だというのが、策定委員会にも子どもを参加させた理由だという。

「エネルギー節約を題材にした、すごろくもあります。アイロンを使いすぎたから三コマ戻るとかね。これはシエゴ・デ・アビラ州の九歳の女の子が考え出したものです」

もちろん、クラブは環境だけにかぎらない。子どもたちはクラブを通じて、看護婦、スポーツ、芸術など将来なりたい職業を幅広く体験する。あくまでも強制ではなく、子どもたちが自発的に未来を選択できる機会を提供しているのである。なるほど経済封鎖でモノはないし、暮らしは質素でつつましい。だが、キューバはこの苦境を逆手にとり、将来世代への教育に力を入れている。再生可能エネルギーと環境に関する教育は、小学校から大学まで、あらゆるカリキュラムに組み入れられているし、すべての高校には自然エネルギーについての授業があり、生物学ではバイオガスが題材になるし、物理学では太陽電池の仕組みを学ぶ。ハバナのチェ・ゲバラ工業高校のように、ソーラー温水器やソーラーパネル、風車を備えた学校もある。(10) 元気にはしゃぎまわりながらも、好奇心にあふれ、礼儀正しいキューバの子どもたち。この澄んだ子どもらの瞳を見るかぎり、この国の未来はどう見ても明るいように思える。

**引用文献**

(1)——An IFCO/Pastors for Peace Report (1999) "Education in Cuba"
http://www.ifconews.org/cueducation.html

(2)——"The Cuban Education System"
サイト消滅

(3)——堀田善衛（1966）『キューバ紀行』岩波書店

(4)——Fernando Funes "The Organic Farming Movement in Cuba" *Sustainable Agriculture and Resistance*, Food First, 2002

(5)——Dalia Acosta (1998) "Retaining Priority Despite Economic Crisis" Inter Press Third World News Agency
http://www.hartford-hwp.com/archives/43b/191.html

(6)——Christopher P. Baker (1997) *Cuba Handbook,* Moon travel Handbooks p106-108

(7)——Richard Levins (2000) "Cuba's Environmental Strategy"
http://www.globalexchange.org/campaigns/cuba/sustainable/drclasWin2000.html

(8)——Stephen Zunes (1995) "Will Cuba Go Green?"
http://www.context.org/ICLIB/IC40/Signs.htm

(9)——Earth Summit Watch (1996) "Creating and Implementing a National Agenda 21"
http://earthsummitwatch.org/4in94/cuba.html

(10)——Roger Lippman et al. (1977) "Renewable Energy Development in Cuba: Sustainability Responds to Economic Crisis" April 1997
http://tlent.home.igc.org/renewable energy in cuba.html
Laurie Stone (1998) "The 'Sol' of Cuba"
http://www.solarenergy.org/cuba.html

**参考文献**

- Tim Wheeler(1997) "The children of Jose Marti" People's Weekly World web page
http://www.hartford-hwp.com/archives/43b/089.html
- Face of Cuba "Education"
http://www.facesofcuba.org/maceducation.htm
- Oscar Espinosa Chepe (2001) "Cuba's bankrupt education system" Cubanet Cuban News
http://www.cubanet.org/CNews/y01/jan01/19e9.htm

# IV

# 持続可能な都市を可能とする仕組みづくり

# 1 サンフランシスコの都市農業

## 失業者たちの自力更生運動

ここで、いきなり、ハバナからサンフランシスコに飛んでみることにしよう。ご存じのとおり、サンフランシスコはCSO活動が盛んである。市内には有機農業関係団体から、湾の水質監視を行うグループにいたるまで、無数の環境団体があり、福祉やまちづくりに関するグループを含めると、五〇〇〇を超す。市の人口は七五万人だから、住民一四〇人当たりに一つのNPOがある計算になる。世界中に広がったヒッピー文化も、スチュワート・ブラントらの『ホールアース・カタログ』もこの地で誕生した。「カウンターカルチャー運動」の発祥の地として、いまも世界の「エコロジー運動」を牽引している。(1)

これまで何度か文中で紹介したとおり、サンフランシスコには都市農業を通じて持続可能な地域づくりを目指すNPO、スラグこと「サンフランシスコ都市農業リーグ」がある。スラグは、一九八三年に発足した団体で、有機農業の推進、コミュニティ・ガーデンづくりとその運営、ビオトープによる環境復元、食農教育の普及、若者の雇用創出、識字教育と職業訓練、農産物や農産加工品の販売、低所得者への農産物の寄付、環境分析など、多角的な活動を展開している団体である。専従職員三五人のほか、スタッフを一四〇人ほど抱え、年間予算も六〇〇万ドルに及ぶ。

「ここはもともと化学的に汚染された場所で、公共サービスの水準も低く、失業率が高い地域なのです。こうした地域条件がスラグの活動内容にも大きく影響しています」

スラグの本部を訪れると、のっけから総務部長のコリー・キャンドラさんは地区の内情をぶちまけた。ゴールデンゲートで有名なサンフランシスコは美しい町である。多くの民間団体は高級住宅地や緑に囲まれた公園内の瀟洒な建物内に居を構え、さすがにＮＰＯ先進地と感じさせるだけのものがあるのだが、スラグの本部は場末の工業地帯の、それも高速道路の下にあるプレハブである。スタッフもアフリカ系やヒスパニック系で他のＮＰＯとはいささか毛色が違う。そしてコリーさんの指摘どおり、スラグがあるベイビュー／ハンターズ・ポイント地区の環境汚染は凄まじい。発電所や高速道路の排気ガス、下水処理場の汚泥、農薬、ＰＣＢ、放射性物質、重金属など、市内の汚染の三分の二以上がこの狭い場所に集中し、住民の発がん率や喘息罹病率も高い。

もともとこの地域一帯には以前に海軍の基地があり、一九七四年の軍港閉鎖とともに市に譲渡されたのだが、その後、この地区の汚染実態が明らかになった。経済状況も深刻で、地区の就業人口の実に六

○パーセントが失業している。海軍は軍港閉鎖に伴い一万五〇〇〇人もの労務者を解雇するが、うち一万人がこの地区の住民で、かつそのほとんどが南部から仕事を求めてやってきたアフリカ系アメリカ人だった。(2) さらに、シリコンバレーに代表されるＩＴ産業の好景気で家賃が高騰し、そうでなくても所得が低い住民の暮らしを圧迫している。環境汚染や失業率の高さもあいまって、地区は市内で唯一生活補助金が支給される場所となっているし、自動車の窓ガラスが割られていたり、昼最中から無為にブラブラと過ごす大人が徘徊するなど、荒廃した地域の光景がいやがおうでも目に入る。

だが、住民たちに働く意欲がないのかというとそうではなく、多くの若者はなんとか今の状況を打開しようと思っているのだが、具体的に何をしたらよいのかがわからないというジレンマに陥っていた。要するに、スラグは環境的、経済的に不利な条件に置かれたマイノリティの自力更生運動団体ともいえよう。その多角的な活動のバックには、こうした特殊な社会経済事情があったのである。

## 菜園に様変わりしたゴミ捨て場

もともと環境汚染、失業、人種差別といった社会問題の解決を目指して誕生した団体だから、スラグは「エコロジー」「コミュニティ開発」「社会正義」をミッションに掲げている。しかし、スラグがユニークなところは、この目標を達成するために都市農業に着目したことだろう。

「都市内に菜園を作り、住民を農業に参加させよう。そうすれば雇用も産み出せるし、暮らしの質その

ものが改善できる」。そう考えたのである。(3)

市の中心から車で十数分走ると、ベイビュー地区の市街地の中に突然緑の空間が出現する。といってもゴールデンゲート・パークのように整備された公園ではない。野菜や花卉、果樹園、ミツバチの巣、ビオトープ、風車などが雑然と並ぶ手作りのコミュニティ・ガーデンである。

一九九四年に開園したこのセント・マリーズの「アーバン・ユース・ファーム」は、以前は不法投棄されていたゴミ捨て場だった。雨が降ると園内を流れる小川から水があふれ出し、汚物と混ざって、と

サンフランシスコの市街地の中でも都市菜園は盛んだ。1994年に開園した「アーバン・ユース・ファーム」も以前は不法投棄されていたゴミ捨て場。市民たちは中心部に窪地を掘って、カリフォルニア原生の湿地植物を植栽。トンボやトカゲ、蛇といった絶滅危惧種を復元し、ビオトープ空間に作りかえた。

「アーバン・ユース・ファーム」でもミミズを利用して生ゴミを堆肥にし、有機栽培で野菜を育てている。菜園づくりを中心となって進めているのはNPOで、キューバとも交流を重ねる。国家レベルでは国交が断絶していても、優良事例があるとなれば市民たちは国境を越えて学びにでかけてゆく。

ても足を踏み入れられる状態ではなかった。

もともとこの場所は市の公園予定地だったから、スラグは市の関係部局の協力をあおぎ、中心部に窪地を掘って池を作り、カリフォルニア原生の湿地植物を植栽した。トンボやトカゲ、蛇といった絶滅危惧種が生息できるビオトープ空間に作りかえたのである。

園内の遊歩道や小道には、建築廃材を再利用した木材チップを敷き詰め、禿げ山となっていた斜面にはプラム、アップル、ビワ、アボカドなどを植え、平らな場所は、ミミズを使った生ゴミ堆肥を入れることで、土を肥やして有機菜園にした。

このようにスラグは市内の一〇〇以上のコミュニティ菜園と関わっている。各菜園で生じる問題や菜園者の相談に応じるため、ボランティアのガーデンスタッフが定期的に巡回指導を行い、トレーニングを受けた住民たちが自分たちで菜園を維持管理できるようサポートを行う。

菜園づくりの作業には、高校生やボーイスカウトをはじめ、多くの市民がボランティアで参加するが、ボランティアだけでなく「サマー・ユース・プログラム」と称される若者向けの有償プログラムもある。このプログラムに参加することで、若者たちは、野菜栽培、果樹の植え付け、散策路やビオトープの整備などの実践的なスキルを学ぶことができる。

「若者たちは、放課後や夏休みに働きますが、全員に賃金を支払っています。多くが、母子家庭であったりして、経済的に困っているからなのです。ガーデニングは単なる余暇活動ではなく、貧しい人々がスキルを学び、個人の能力を伸ばすことと密接に関わっているのです」

コリーさんが説明したサマー・ユース・プログラムには、二〇〇〇年には、六〇人の若者が参加した。(2)公園づくりのために若者を雇うにあたっては市から補助金が出ているが、行政側もスラグのようなNPOを介在させることで、環境保全と雇用創出の両方を達成できるのだからメリットが大きい。

スラグは、モノを買うときもなるべく地元の産物を購入するように心がけ、雇用者も七割は地域内から雇うというように、地域内での物資やマネーを循環させることを活動の原則に置いている。しかし、コミュニティが経済的に活性化するためには外部から「外貨」も獲得しなければならない。スラグは低所得者が、居住するコミュニティ内で新たな雇用を創出するためのベンチャービジネスにも取り組んでいる。そのひとつの試みが、若者や地区の農家が生産した有機農産物を用いて、蜂蜜、ジャム、酢、サルサソースを生産する「アーバン・アーブル・プログラム」である。農産物や加工品の販売は、電話、ファックスに加えて、インターネットでも行い、若者たちを最新の電子ビジネスに参加させることで、実践的なキャリアを積ませ、起業家的なスキルも身につけさせようとしている。

雇用対策のもうひとつの柱は、環境復元事業である。失われつつある自然植生の再生やビオトープづくりはスラグの得意分野のひとつである。造園のデザインや施工を行うのは、職業訓練を受けた地区住民だが、チームには、建築家、デザイナー、生態学者など様々な分野からの専門家が加わっているし、オレゴン大学、ウィスコンシン大学といった他地域の学生たちも参加する。

帰化植物が侵入した湖で、湖岸に生い茂った雑草を取り払ったり、自然公園で草をむしったり、野生の湿地植物を新たに植える。あるいは、公共住宅や団地、学校、コミュニティセンターで、子どもたちの遊び場、学童農園、住民広場づくりの設計や整備に携わる。こうした努力により、自然公園では、シラサギ、サギ、鵜、ペリカン、マッドクラブなどが再び生息するようになり、子どもたちの自然生態系の貴重な学びの場とすることができたし、学童農園でも子どもたちに、作物や堆肥の作り方、昆虫生態系を学ばせることが可能となった。(2)

## 菜園を活かして食農教育を進める

「今多くの人たちの間で、食べ物と土とのつながりが希薄になっています。スーパーで缶詰や加工品を買ったり、ファーストフードを食べたりしているため、食べ物が植物からとれるということを忘れがちになるのです」

コリーさんのこうした危機意識の下、スラグは、堆肥づくりと園芸コースを設け、全市民を対象に啓発運動も展開している。六月から八月にかけては毎土曜日に、堆肥づくりや有機農業を学ぶためのコースが開催されるが、受講料は無料である。

スラグが関わる一〇〇以上のコミュニティ菜園のうち五〇が一般に公開され、ワークショップやトレーニングの場として活用されている。とりわけ、二カ所の「環境菜園」では、水曜日と土曜日にはスタッフがボランティアで園芸のアドバイスを行っており、最新の有機農業技術を学ぶことができる。こうした公開菜園を訪れる一般市民の数は、年間に一万人を超すというのだから、その啓発効果の大きさがわかるだろう。

各家庭で堆肥づくりを広めるためのコースもあり、電話相談にも応じられるよう「コンポスト・ホットライン」という専用回線まで引いている。(2)

堆肥の重要性をアピールするため、各種のイベントではミミズ堆肥を廉価で売る。

「菜園は全部が有機農業ですが、コンポストは分別した生ゴミを材料に作っているのです」

コリーさんは、スラグというロゴ入りの堆肥をプレゼントしてくれた。

成人だけではなく、子ども向けのスタディツアーや課外授業、学校菜園づくりの技術指導にも携わる。

一九九五年にカリフォルニア州の教育局は、学校菜園プログラムを立ち上げた。子どもたちが、科学、数学、国語、環境、栄養、健康といった科目を総合的に学べるよう、教師、栄養士、園芸家たちが協力し、「食農教育」のプログラムを作成したのである。現在、州全体では一〇〇〇もの学校菜園があり、うち一一五がサンフランシスコ内にある。ところが、多くの教師は、この新プログラムに深い関心は寄せたものの、いざ具体的に実行に移すとなると、それだけの経験もノウハウも持っていなかった。

このため、スラグが学校教育にも関わることとなった。例えば、サンフランシスコ・コミュニティ校では、一九九九年に、アスファルトの校庭を野外学習の場とすることに決め、「グリーン・ドリーム・チーム」を編成。生徒たちは、他の学校菜園や農場を調査したうえで、自分たちで学校農園づくりのマスタープランを作った。ビジタシオン・バレー校では、学校菜園で、子どもたちが有機野菜の栽培に取り組み、販売も行った。サンフランシスコの食農教育が最終的に目指しているのは、生徒と父兄、学校関係者、地元企業との間に掛け橋を結び、コミュニティの連帯感を高揚させることにあるのだが、スラグは着々とその成果をあげている。(2)

## コミュニティ住民を元気づける都市農業

公園づくりや景観復元、地域教育といった様々な活動に関わる中で、ベイビュー地区住民の識字能力がきわめて低いこともわかってきた。そこでスラグは、職業訓練とあわせて、数年前から基礎的な読み書きや算術を学ぶためのクラスも開校した。市の公共労働局やハローワーク局とも協同した「失業対策プログラム」事業がそれである。生活保護を受けた人々を自立させるための研修期間は一年間だが、その間に受講者は週二回の職業訓練と識字教育を受けることができる。(2)

「命じられた指示にきちんと応じられたり、時間どおりに出勤したり、仲間や上司と円滑な人間関係を結んだりすること。これがトレーニングの内容です。当たり前のことのようですが、こうした基礎的な訓練が、有機菜園をつくる場合にも基本となりますし、環境を守るうえでも大切なのです。そして、身近なことを通じて言葉が覚えられるように、自動車の運転マニュアルで読み書きを訓練するといった実践主義に徹しています」

初年度にはプログラムの達成者五一名の全員が雇用されたし、一九九九年には六割が仕事につけた。園芸技術を活かして景観会社に採用された人もいれば、溶接技術を学び鉄工会社に入った人もいる。(2)

「もちろん、仕事を与えても来ることがない人。アルコール依存症や暴力の問題を抱えている人もターゲットになります。スラグはそうした人への個人的なサービスはしませんが、仕事がやれない理由を探し出し、ストレス解消や心のケアを行う他のNPOと連携してトレーニングにあたっています。もちろん、こうした活動が農業とどう関係するのだ、という声もあります。ですが、スラグのミッションに立ち返ると、地域の能力を高めることが大切であることに気づくのです」

コリーさんは、スラグは雇用そのものを最終目的とはしていない、と語る。どうすれば人は変われるのかという命題に対して、スラグは「実践を通じて学ぶしかない」と考える。一人ひとりが働くためのスキルを学び、自分自身に対する誇りと自信を回復していく。そして、自信を持った人がひとりでも増えることが、コミュニティの活性化につながる。これはスラグが設立時からずっと一貫して持っているコンセプトのひとつなのである。

もちろん、企業化や個人の自立を重要視しながらも、社会福祉活動を忘れてはいない。コミュニティ菜園で収穫された農産物は近隣に住む老人たちに寄付されるし、会員になれば、種子や堆肥を無料でもらえたり、ワークショップに半額で参加できるなどの特典がある。(3)

アーバン・ユース・ファームに併設する一五〇世帯の集合住宅の庭先でも、木枠で囲ってボックス状の畑を作り、地区住民に野菜自給を奨励している。

「裏庭《バックヤード》の菜園用に、石灰、堆肥、種子、苗などを提供していますし、他のNPO、フード・バンクと連携し、毎週食べ物を配っているんです」

スラグのスタッフ、エディさんは、これから宅配するのだという段ボール箱入りの有機野菜セットを見せてくれた。

人種差別なき社会的公正の実現、有機農法による都市農業、ゴミ捨て場の農園化、木枠で囲ったボックス内での野菜づくり、農業を通じた雇用の創出、子どもたちへの農業教育、高齢者への農産物の無料配布。ここまでこの本を読まれた方は何かデジャ・ビュ（既視感）を感じたのではないだろうか。

エディさんに、スラグがどこでこのようなノウハウを学んだのか聞いてみた。

「私はこの都市農業のやり方を学ぶため、海外に勉強に行ってきたんです」

「ほう。それはどこですか」

「ハバナです」


**引用文献**

(1)――― 岡部一明（2000）『サンフランシスコ発・変革ＮＰＯ』御茶の水書房

(2)――― スラグ季刊誌（2000）“Slug update spring”

(3)――― スラグホームページ http://www.slug-sf.org/

**その他参考文献**

里山タスクグループ（2001）『サンフランシスコ市の環境保全と中間NPOの取り組み』NPO birth


**6刷にあたっての付記：**

なお、本章で紹介したNGO「スラグ」は、残念ながら今は消滅している。2001年に中間支援NPOタイズ・センターを訪れた時、厳選された支援対象NPO団体であっても、毎年20〜25団体が消滅していくとの話を耳にし、米国の厳しさの一面を知る思いがしたが、弱肉強食の米国社会においては、いくら高き理想を掲げてみても、活動資金を含めたマネージメントに行き詰まったNPOが淘汰されていくのは日常茶飯事の出来事なのである。

# 2 コミュニティ・ソリューション

## アメリカやイギリスで着目されるコミュニティ

アメリカは、キューバのような経済不況を経験しておらず、長らく好景気を享受してきた。だが、一九八〇年代にレーガン政権が行った徹底的な規制緩和の影響で、医療、教育、環境、犯罪など幅広い分野にわたって様々な社会問題が生じた。そこで、スラグのような草の根運動のリーダーたちが登場し、行政に代わって社会問題の解決に取り組んでいる。

行政は、その時々の政権の影響を受けるし、同時に内部調整や議会議決といった複雑な意思決定プロセスを経るために、市民ニーズに機敏に応じられない。ならば、とりあえず身のまわりで起こっている問題を解決するための活動組織を立ち上げてみる。小さなグループであれば、機動性にも富んでいるし、迅速に対応できる。それが社会ニーズにフィットした活動かどうかは、動いてみてから判断すればいい。

社会が求める活動であれば、資金やボランティアが集まるだろうし、市民の支持が得られなければ衰退していく。(1) アメリカで発達しつつあるＮＰＯセクターは、起業家精神を持ちつつも、企業のように利益には左右されず、「公」のために一貫したサービスを提供する存在である。こうした草の根の住民たちの旺盛な活力がなければ、社会は動脈硬化に陥って衰退してしまうであろう。肉体に置き換えてみれば、トップダウンの命令系統で動く行政が神経系で、非ピラミッド式なＮＰＯ組織は免疫系であり、両方があることで身体は健康を保つことができる。すなわち、ニーズが多様化し変化が激しい時代にあっては、行政だけでは「公」を満たせない。安定して重厚な行政と、不安定ながら迅速で機敏な対応ができるＮＰＯとが互いにパートナーシップを組むことで、初めて社会は、安定性と機動性とを兼ね備えることができるといえよう。

今度は、サンフランシスコからロンドンに飛んでみよう。イギリスは、戦後先進諸国のモデルとなった優れた「福祉国家」を築いてきた。キューバと同じく、医療も教育も無料であり、失業者への生活保護も充実し、国民は手厚い国の福祉政策の恩恵を受けてきたが、ポンド危機で国家財政が破綻すると「英国病」と揶揄された先が見えない長い不況へと落ち込んでしまう。だが、一九九〇年代半ば頃から一〇〇年ぶりに経済は上向きとなり、回復しはじめる。日本では、これはサッチャー元首相の規制緩和と構造改革の成果であるとされ、ＰＦＩ（民間資金主導）や強制競争入札制度、エージェンシー化といったサッチャーの徹底した行革手法が着目されている。それはロンドン市を廃止し、市庁舎を日本企業に売り飛ばすという凄まじいものであった。ところが、この構造改革では慢性化した失業問題は一向に解消せず、一部に利益をあげた者がいたものの、地域コミュニティは崩壊し、社会格差が拡大するという惨憺たる結果をまねいてしまった反面もあった。すなわち、イギリスの経済が活性化された本当の理由は、サッチャーの改革ではなく、コミュニティレベルでのパートナーシップの構築と、それに着眼したブレアの改革にある。

一九九七年、地滑り的な圧勝をおさめ、一八年ぶりに労働党の政権をとったトニー・ブレア首相が目指すのは、人間の顔をした「サッチャリズム」である。ブレアはサッチャリズムのすべてを否定するのではなく、評価できる部分は継承している。雪だるま式に増え続ける財政赤字ひとつを見ても、すべての公共サービスを行政が実施していく福祉国家はもはや不可能である。その限界をまずサッチャーが認識し、ブレアはそれをより発展させ、NPO重視の姿勢を強く打ち出した。

ブレアは、税を徴収し、福祉サービスの形で社会に還元する従来の行政システムの限界をみすえて、社会貢献をしたいという人々のボランタリー精神を積極的に汲み取り、社会を構成する全階層が繁栄できる道を築こうとする。それまでの行革の成果を活かしつつ、かつコミュニティに根差し、民間とのパートナーシップにより、人々のやる気を喚起させながら、社会が抱える諸課題を解決していく。これがブレアが目指す「第三の道」である。

第三の道とは、ブレアのブレーンとして斬新な政策を立案する社会学者アンソニー・ギデンズが提唱する理論である。「病気の治療ではなく予防に、犯罪の処罰ではなく未然の防止に、失業手当ではなく自立のための技術習得に力を入れよ」。ギデンズは「ポジティブ・ウェルフェア論」を主張するが、その言わんとすることは、かいつまんでいえばこういうことだ。

ブレアやギデンズの主張は空論ではない。実は、イギリスはブレアが登場するまでの長い不況の中で民間やコミュニティレベルでの様々な先駆的事例を生み出してきた。

ＮＰＯと起業経営の両方の性格をあわせ持ち、家屋の修繕、学童保育、高齢者・障害者介護といった社会サービスを請負う「コミュニティ・ビジネス」は、サッチャーの重厚長大産業切り捨て政策で最も打撃を受けたスコットランドの人々が一九八〇年代に自発的に作り出した方式だし、荒廃した市街地を再生する住民主導のまちづくり会社「ディベロップメント・トラスト」も、保守党政権時代に誕生した。

コミュニティレベルで試みられてきた様々な先駆的事例を国の新たなビジョンとして掲げてみせたというのが、ブレアの「福祉のニューディール政策」であるともいえる。中央集権型の福祉国家システムは、人々の依存体質を生み出してきたが、ブレアが目指す新しい社会システムでは、あらゆる社会構成員が参加し、協力しあうことが欠かせない。そして、パートナーシップを築くためには、特定の関係者だけではなく、社会全体の信頼関係を高める必要がある。それをブレアは地域というコミュニティに委ねる。つまり、ブレアの政策のキーワードは、自立とパートナーシップとコミュニティということができるだろう。

## 構造改革の果てに蘇った空想的社会主義

いささか唐突だったと思われるかもしれないが、ハバナを後にして、わざわざサンフランシスコやロンドンを訪ねてみたのには、わけがある。

今、日本では、長引く不況で先が見えない中で、規制緩和、構造改革といった言葉ばかりが叫ばれ独り歩きしている。だが、一九八〇年代にサッチャーやレーガンの徹底した新自由市場主義を追求したあげくに、イギリスやアメリカが辿り着いたのは、ブレアの「新社会主義」だったし、サンフランシスコで事例に取りあげたNPOムーブメントだった。

規制緩和と市場原理一辺倒では、「市場の失敗」が生じてしまう。サッチャーの構造改革で失業を余儀なくされたスコットランドの鉄工業者や軍港閉鎖で職を失ったスラグの人々がそうである。

だが、そうは言っても財政赤字がかさむ中では、従来型の福祉国家も維持できないし、環境を無視して利潤を追求するだけの企業も生き残れない。日本でも今後は、行政や企業を問わず経済効率性や環境への配慮が、あらゆる組織に求められることとなるが、効率性とは一見あい矛盾する環境保全とどう両立させていけばよいのだろうか。あるいは、持続可能な地域社会を創出するために、市民と行政と企業という三つのセクターはどのようなパートナーシップ関係を担っていけばよいのであろうか。サンフランシスコのNPOやブレアの改革は、非常によい題材を提供しているように思える。すなわち、コミュニティレベルで、かつ起業家精神を持った市民を核として効率性を維持しつつ、行政・企業・市民のパートナーシップでコミュニティのセーフティネットを再構築し、普通の人が安心して暮らせるような社会を取り戻す。これが、いま求められている答えではないだろうか。

そして、ブレアの政策は「社会主義の理想」を現代的に焼き直したものであるともいえる。実際、労働党は「社会主義」という言葉を捨てていないし、その理念を掲げ続けている。具体的な政策を論じる場合には「社会」という代わりに「コミュニティ」という言葉を用いるものの、滅びたのはあくまでもソ連型の「国家社会主義」であって、十九世紀以来イギリスに息づく社会主義の理念は不滅であるとゆずらない。他者への共感、人間の連帯、帰属するコミュニティへの貢献など、ブレアの求める社会主義は、十九世紀にロバート・オーウェンやサン・シモンが提唱した「空想的社会主義」の流れを明らかに意識している。あるいは、生きがいや美に着眼してユニークな文化経済学を創設したジョン・ラスキン、イギリス労働党の原型にもなったウェブ夫妻らのフェビアン協会の伝統を汲んでいるともいえるだろう。(2)

## コモンズの悲劇を回避するソーシャル・キャピタル

なぜ、コミュニティが社会問題の解決に有効なのか。少し理論的に掘り下げて考えてみよう。

ハーバード大学に、二〇年以上にわたりイタリア各地のコミュニティの比較研究をしてきたロバート・パットナムという政治学者がいる。パットナムは詳細な調査を実施した結果、人々が進んで協力しあい、全体として住みやすく経済的にも成功し、そのことが一層人々の協力を生み出している地域がある一方で、伝統的に親分子分の関係が強く、住民同士が非協力的で、かつ相互に不信感を抱きあうという悪循環に陥っている地域もあることに気がついた。その差は一体どこからくるのか。地域コミュニティが蓄積してきた「民度」、すなわちソーシャル・キャピタルの差が決定的な要因なのではないだろうか。これがパットナムが導き出した仮説である。

例えば、民度の高い地域では市民間のネットワークが充実し、様々な活動への市民参加も盛んだし、住民間の信頼関係も厚く、自分たちが自発的に作りあげたルールにしたがうムードがある。その一方で、民度が低い地域では、社会組織がヒエラルキー的で、相互不信や政治的な腐敗も進んでいる。

こうした研究成果を踏まえて、パットナムは次のように結論づける。

「どんな社会においてもコモンズの悲劇（共有地のジレンマ）のために、全体をよくするための住民の協力はなかなか得られない。そして強制力を持った権威による問題解決も十分なものとはいえない。コミュニティ住民の自発的な協力が得られるかどうかは、そのコミュニティにソーシャル・キャピタルが豊かに存在するかどうかにかかっている。市民間のネットワークが充実して市民活動が盛んであれば、コミュニティのメンバーが『フリーライダー』となる動機も薄められ、人々の態度も協力的になっていく。信頼は、個人の態度であると同時に社会システムによって創出されるものである。個人は、一人ひとりが組み込まれている社会的規範や社会的ネットワークの存在によって、単なるお人好しではなく、他人を信頼できるようになるのである」

蛇足になるが、「コモンズの悲劇」とは、一九六八年にギャレット・ハーディンが提唱した概念である。村が共有する牧草地の中で、ある不心得者だけが羊を何匹も連れ込んで牧草を食べさせはじめると、他の村人もこれに出遅れまいと競って羊を連れ込むようになり、結果として共有財産の牧草地は丸坊主になり荒廃してしまう。ハーディンが指摘したコモンズの悲劇は、誰も片づけないゴミ捨て場といった身近な問題から、二酸化炭素の排出規制をめぐるグローバルな環境問題にいたるまで、きわめて現代的なテーマである。キセル乗車を繰り返す不心得者をフリーライダーとして批判できるのならば、自国さえよければと一向に温暖化防止に協力しようとしないアメリカもフリーライダーといえるだろう。したがって、コモンズの悲劇を回避することは、フリーライダーを出さないためのメカニズムをどうやって作り上げればよいのかという問題につながる。パットナムは、フリーライダーが出にくいコミュニティの特色として、

(1)メンバー間の相互信頼性が高い

(2)コミュニティとしての社会規範が働く

という二つをあげた。

パットナムのいう「ソーシャル・キャピタル」という概念は、もともとは社会学者のジェームズ・コールマンらが一九八〇年代末に提唱しはじめたもので、コールマンは、次のように説明している。

「通常は、カネ・モノ・ヒトが資本だと考えられているが、ソーシャル・キャピタルは、人と人との関係性のパターンである。従来はとらえがたいと考えられてきた関係性という要素の集合が、経済やその他の目に見えるメリットを生む源泉ないしは、資源なのである」

この発想が画期的な点は、コミュニティにある人々の「関係性」そのものを資源とみなし、かつ、その目に見えない住民間の関係性が、経済を含めた具体的なメリットを生む源だと主張し、社会と経済を結びつけて考えるためのツールを提供した点にあるだろう。(2)

## 権威主義や市場原理ではコモンズの悲劇は回避できない

コミュニティやソーシャル・キャピタルに着目しているのは、パットナムだけではない。厚生経済学のパイオニアであるケネス・アローも、比較的小さい社会単位に適用される伝統的な規則や慣習をとりあげているし、ゲーム理論からもコミュニティ・ソリューションがなぜ成立するのかがわかってきている。「協力」するか「非協力」であるか。二人のプレーヤーが、どちらかひとつの態度を選択するゲームを想定する。片方が裏切れば、出し抜かれた相手は大きな損失を被る。正直者はバカを見るわけで、どちらも相手から出し抜かれまいと「非協力的な態度」をとるほうが合理的になる。プリンストン大学の数学者アル・タッカーは、こうしたコモンズの悲劇ともいうべき状態を「囚人のジレンマ」と呼んだ。

ところが、囚人のジレンマが生じるのは、プレーヤーが一回だけ行われる場合である。一九七〇年代に

「繰り返しゲーム」の研究、すなわちプレーが延々と続いて関係が継続するゲームの研究が進むと、相手に協力した方がむしろ有利になることがわかってきた。例えば、一九八〇年にミシガン大学の政治学者ロバート・アクセルロッドがコンピュータで導き出した「繰り返し囚人ジレンマゲーム」の最強の戦略プログラムは、相手が裏切ればこちらも裏切るが、相手が協力的な場合は、決して裏切ることなく協力するというものだった。これならばずる賢い相手からもつけ込まれることはないし、すぐには勝てないとしても最終的には味方が増えて勝利をおさめることができる。

慶應大学の社会学者金子郁容は、パットナムのコミュニティ論やゲーム理論の研究を踏まえ、こう主張している。

今、日本でも既存の社会秩序が崩れ、企業や行政のヒエラルキー組織が無力化し、政府による統制や保証の力も衰えてきた。行政が強権を発動して、強制力をもって統制する方法、すなわち「ヒエラルキー・ソリューション」は実施するのにコストがかかるし、一部の不心得者のために全体が規制を受けるので住民の利便性が大きく損なわれてしまう。しかも、グローバル市場やインターネット社会の中では、権限による規制効果が薄れてきている。

一方、経済的に問題を解決する「マーケット・ソリューション」も万能ではない。金さえ払えば何をしてもいいという理屈になってしまい、環境問題のような資源配分の解決策としては有効ではない。

そして、金子が第三の選択肢として重視するのが「コミュニティ・ソリューション」なのである。金子は、こう分析を続ける。

「ヒエラルキー・ソリューション」も「マーケット・ソリューション」も、個人と切り離して、問題を解決しようとしている。これに対して、「コミュニティ・ソリューション」は、個人と積極的につながりをつけることで問題を解決しようと考える。グローバル化の中でチャンスが広がる一方で、リスクも増大している。これまでは、行政や大企業が信用を提供していたが、その信用性もかなり疑わしいとなると、顔の見えるコミュニティに信用の「よりどころ」を置くのが一番いい。そのうえで個人や社会の問題を解決していくべきではないだろうか。(2)

昨今の世相を賑わす行政や企業の不祥事やモラールの低下を見ると、これはなかなか説得力のある見解である。

## コミュニティに根差した社会改革を進めるキューバ

ここで、再びハバナに戻ろう。ただし、せっかく飛行機に乗ってサンフランシスコとロンドンにまで足を伸ばしたのだから、これまで述べてきたことも含めて、上空から鳥瞰図的に革命後のキューバの社会システムが、どのように変化してきたのかをざっと見下ろしてしまおう。

次頁の表を見ていただきたい。筆者なりにキューバの国の仕組みがどう変遷してきたかをまとめて見たものである。

■キューバの国づくりの変遷

| | 革命後～1960年代 | 1970年代～1984年 | 1984年～1995年 | 1995年～ |
|---|---|---|---|---|
| 政治 | 中央集権主義 | 中央集権主義体制の強化<br>ソ連式の権威主義 | 地方分権化の推進<br>カストロの改革 | 地方分権化の一層の促進<br>NPOの育成 |
| 経済 | 個人のモラルに基づく<br>ボランティアを重視<br>マネー経済の否定 | マネーによる動機づけ<br>ソ連式計画経済の導入 | 個人のモラル最重視<br>マネー経済の軽視 | 自由化政策<br>ドル解禁 |
| | | | 1989年～<br>ソ連圏崩壊と経済危機 | |
| エネルギー | 農村の電化の推進 | ソ連からの輸入石油に依存<br>ソ連の援助での原発建設 | 自然エネルギーへの転換 | |
| 医療 | 無医村に医療施設を建設 | 近代的な西洋医学の追求 | 伝統医療の再評価<br>都市農業による薬草栽培 | |
| 農業 | プランテーション農業の国有化<br>食料自給率の向上と<br>農業多様化の推進 | ソ連式大規模国営農業<br>農薬、化学肥料の多使用<br>サトウキビへの依存<br>食料輸入 | 有機農業への全面転換<br>都市農業の育成 | |
| 教育 | 識字運動の展開 | ソ連式の教条主義的思想教育<br>マルクス・レーニン主義 | ホセ・マルティ思想の復活 | |
| | 労働と知識の結びつけ（農業教育） | 環境教育 | | |
| 食生活 | 近代的な西洋食の追求 | 輸入飼料に依存した肉食文化 | 都市農業による野菜食文化<br>伝統的食文化の見直し | |
| 環境 | 住民参加型の植林運動の展開 | 大規模開発による環境破壊<br>大型ダム建設、鉱山採掘<br>農薬汚染、工業排水垂れ流し | 持続可能な開発<br>環境重視 | |

（各種資料より著者作成）

まず、革命後の一九六〇年代は、カストロやチェ・ゲバラなど理想主義に燃えるリーダーたちが先頭に立って、無医村での医療改善や識字運動の展開、大規模プランテーション農業の国営化、荒廃した山岳地での植林運動を進めた。革命の指導者たちは無欲で私心がなく、プラトンの「饗宴」に登場する哲人国家の如く、私生活を犠牲にしてまで国家建設に邁進した。だが、それだけに国民はリーダーへの依存心を強め、きわめて中央集権的な色彩が強くなってしまった。また、マネーよりもモラルで動く国民、「新しい人間」が理想として掲げられ、平等な社会を築くため一時はマネーそのものを否定しようとした。理想を追求したのはよかったが、経済効率性を度外視したために現実性が薄く、このパターナリズム体制は次第にゆきづまる。

このため、一九七〇年代に入るとソ連からの計画経済方式が導入された。モラルよりもマネーが重視されたが、市場原理を無視した計画経済の効率は悪く、かつ環境への配慮も欠落していたため、国土は荒廃し、教条主義的な中央集権体制がますます強まっていった。

そこで一九八六年にカストロは「修正主義」と称したキューバ流ペレストロイカに着手する。それはモラルを重視した点で一九六〇年代のゲバラ主義の復活ともいうべきものであったが、地方分権化を進め、コミュニティでの住民参加を重視した点がこれまでとは違っていた。しかし、この改革を進める最中にソ連圏が崩壊し、未曾有の経済危機が国全体を襲ってしまう。食料配給、食料増産のためのボランティア動員など、生き残りをかけた国家主導の統制経済が敷かれた。これは、子どもや女性、老人など社会的に弱い立場にある人々に乏しい資源を均等に配分する上で極めて有効で、そのことが危機の中で餓死者を出さないことにつながった。

だが、その中で命令を受けて動くだけのボランティアの限界や、市場原理が働かない行政セクターだけですべての物事を進める限界も見えてくる。かくして一九九四年からは、農産物販売の自由化やドル解禁、赤字国営企業への補助金削減と独立採算制による民活化などの経済改革が始められ、あわせて大胆な省庁再編とNPOセクターの育成も強化される。革命以来の平等や社会的公正といった社会主義のよき理念を堅持しつつ、マネーによる動機づけを行い、コミュニティをベースにした住民参加を交えて、環境保全と経済効率性の両者をともに実現していこうというのが、いまの国家戦略である。

これはこれまで見てきたブレア政権やサンフランシスコで進んでいる改革と実によく似ている。というよりもほとんど同じ戦略と言ってよい。

ヨーロッパでも財政が悪化する中で、中央集権的な福祉国家が維持できなくなり、かつ行政の非効率性を改めるべく、エージェンシー化や民営化が進んでいる。だが、サッチャリズム的な経済効率性だけを優先したやり方では環境も守れないし、社会的不平等も増す。だから、コミュニティをベースに市民とのパートナーシップを取り持つことで、効率性と社会的公正や環境保全を調和させていこうとしている。だが、富士山への登り道は一つではない。そんなヨーロッパでの取り組みがある一方で、カストロが目指しているのも、社会主義の理想を活かしつつ、ソ連をモデルとした中央集権的な国家社会主義を改め、地方分権を進める中で、コミュニティレベルでの人々のモラルとやる気に依拠して人道的なセーフティネットを保持し、人々が安心して暮らし続けられる持続可能な国づくりなのである。

いま求められているのは、資本主義でも社会主義でもない第三の道であろう。では、社会主義から持続可能な社会へのアプローチは、どのようにキューバで進んでいったのだろうか。地方分権、コミュニティ、効率性、NPOなどを切り口のキーワードとして見ていくこととしよう。

## 引用文献


(1)——— 岡部一明（2000)『サンフランシスコ発：社会変革NPO』御茶の水書房

(2)——— 金子郁容、松岡正剛、下河辺淳（1998)『ボランタリー経済の誕生』実業之日本社

金子郁容（1999)『コミュニティ・ソリューション～ボランタリーな問題解決にむけて』岩波書店


## 参考文献


・ 船場正富（1998)『ブレアのイギリス』ＰＨＰ新書

・ 山口二郎（1998)『イギリスの政治、日本の政治』ちくま新書

・ アンソニー・ギデンズ、佐和隆光訳（1999)『第三の道』日本経済評論社

・ 細内信孝（1999)『コミュニティ・ビジネス』中央大学出版局、1999年

・ 自治・分権ジャーナリストの会（2000)『英国の地方分権改革～ブレアの挑戦』日本評論社

・ 町田洋次（2000)『社会起業家』ＰＨＰ新書

・ 岡部一明（2000)『サンフランシスコ発：社会変革NPO』御茶の水書房

## 3 コミュニティ医療とまちづくり

### ボトムアップ型のまちづくり

最近では世界銀行も開発におけるコミュニティの役割を重視し、「貧困問題の解決にはソーシャル・キャピタルが決定的に重要だ」と主張している。こうした視点からキューバを眺めてみるとどうなるのだろうか。

結論からいってしまうと、驚くほど「ソーシャル・キャピタル」が凝縮された社会だ、ということになる。裏を返せば個人主義が認められない社会だともいえるだろうが、革命後には革命防衛委員会やキューバ女性連盟などの多くのコミュニティ組織が作られ、国民のほとんどがそれに参加するようになった。ソ連からの補助金が潤沢に得られていた時代は、キューバも無料の医療・教育という「大きな政府」による「福祉国家」を運営することができた。しかし、経済危機の中で、「大きな政府」を運営することは困難になっていく。そこで、選択されたのが、これまでに育まれたコミュニティ組織を活かしたボトムアップ型の問題解決方法だったのである。

都市農業をコアとしたまちづくりや伝統医療については、これまでも紹介してきたが、ここではコミュニティ・ソリューションという切り口から、まちづくりと医療を見てみよう。

第三章で紹介した「首都公園プロジェクト」の重点地区のひとつにポゴロティという集落がある。地区の名は、町を作ったイタリアの商人ディーノ・ポゴロッチに由来する。当時の貧しい状況を憂えたポゴロッチが、一九一〇年にマリアナオの郊外に所有していた農地に九五〇の部屋からなる住宅を建設し、これをスラムに住んでいたハバナの労働者に廉価で販売したのが集落のはじまりだった。だが、せっかく作られたこの町も、その後、電気や水道、下水道も整備されないまま、貧しい人々が次々と移り住んでは隣接して掘っ建て小屋を建てたため、たちまちスラムと化してしまった。カストロ政権は、革命後に直ちに住民を一時的に退去させ、スラム街を取り壊し、低家賃の住宅に建て替えて、地区の環境美化を図った。だが、その後のハバナの経済や文化の発展にもかかわらず、ポゴロティが最も貧しい地区であることには変わりはなかった。そして、ソ連崩壊後の経済危機で、地区住民の居住環境や生活事情は一層悪化してしまう。

首都公園プロジェクトは、このコミュニティの再生に取り組んだ。公園チームのメンバーたちは、まず、ポゴロティの地区内でリーダーを養成し、環境保全グループを組織化。そして、地区リーダーと一緒に、地区が抱える環境問題を浮き彫りにし、それらを解決するためのアクション・プランを作成した。あわせて、地区を構成するより小さな七つの字レベルで、住民との濃密な懇談会や現地調査を行い、他の環境NPOの協力もあおいで、ブレーンストーミングやワークショップによる住民の意識啓発を図った。その結果、それぞれ七〇と八〇の世帯からなる二つのコミュニティで、ゴミの分別収集やリサイクルの具体的なアクション・プランが自発的に作り上げられたのである。(1) リサイクル運動は、学校や職場でも取り組まれ、生ゴミは堆肥化されて菜園や植林用に活用され、ガラス、ボール紙、アルミ、プラスチック、服などは資源ゴミとして分別収集され、販売業者に原料として売られるようになった。購入物資を減らし、従来ゴミだったものを原料として販売することは、地区住民の所得をあげることにつながる。地区環境を悪化させていた六カ所のゴミ捨て場もきれいに片づけられ、植林によって緑の空間に生まれ変わった。五〇〇人分の汚水を自然浄化するための湿地も作られ、こうした水質浄化作戦に、環境教育を通じて、地区の子どもたちも参加するようになった。(2)

ハバナ南部のラ・ヒネラもコミュニティの再生に成功した優良地区のひとつである。傷んでいた住宅が修復され、ゴミためとなっていたラグーンにも木が植えられ、緑も増えた。しかも、緑化地区をコアに、職人たちのネットワークが作られ、新たな仕事が生み出され、文化活動も盛んになっている。(3)

ハバナの住宅は密集しているうえ、老朽化が進んでいる。加えて、経済危機に伴う材料不足で、新たな建設ができない。しかし、住宅を修復することはある程度は可能だし、居住環境の改善は、構築物の修繕だけにはとどまらない。緑地を保全したり、廃棄物をリサイクルするといった住民の暮らしやライフスタイル全体に関わるものである。地区住民の環境意識やモラルを高めるというコミュニティの再生は、ポゴロティのようにボトムアップでの住民参加方式を通じて進められている。コミュニティ活動を通じて地区を再編する「地区変革のためのワークショップ」は、一九八八年頃から取り組まれるようになったが、[(3)]現在では首都公園プロジェクトの地区だけでなく、ハバナ全域の二〇地区で実施されている。

なお、住宅の改善には「バイオ気候的な建築デザイン」と称されるエコロジー建築も試みられている。エネルギーを浪費する電気冷房を減らそうと、自然の換気を利用したり、コンクリート製の建物を藁葺き屋根の伝統住宅に建て替えるといったことがいま都市の中で実践されているのである。[(4)]

## コミュニティをベースとした地域医療

一九九一年に、保健省は「二〇〇〇年を目標とした国民の健康増進についての医療ガイドライン」を作成し、以下の五つの具体的な戦略に基づき、その福祉・医療システムの転換を試みる。

(1)治療から予防への転換
(2)ファミリドクターと看護婦のチーム連携による地域予防医療の充実
(3)地方分権の推進と国、州、市、コミュニティそれぞれの役割分担の明確化
(4)草の根レベルでの住民参加と行政とのパートナーシップによるコミュニティレベルでの健康問題の

(5)近代医療技術に加えて、自然の薬草（ハーブ）や伝統的な医療（鍼、灸）の重視(5)

すなわち、従来までの中央集権的な「福祉国家」の体制を改め、医師と患者とのパートナーシップにより、個人の自然治癒力やコミュニティの力を引き出す「自給的な医療」への転換を図ったのである。治療から予防への転換とはどのようなことなのだろうか。具体的に予防医療の第一線で奮闘するファミリードクターのひとりを訪れてみよう。

ハバナの中心、プラサ地区（正式名：プラサ・デ・ラ・レボルシオン）。革命広場の近くにアレックス・カレラス医師の診療所がある。診療所といっても自宅兼用の二階建ての小さな建物で、一〇人も入れば一杯になってしまうこぢんまりとした待合室と診察室がある。椅子の布張りは擦り切れているし、診察台や調度品も日本ではとっくにお払い箱になっていそうな年代物なのだが、そんなオンボロな見てくれとは裏腹にやっていることは斬新的である。

「私が担当しているのは、四九六人、一二〇家族です。午前中に一〇から一二人の患者を診察し、午後には一〇人ほど各家庭へ往診します。このカルテを見てください」

カレラス医師は、細かい数値がぎっしりと書き込まれているファイルを取り出す。

「学生か職業人か、仕事の内容や経済状態、飲料水・下水・ゴミの状態、ゴキブリ・蚊・ペットの様子、

エイズ防止の重要性を訴えるアレックス・カレラス医師。キューバではコミュニティごとにファミリードクターと呼ばれる町医者が住み込み、予防医学にあたる。平均寿命も乳幼児死亡率も先進国と遜色がない。コミュニティが健全でなければ住民も健康になれないと、予防医療は、ストレス防止から老人の生きがいサークルづくりにまで及ぶ。

日あたり、ほこりといった家の状態、家族がどれだけ健康の知識を持っているか、酒を飲みすぎていないか、家庭内の問題や隣人関係でストレスを抱えていないか、そこまで調べたうえで、どこを改善すれば健康になれるかの処方箋を書くのです。そして、患者の生活習慣を毎年比較することで、高血圧ならば、なぜ高くなったのか原因を追及することができます」

ファミリードクターは、担当する住民一人ひとりを、完全に健康な人、少し危険を抱えている人、慢性（習慣）病にかかっている人、その他病人の四タイプに分類し、健康レベルに応じて往診を行う。類型ごとの割合は二〇パーセント、一〇パーセント、六五パーセント、五パーセント。慢性病患者が六五パーセントもいるというのは、病人だらけとも思われるかもしれないが、それは近視や喫煙まで慢性病としてカウントしているからである。

もちろん患者が希望する場合は、基準回数よりも多く診

住民約１万人を受け持つ総合診療所の診察室。みてくれはオンボロだが、主な病気の６割はこの診療所で治癒する。病状が重くなるにつれ、地区病院、州病院、国立総合病院へと段階的に治療するシステムを作りあげたことが、医薬品が不足する中でも人々の健康を守った。

察してもらうことも可能だし、医師が入院する必要がないと見なせば、ファミリードクターの往診を受けながら、自宅療養を重ねる。健康な人も年一回は必ず検査をする義務があるため、住民が診察に訪れない場合には医師のほうから出向いていく。こうして、健康な人々がそのレベルを落とさないように予防線を張るのである。

「キューバでは、とりわけ若者のセックスにまつわるトラブルも多いのです。親には話せないことも、私が電話を受けて相談に乗ったりもします」。カレラス医師は人気があるらしく、訪問中にも何度も電話が鳴って「ちょっと待ってくれ」と答えていた。

いくら五〇〇人といっても、ここまできめ細かい健康管理を一人の医師だけで行うことは困難である。そこで、カレラス医師は、住民参加型の衛生活動や止血のための学習会などを開催し、地区住民のレベルアップを図っている。

「こうして集められた地区のデータは報告書としてとりまとめますが、その場合も私が一方的に提出するのではないのです」

地域住民を集めて、この地域にはこうした問題があるが、どう改善するかという討論会を行い、一定の合意を得たうえで報告する。それは健康に対する住民の意識啓発上、大いに役立つという。

## 高齢化社会へもコミュニティで対応

「六〇歳以上の老人には体操や運動、散歩、グループでのレクリエーションを勧めています」

カレラス医師は笑顔の老人たちの集合写真を取り出す。「近くの公園を使って子どもたちとの交流も進めています。そうしたグループ活動で、元気を回復し、愛が芽生えて再婚した熟年カップルもいるのです。何よりも大切なのは生きがいなのです。自宅で一人暮らしというケースはありません。老人ホームもあれば、デイケアセンターも設置されています。十分な余裕があるため、希望があっても入れないということはありません」

乳幼児死亡率の減少や平均寿命の伸びにより、キューバの人口ピラミッドは、先進諸国とほぼ同じで、二〇二五年には人口の四分の一が六〇歳以上になるとの推計があるように先進国並の高齢化が進んでいる。このため、老人医療も重視され、福祉施設二八六、老人ホーム一九〇、温泉ヘルスセンター四が整備され、「高齢者医学」も医学教育で必須科目となっている。

とくに、老人医療の専門性を深めたり、スキルアップを希望するファミリードクターや内科医は、国内各地にある「老人ホーム」で働く。ホームでは、デイケアサービス、生理学に基づく運動プログラムなどのサービスを受けられ、一人暮らしの老人や高齢者夫婦が、一緒に旅行や文化活動を楽しむ。

高齢化社会への対応でもコミュニティは大きな力を発揮している。地域コミュニティでの活動が、高齢者へのケアやサービスに役立つという経験を踏まえ、一九七〇年代後半から「老人クラブ」が次々と誕生するようになったのである。今では老人クラブは全国各地で、相互交流やレクリエーション活動を行っている。(6)

## コミュニティの免疫力を高めるファミリードクター

キューバの医師の約半分はカレラス医師のようなファミリードクターである。それ以外に大病院に勤務する医師もいるが基本的な違いはなく、どちらもまったく同じ医学教育を受けている。というよりも、大学を卒業したばかりの若い医師は、まず、ファミリードクターのような現場での医療業務に従事し、そこでの仕事が自分にあっている人はそれを続け、専門性を高めて特定部門でのプロになりたい人は希望して大病院で勤務し、そこで専門医師としての腕を磨いていく。

都市から農村にいたるまであらゆる地域で住民四〇〇〜六〇〇人ごとに配置され、食生活、衛生、ストレスといったライフスタイルそのものをトータルでコーディネートするファミリードクター。カレラス医師の仕事ぶりを見るかぎり彼らは、単なる「町医者」という意味を超え、むしろまちづくり運動を通じて住民と住民とをつなぎあわせ、コミュニティとしての「免疫力」を高める仕事をしているようにも思える。

このファミリードクター制度は、カストロの呼びかけにより一九八四年から始まった。それ以前はキューバにおいても、それぞれの医師が各自の興味や関心に応じてどの専門医になるかを選択するという、普通の国と同じ路線を歩んでいた。しかし、多くの住民から「診療所がいつも混雑しているし、お医者さんの顔ぶれもコロコロ変わってしまう」という不満の声があがったため、保健省は一九七〇年代の中頃に「コミュニティ医療プログラム」を打ち立て、予防医療（プライマリーケア）の専門医や実習生を地域診療所に在住させたのである。ところが、患者たちはこうした改革にも満足せず、さらに充実した地域医療改革を求めた。かくして、一九八四年から「総合医療プログラム」がスタートし、医師の卵たちはまずファミリードクターとして三年間地域医療に携わり、臨床現場の第一線の実践体験を先輩から教えられたり、内科、小児科、産科といった総合的な医療分野の現場経験を積むようになったのである。(6)

カレラス医師の診療所から歩いて五分もかからないところに、三階建ての白い建物がある。全国に四四二ある総合診療所のひとつである。このクリニックの傘下に、カレラス医師ほか三二名のファミリードクターや小児科、産婦人科、内科、精神科などの専門医がチームを編成し、プラザ地区全体の総合治療活動を行っている。

ファミリードクターと総合診療所の関係は密接である。総合診療所に入院しても、ファミリードクターは専門医と打ち合わせ、退院後も外来診察が受けられるように手配をするし、急病の場合には、ファミリードクターを通さずに、総合診療所の緊急治療室でいきなり手当てを受けることもあるが、この場合もスタッフは、フォローアップがとれるよう患者の通い付けのファミリードクターと連絡をとる。一つの診療所はおおよそ一万人程度の患者を受け持つが、ファミリードクターとの連系プレーで、メジャーな二〇〇ほどの病状のうち、だいたい六割はこの診療所段階で解決してしまうという。そして、ファミリードクターや総合診療所でも治療がおぼつかないということになると、病状に応じて、より設備が充実した市、州、国の病院に入院、あるいは通院することになるのである。

総合診療所は、住民向けの医療講習会を開催したり、所属する医師の技術をスキルアップする役目も果たしている。例えば、各ファミリードクターは、土曜日の午後には、この総合診療所を訪れ、新たな医療技術の情報やスキルを学ぶが、その中には第二章で紹介したハーブや鍼などの伝統医療も含まれている。訪れた診療所内にもハーブ療法の専門治療室があり、鎮静剤としてハーブティーが活用されていたし、カレラス医師も、「私は、鍼灸・指圧といった東洋医学も活用しています。経済危機で医薬品が手に入らなくなったことが直接の契機ではあったのですが、実際に試してみると効果があることがわかったのです」と語っている。

経済危機の下でも高度な福祉医療水準を堅持できているのは、伝統医療を活用することで個人の自然治癒力を高めることとあわせて、コミュニティをベースに住民と密着した予防医療を前提とし、専門的な需要が増える順に、地区病院、州病院、国立総合病院へと段階的に対処する合理的なシステムが作り上げられているからである。医療の本来の目的は、健康を守ることにあって、病院にかかることではない。この当たり前の原則を追求した自給的医療は、社会的コストを低く抑えることにも大いに貢献している。とかく豊かさと健康は同等視されがちだが、キューバは、健康や幸福がＧＮＰとは無関係であることを実証している。

## 医師に求められるコミュニティからの推薦

第一章で登場した都市農家、マリアさんの義母にあたるルシア・セルベトさんも二四年間糖尿病を患っており、自宅近くのアパートの一階にある「ファミリドクター二七一」という診療所に通っている。「私は七四歳ですがね、病気になればすぐに来られるし、往診もしてもらえるので安心です。本当に親切な制度で、こんな幸せなことはありません。ファミリードクターのおかげで、この年まで生きられたともいえます」。そう感謝の気持ちを口にする。

キューバのヘルスケアが目指すのは、個人の健康だけでない。コミュニティ全体の健全さと、さらにその中で暮らす一人ひとりの個人を幸せにすることなのである。ファミリードクター制度がうまく機能しているのは、カレラス医師のように地域住民のために献身的に尽くしたいという気持ちを持っていたり、もともと人を助けることが好きな人物だけが医師になっていることもある。

革命以前にはほとんどの医師が白人だったが、今は、出身階級や人種による差別は一切ないし、男女差別もない。全体では四八パーセント、ファミリードクターでは六一パーセントが女医さんである。他の国では、医師になるにはある程度の資産が必要だが、キューバでは、個人負担が一切なく無料で医学教育が受けられる。キューバは、専門家の最高賃金と一般労働者の最低賃金の格差が二五パーセントしかないという平等社会を築いてきたが、さらに無料の教育制度を整えたことによって、平均以下の収入しかない家庭出身の若者も医師になれるようになった。

ただし、日本とは決定的に違う点がある。医学部に合格するためには、学力だけでは不十分で、地域のコミュニティ組織から「この学生さんは立派な青年だ」という推薦を受けることが必要なのである。「医師の選考プロセスに政治的な基準や政策的な要素を持ち込むなどもってのほかである。これこそカストロ独裁政権による自由のなさの証ではないか」。そうした海外からの批判の声はある。しかし、カストロ政権は、医師になる資格要件からコミュニティの推薦を外す気は一向になさそうだ(6)。

日本のシステムが、試験というヒエラルキーと「裏口」というマーケット・ソリューションだけを医師の選考基準に置いているとするならば、キューバはコミュニティ・ソリューションを選考過程に加味しているといえるだろう。

## 引用文献


(1)——— Rafael Betancourt (2000) "A Cuban Community takes bold steps To Clean up its Back Yard"
http://www.canurb.com/ipo/feb2000_7.html

(2)——— Andrew Farncombe and Rafael Betancourt (2000) "Canada Contributes to Sustainable Urban Development in Cuba: Revitalization of el Parque Metropolitano de La Habana"
http://www.globalexchange.org/campaigns/cuba/sustainable/metroPark. html

(3)——— Maria Lopez Vigil (1998) "Twenty Issues for a green agenda—Ethics and the Culture of Development Conference"
http://www.afsc.org/cuba/grnagnde.htm

(4)——— Roger Lippman et al. (1977) "Renewable Energy Development in Cuba: Sustainability Responds to Economic Crisis" April 1997
http://tlent.home.igc.org/renewable energy in cuba.html

(5)——— Pan American Health Organization (2001) "Country Report on Cuba"
http://www.paho.org/English/SHA/prflcub.htm

(6)——— Howard Waitzkin, MD, PhD, Karen Wald, Romina Kee, MD, Ross Danielson, PhD, Lisa Robinson, RN, ARNP (1997) "Primary Care in Cuba: Low and High Technology Developments Pertinent to Family Medicine"
http://www.cubasolidarity.net/waitzkin.html

## 4 市民社会とキューバのNPO

### 地方分権化の推進と省庁再編

コミュニティ・ソリューションがうまく機能するかどうかは、地方分権や市民社会の成熟とも極めて密接に関わっている。

前述したように一九八〇年代のキューバでは、ソ連式の教条主義的な中央集権体制がはびこり、その体制は硬直しきったものになっていた。カストロ自身の呼びかけにより、一九八六年からはソ連に先駆け、キューバ流ペレストロイカがスタートし、従来の中央集権的・トップダウン方式の政治体制が改められていく。

日本もそうだが、政治や経済にゆきづまりが見えると決まって口に出されるのが、規制緩和や競争原理の導入である。だが、キューバには市場原理の導入は不可欠であるにしても、「新自由主義の下で物質的な欲望に支配される社会になることだけは避けたい」という願いとこだわりがあった。このため、経済的なインセンティブに代わるものとして、国民の意思決定への参加が重視された。(1)

参加の場づくりは、それこそ個々の職場集会から、党幹部と住民の直接対話まで多岐にわたった。一九九一年の第四回共産党大会の開催にあたっても、前もって党の方針を打ち出し、住民組織など様々な場で一年をかけて意見の集約がなされた。この議論には国民の三割以上の三五〇万人以上が参加したといわれる。(2)

その結果、州議員と国会議員を直接選挙で選ぶこと、若手幹部を登用し、指導部の若返りを図ること、党・行政機構を簡素化すること、国営企業の独立採算化と補助金の廃止による赤字財政の健全化など、今の日本の行政改革にもかなり相通ずる事項が決議された。一九九二年七月には同じく国民の幅広い討議を経た後に、全条の半数にも及ぶ大幅な憲法改正が行われる。(3)

ＮＰＯや市民組織の強化を図り、市民参加と地方分権化を進めるため、選挙制度改革もなされる。(3)ここでキューバの政治機構と選挙制度について簡単に説明しておくと、革命が成立した時点では、旧スペイン統治時代の政治システムを引き継ぎ、六つの州と一三二の市があった。一九七五年の第一回共産党大会では、州を一四、市を一六九とし、あわせて「ポデール・ポプラール」と称される行政機関を設置することが決まった。(4)

一九七六年に制定された憲法第四条は「主権は国民にあり、権力はポデール・ポプラールなどの国家諸機関により行使される」と定義している。ポデール・ポプラールとは、区、地区、市、州、国の五段階からなる一種の議会で、その頂点に立つのが、全国人民権力会議、すなわち国会である。国会は五八九人の議員からなり、憲法改正と立法の権限を持つ。(4)

一九七六年から、市会議員は、地区住民の直接選挙で選出されてきたが、州議員と国会議員は、それぞれ市会議員と州議員が選ぶ間接選挙だった。しかし、一九九二年の選挙制度改正で、州議員も国会議員も直接選挙で選ばれるようになったのである。(4)

なお、選挙後の一九九三年三月に開かれた国会では、評議員三一名のうち、半数以上が新任となり、経済担当副議長カルロス・ラヘ(四二歳)、ロベルト・ロバイナ外相(三七歳)、ホセ・ルイス・ロドリゲス経済計画相(四七歳)など、指導部の大幅な若返りも図られた。(3)

市町村議員は二年半ごとに、州議員や国会議員は五年ごとに改選される。全国には有権者二四〇〇人当たりに一カ所、三万もの選挙区があり、一九九三年二月には、新制度に基づき初めての直接選挙が実行されたが、投票率は九九・六パーセントだった。一九九五年一月の市会議員選挙でも九七・一パーセント、一九九八年一月には全国・地方両会議の選挙が行われたが、この投票率も九八・四パーセントである。(2)(4)

キューバの人々の政治意識は高いが、若者に政治への関心を持たせるため一六歳から選挙権がある。そして、在日キューバ大使館のミゲル・バヨナさんは、次のようなユニークな選挙システムがあることも教えてくれた。

「日本でも選挙管理委員会というのがあるでしょう。でも、キューバの投票場では、不正な選挙が行われていないかどうかチェックするのは地域の小学生たちなんです。子どもたちのつぶらな瞳の前ではなかなか悪いことができませんし、子どもたちにとっても、こうして政治家が選ばれていくのだという社会勉強になります」

是非は別として、実に画期的な制度といえるだろう。

また、都市農業の土地利用調整で、一九九二年に作られたコンセホ・ポプラールが大きな役割を果たしていることについて触れたが、これも一九七四年からマタンサス州で実験的に実施された制度を拡充したものである[(2)]。ハバナのような大都市では、問題も複雑で多岐にわたり、住民のニーズも多様で、小回りの利く行政府があったほうが、効率がよい。一九九二年の憲法改正ではコンセホ・ポプラールも第一〇四条に位置づけられ、税の徴収から、自家営業者の調整など地域に密着した行政サービスを行うこととなった。現在、国全体には一五五一ものポプラールがあり、革命防衛委員会などのコミュニティ組織と連携して働いている。

また、このポプラールには、レンディミエントロ・デ・クエンタス（Rendimientro de Cuentas）といわれるアカウンタビリティ制度が組み入れられていることにも着目すべきだろう。ポプラールの代表は全国に一万四〇〇〇人もいるが、自分たちの仕事の内容や成果を二年に一度、選挙民に報告しなけれ

**表7　国営企業への赤字補填金の推移**

（百万ペソ）

| | |
|---|---|
| 1989年 | 2,653 |
| 1990 | 2,975 |
| 1991 | 3,882 |
| 1992 | 4,889 |
| 1993 | 5,434 |
| 1994 | 3,447 |
| 1995 | 1,800 |
| 1996 | 1,670 |
| 1997 | 1,350 |
| 1998 | 1,309 |
| 1999* | 1,100* |

＊は推計値

（出典：在日キューバ大使館ホームページ
http://www.cyborg.ne.jp/~embcubaj/economy.html）

ばならない。この地区集会では、地区が抱える問題点の掘り起こしや解決策が議員たちと議論される。(2)

カストロは徹底した行政改革も進める。まず、着手したのが共産党の中央組織である。一九九一年の七月に共産党組織の人員削減プランが発表され、それまで一九部署あった中央委員会組織を九部に簡素化、職員が六割削減された。さらに一九九七年には二二五名いた中央委員を一五〇名まで減員する。

一九九四年四月には「国家中央行政機構の再編成」が発表され、五省庁が廃止、六省庁が統廃合され、五〇あった公官庁も三二に削減。二七ある中央省庁の各部局は、九八四から五七〇に削減、職員も一万一六〇〇人から、四六五〇人へと徹底した人員削減が行われた。(3)

## 表8　実質ＧＮＰの成長率

| | |
|---|---|
| 1962～65年 | 7.1% |
| 1965～70 | 3.8 |
| 1970～75 | 6.7 |
| 1975～80 | 3.6 |
| 1980～85 | 5.4 |
| 1985～90 | 2.2 |
| 1988 | 3.6 |
| 1989 | 0.9 |
| 1990 | −2.9 |
| 1991 | −10.7 |
| 1992 | −11.6 |
| 1993 | −14.9 |
| 1994 | 0.7 |
| 1995 | 2.5 |
| 1996 | 7.8 |
| 1997 | 2.5 |
| 1998 | 1.2 |
| 1999 | 6.2 |
| 2000 | 4.6 |
| 2001 | 5.5（見込み） |

（新藤通弘『現代キューバ経済史』、Ernesto Hernandez "The fall and Recovery of the Cuban Economy in the 1990s" などより著者作成）

## ◉コラム5
# 地方分権と軍

都市農業や薬草栽培もそうだが、地方分権化にも軍が深く関係している。キューバの改革は一九八六年の春に始まったとされるが、実際にはアメリカのグレナダ侵攻後の一九八四年から国防体制の見直しという形でスタートしている(1)。

グレナダとはベネズエラの沖合にあるカリブ海の小さな島国で、左翼勢力が政権をとり穏健な社会改革を進めていた。しかし、一九八三年一〇月にアメリカ軍が侵攻。この左翼政権を打ち倒し、親米政権を樹立したのである。レーガン政権はグレナダ在住のアメリカ人の保護を侵攻の理由としたが、本来の目的は左翼政権の打倒であり、国連総会でもこの攻撃は不当だとの非難決議を行っている。そして、アメリカはエルサルバドルやニカラグアへも干渉を加えたため、キューバはアメリカの軍事的侵攻の可能性がきわめて高いものとして深刻に受け止めざるをえなかった。

そして、ソ連や東欧のように国民のごく一部の正規軍だけに依存した国防体制ではとうてい国は守りきれないという結論に達する。その中で、再評価されたのが、革命を国民皆兵で守ろうとした一九六〇年代初期の思想に立ち戻ることだった。

結果として、三〇〇万人の民兵が組織化され、アメリカが侵攻した場合に、どの場所でも直ちに戦闘が行えるよう、工場、農場、大学など全土にわたって武器を配備した。

アントニオ・ブランコさんは、「この一九八四年の防衛システムの再評価は非常に重要だと思います。なぜなら、市民誰もが参加することが大切だというキューバ革命本来の考え方を再び強化したからです」と述べている。

キューバは四方を海に囲まれた島国である。四方八方から攻め込まれたらとても守りきれない。ならば、どこに上陸されても民兵を中心にゲリラ戦を展開するという気概を見せたのである。

学校に武器を置くというのは日本の感覚からするときわめて物騒に思えるが、これはカストロ政権が、圧倒的多数の支持を受けた平和な国家だという自信の裏返しでもある。軍事力で市民を弾圧するような独裁政権や政情が不安定な国では、学生や市民に軍事訓練をほどこし武器を与えるということは、内戦やクーデターの勃発を誘発するようなもので自殺行為に等しい。

そして、こういう分権的な自衛団が作られた結果、その後各地を襲ったハリケーンなどの災害でも市民が自発的に自衛活動を行い、被害を最小限に抑えるということにつながった。

日本でも江戸時代に今の東京都庁と警視庁、消防庁を兼ね備えた町奉行所は、正規職員が数十人しかいない「小さな政府」だったが、大火や地震から市民を守れたのは、町火消しというNPOがボランタリーで活躍していたからだった。

**参考文献**

Juan Antonio Blanco and Medea Benjamin (1994) *Cuba talking about Revolution*, Ocean Press

財政赤字も一九八九年の一四億ペソが、一九九二年には四八億ペソ、一九九三年には五〇億ペソにも増え、国家財政は破綻をきたしていた。この原因の半分は赤字国営企業への損失補填である。赤字企業への補助金は一九八九年でも二六億五三〇〇万ペソで政府予算の一九%を占めていたが、一九九三年には五四億三四〇〇万ペソに及んだ。[3][5]

財政赤字を削減するため、国営企業への補助金も大幅に削減された。一九九三年までに国営企業の二五パーセントが独立採算制で運営されることになり、その後、さらに国営企業への補助金を七五パーセントもカットする改革を実施し、一九九八年には赤字を五億五〇〇〇万ペソまで削減することに成功した。こうした努力の甲斐もあってキューバ経済は次第に回復していく。[5]

## 経済危機の中で急成長するNPO

この地方分権化と行財政改革と並行して進んだのが市民セクターの誕生ともいうべき現象である。キューバでは経済危機以降NPOセクターが爆発的に成長し、それこそ雨後の筍といっていいほど数多くのNPO団体が誕生している。NPOは法務省への登録制となっているが、一九八九年から一九九三年にかけ急速に登録数が増加、一九九四年にはほぼ頭打ちとなるが、一九九五年時点ですでに大小あわせて二二〇〇団体にも及んでいる。その内容もスポーツ三九二、科学技術一五八、友好連帯一四三、文化四六など多岐にわたる。正式登録を受けず水面下にあるグループも数多く、政府からも市民からも多く

の関心と期待が寄せられている。(6)

なぜ期待されるかというと、二つの理由がある。ひとつは、政府の財源が逼迫する中で、対処できないローカルな問題を解決するため、自助組織への市民の期待が高まったことである。かつては、キューバはそれこそゆりかごから墓場まですべてを国がまかなうという超福祉国家だった。カストロは、一九七〇年七月二六日の「モンカダ兵営襲撃記念日」に、次のような演説を行っている。

「今、人民諸君は国家がすべてをなしてくれることを待ち望んでいる。そう、諸君らは正しい。それこそが、まさに共産主義的な意識、社会主義の意識である。今、人民は、すべてを管理組織に期待する。そして、すべての上に政治組織があり、それがすべてを代表する。もはや人民は過去にそうであったように、自らの努力や自身の手段に依存できない。人民が国家にすべてを期待するという事実は、革命が作った社会主義の意識であり、人民の権利なのである(7)」

セグンド・ゴンサレスさんは、「カストロに唯一欠点があるとすれば、彼一流のパターナリズムだ。働く人も働かない人もすべてが平等で、あまりにも皆に同じ権利を与えてしまった」と批判していたが、こうした発言こそ、その最たるものといえるだろう。

ところが、ソ連からの補助金が失われ、国家財政が破綻すると、これまで果たしてきた多くの公共サービスを国は実施できなくなっていく。望んでも期待できないとなれば、市民たちが自力で問題解決に取り組むしかない。そこで新たな開発モデルとして、コミュニティが再評価され、かつＮＰＯが必要となったのである。

もうひとつは、海外からの援助などを受ける資金ルートの受け皿として、有益な仲介機関としてNPOが役立つと政府が判断したことである。ソ連に代わる資金源を確保したい。ところが、経済封鎖の影響で、世界銀行やIMFからの援助は受けられない。頼るとすれば海外協力NGOだけである。ところが、多くのNGOは、市民団体に対しては援助しても、独裁政権が援助物資を横流ししたり、悪徳官僚が着服してしまうことを避けるため国への直接寄付を避けたがる。このため政府は、いくつかの省で新たにNPOを設立するとともに、既存の市民組織やシンクタンクをNPOとして衣替えした。

そして、ソ連の体制改革の動きも影響した。一九八八年のモスクワ・プレスが「四万の団体と協会が設立された」と主張したように、一九八五年にゴルバチョフがソ連の指導者になり、グラスノスチ（情報公開）やペレストロイカをスローガンにソ連改革に着手すると、ソ連内では多くのNPOが誕生する。キューバの知識人たちは、宗教の自由、大衆文化、環境保護、経済開発、社会開発といった様々なテーマを提唱するソ連のNPOグループと接し、大きな刺激を受けたのだった(8)。

## 市民社会の活性化に欠かせないNPO

都市農業、有機農業、自然エネルギー、まちづくり、医療と、キューバの持続可能な取り組みについて見てきたが、いずれの分野においてもNPOの活動は欠かせないし、住民参加や海外との連携という面では政府機関以上に重要な役割を果たしている。例えば、都市農業や有機農業に深く関わるNPO組織としては、アクタフがある。アクタフは一九八七年に団体認可を受け、有機農業運動を展開してきたNPOである。かつては各州ごとに一〇人以下の会員しかいない小グループだったが、今では全国規模のネットワークを構成し、九〇〇〇人以上の会員を抱える。

それまで、キューバには、有機農業の普及の鍵となった研究者、生産者、活動家と行政官が構成するキューバ有機農業協会（ACAO）をはじめ、種子生産グループなど団体認可を受けていない団体が数多くあったが、こうした陰で動いていたグループが活動を活性化するため、一九九九年にアクタフの旗の下に再組織化されたのである。

これまで、何度も登場したエヒディオ・パエス、ハバナ支部長にその役割を聞いてみよう。

「アクタフは、自由な研究をしたい人、あるいは国で働きたくない人、国を退職した人などがスタッフとなり、農家のために研究、技術指導、問題解決の支援を行っているNPOです。もちろん、国の専門技術者や研究者もこうした支援は行っていますが、土壌分析など農家に密着したサービスを全部やることはできないのです。困っている農家の悩みを聞いてアドバイスをしたり、適切なコンサルテーションを行ったり、必要な各研究所とのコンタクトをする。あるいは外国のNGOと技術交流を行って、援助を得る。そんな活動をやっています。もちろん、私たちの活動には国は口を出しません」

アクタフは、国からの補助金はもらわず、独立採算で運営されている。ハバナには約三万人の都市農家がいるが、うちアクタフに加入しているのはオルガ夫妻やマリアさんなど一三〇〇人ほどである。

「少ないと思われるかもしれませんが、会員の質を高くしたいので、増やしても三〇〇〇人位までに抑えようと思っています。年間に三〇ペソの会費をもらっていますが、それだけでは運営経費をまかなえないので、自分たちで作った野菜を販売して運用資金に充てています」

エヒディオさんのハバナ支部は、国から借りた土地で野菜を生産しながら、モデル農場を運営している。だが、国からの援助が全くないわけではない。会長のリカルド・デルガド博士は言う。

「アクタフはＮＰＯですが、農業省と密接に連携して活動しています。国からの資金援助は受けていませんが、潤沢な活動資金がないため、自力で事務所を開けない。ですからこの本部も農業省からタダで借りているのです」

都市農業グループでさえ、農業省の出先事務所のオンボロの建物に入っているのに、訪れたアクタフの本部は、農業省の本省の一フロアーに鎮座していた。日本では考えられないことだろう。アクタフは、隔年で有機農業国際会議も主催し、世界的にも著名な有機農業関係者が参加するようになってきている。一九八八年一二月にはスウェーデンからオルターナティブノーベル賞として知られる「ライト・ライブリーフッド賞」をキューバで初めて受賞し、その活動の重要性が国内外に認識された。

## 官製市民組織があればＮＰＯはいらない？

今でこそ社会的な認知が高まったＮＰＯだが、経済危機までは政府は「国家は本質的に人民の意思を反映しているがゆえに、市民を代表する独立した組織など必要ない」と主張し、「ＮＰＯ」ないし、「市民組織」をむしろ国家破壊活動を行う危険分子とみなしてきた。

キューバでは海外援助は「外国投資国内協力省」（旧「国家経済協力委員会」）が統制しており、ＮＰＯが海外から援助を受けるには省の認可を受けることが必要である。だが、旧国家経済協力委員会の高官は、かつては次のようにＮＰＯの存在そのものを否定するような発言を行っていた。

「政府には何を優先すべきかのプライオリティがあります。ですから、キューバではＮＰＯプロジェクトを委員会を通じて行うよう法的に定めているのです。そうすることで今最も必要とされる開発ニーズに援助を振り向けられます。いうならば、ＮＰＯは、国家機関に資金を流すためのインターミディアリー（中間組織）です。率直に言って、国家のほうがよりよくプロジェクトを遂行できるのです(8)」

国家経済協力委員会の官僚たちは、東欧やソ連とのつきあいが長く、中央集権的な発想が染みついていたため、ＮＰＯの重要性を理解できなかった。例えば、寄付の承認を受けるのに大変な骨を折ったアジア・オセアニア研究センター長は次のような感想をもらしている。

「連中は学術組織が援助を受けてしまえば、援助額と等しい予算が農業や産業の部門から自動的に削られてしまうと考えたのです。とにかく、社会主義諸国との協定時代に染みついたゼロサム意識が抜けきれていません」[8]

また、キューバでは市民がＮＰＯ団体を設立するのも大変である。登録は法務省が行うが、一九八五年の民法第五四条「協会とその規制」に基づき、以下の要件を満たさなければ認可されない。

(1)代表者の氏名、住所、電話番号、年齢及び三〇名の構成員の氏名を提出すること。
(2)組織が自己資金で運営されることを証明すること。
(3)組織内容及びその目標についての記載を提出すること。
(4)類似した目的を持つ他のいかなる登録された団体もないという法務省の「否定証明書」を得ること。もし、うり二つの組織があるとすれば、新たな申込者はすでに登録された団体と連携しなければならない。
(5)ＮＰＯの設立目的に関心を持つ「国の関連機関」の後援を得ること。関連機関は、その後ＮＰＯ理事会に出席し、それがその定められた目的を履行しているか確認する権限を持つ。
(6)ＮＰＯがその本来目的を実行しないと決定したならば、法務省はそれを解散する権限を持つ。
(7)ＮＰＯの目標が憲法を侵害するか、侵害する活動を含む場合は組織は登録されない。[8]

ちなみに、ＮＰＯ大国であるアメリカでは、ＮＰＯ設立の許認可は国ではなく、州の権限である。担当セクションには毎日、四〇～五〇件の申請がなされるが、NPOの設立は、一枚の申請書に団体名、目的、住所、法的代理人を書き込み、三〇ドルの手数料を支払うだけですむ。申請は郵送でもかまわないし、その場合は職員が対応する手間が省けるから一五ドルと半額になる。もちろん、NPOが、法人税の免除、寄付者への所得控除などの特典を得ようとする場合は、事業計画書や財産目録などが必要だが、設立そのものは驚くほど簡単である。そこには、入り口を低くすることで市民の社会参加や企業化を促し、社会活性化につなげようという発想がある。(9)

アメリカと比較するとキューバのNPOがどれほど厳重な国家管理下に置かれているかがわかるだろう。要するに、当局はNPO活動をコントロールし、海外援助を受けるための便利なチャネルとしてしか見てこなかったのである。

そして、NPOが不要とされてきたもうひとつの理由として、キューバには官製の巨大市民組織があったこともある。国家経済協力委員会の高官は「NPOにも何か役割があるかもしれませんが、キューバにはすでに革命防衛委員会のような市民組織があるのです。NPOは外貨を分散させてしまうし、革命防衛委員会の活動を拡充することこそが大切なのです」と主張している。

「革命防衛委員会」（CDR）とは、一九六〇年九月二八日に市民の自発的な呼びかけで誕生した組織である。一四歳以上が参加可能で参加はボランティアだが、一九九六年現在、会員数は七六〇万人を数え、全国民の八七パーセントが加入している巨大組織である。(4)「防衛委員会」という物騒な名前がついているのは、一九六〇年代のキューバミサイル危機に象徴されるアメリカとの対立の中で、キューバに対して行われた数多くの爆弾事件などのテロ防止のために誕生したからである。

キューバは人口の約八割が都市に集中しているから、委員会の活動は都市が中心で、配給、住宅や道路の補修、文化やスポーツ、余暇活動、空き瓶回収、寄付と献血などを行う。日本流にいえば、いわゆる町内会組織のようなものと言えるだろう。ただし、政治教育を行ったり、国の政策を市民に伝える役割も担うことから、海外からは、反革命的な行動を取る市民の動きを察知して当局に通報する独裁政権を支えるための「隣組組織」として批判的に見られている。[2]

また、女性のための巨大団体もある。一九六〇年八月に設立されたキューバ女性連盟（FMC）がそれで、革命防衛委員会と同じく一四歳以上が参加要件だが、全女性の八二パーセントが加入し、会員は三六〇万を超える。全国には七万六〇〇〇もの支部があり、女性の社会参加や地位向上のために働いてきた。[3] ちなみに、革命後の女性解放でも「フェミニスト・カストロ」と皮肉を込めて呼ばれるほど、女性の社会参加のために力を注いだカストロのリーダーシップが大きかった。[10] キューバでは一九六〇年初めには女性が活発に社会参加できるように保育園や託児所が作られ、女性が大卒の六〇パーセント、技術者の六二パーセント、指導者の二九パーセント、国会議員の二八パーセントを占めるなど、徹底した男女平等を進めてきたが、こうした女性の地位向上に大きな役割を果したのが、連盟なのである。[8][11]

憲法上も位置づけられている巨大組織としては、このほかにも、キューバ労働者中央連合（CTC）、大学生連盟（ＦＥＵ）、高校生連盟（ＦＥＥＭ）、ホセ・マルティ・ピオニール協会（ＯＰＪＭ）、全国小規模農業協会（ＡＮＡＰ）、キューバジャーナリストクラブ（ＵＰＥＣ）、キューバ作家芸術家同盟（ＵＮＥＡＣ）などがある。カストロは「全国民の九割が組織化されている」と語っているが、こうした巨大組織は、国の政策を国民に伝えたり、国民の意見を集約し、政策に反映する上で役立ち、団体のトップは、高級官僚や国と関係が深い人々が占めてきた。例えば、キューバ女性連盟のビルマ・エスピン会長は、ラウル・カストロ国防相の妻だし、作家芸術家同盟のトップ、アベル・プリエト氏も共産党政治局の中核メンバーである。

要するに、これだけ官製の住民組織がある以上、あえてＮＰＯは不要だというのが、政府の態度であった(8)。

だが、こうした官製の巨大組織だけでは、経済危機で直面した諸問題を克服することはできなかった。そのあたりの事情をハバナのマリアナオのポゴロティ地区にあるバプティスト協会が組織したＮＰＯ、マーティン・ルーサー・キング記念センターのヘスス・フィゲレド氏は、こう説明する。

「たしかにキューバは革命後以来、ずっと大衆参加運動を展開してきました。ですが、一九七〇年代にソ連の影響を受け、リーダーの命令に黙ってしたがっていればいい。自分の意見は持たずに言われたことを聞いていればよい、というふうになってしまったのです。キューバでは『参加』とは、ただ黙って人の話を聞くだけだったのです。黙っていれば、農業生産も食料の配給も政府がしてくれる。自分の家が傷んでも、ペンキも塗らずに、ただ国がしてくれるのを待っているだけ、それがキューバ人だったのです」

参加のあり方を変えなければならないという危機感を持った同センターの設立者ラウル・スワレス牧師は、一九八〇年代の半ばから、自分で判断して自分の意見を出し、責任を持って自分たちで活動するという運動を始めた。そして、一九八七年の四月二五日にセンターを設立した。

## 海外NGOとの連帯とインターミディアリーNPO

一九九〇年以降は、ボトムアップ型のNPOが数多く登録されるようになり、国の内部でも、従来どおりNPOを国の管理下に置こうとする官僚と、住民参加型の市民社会を充実させるために積極的にバックアップしようとする革新官僚との間でダイナミックな攻防戦が繰り広げられ、次第にNPOの必要性が当局にも受け入れられるようになっていく。

しかし、キューバでNPOが急成長した背景には、海外NGOからの援助が果たした役割も大きかった。ソ連崩壊後、キューバは西側諸国との協力関係を構築するため、ヨーロッパ諸国のNGOの協力を得て、「キューバとの協力会議」を一九九一年と一九九三年に開催する。一九九三年の会議では、キューバ側は三〇〇ものプロジェクトを提案したが、うち六〇が海外NGOの資金援助を受けられることになり、スペイン、ベルギー、イタリア、フランスなど八カ国との正式な「連帯」も確立された。[8] いま、キューバはソ連時代の五〇億ドルと比較するとごくわずかだが、六七〇〇万ドルほどの援助を海外NGOなどから受けている。(12)

ところが、そうした海外のNGOは、援助金がNPOの自立にどれだけつながったかをチェックし、より自立できていれば、さらに追加援助を行うという寄付戦略をとった。この戦略が、キューバ国内のNPOの独立に大きくつながったのである。(8)

また、中間（インターミディアリー）NPOも発達した。中間NPOとは、地域で直接的な活動を行うNPOに対して、経営マネジメントや人材育成などの支援を行ったり、あるいは関連するNPO同士やNPOと行政との橋渡しを行うNPOで、欧米諸国では発展し、最近日本でも注目されている。キューバの場合、ヨーロッパのNGOとともに一九九三年の「協力会議」の共同主催者となったのは、ヨーロッパ研究センターだった。(8)

ヨーロッパ研究センターは、学術研究面でキューバとヨーロッパとの関係を強化するため一九七四年に設立された国営シンクタンクだったが、政府の方針を受け、今は他の旧国営シンクタンクとともにNPOとなった。センターは、ヨーロッパの統合、ヨーロッパとラテンアメリカの関係、東欧・旧ソ連、ヨーロッパのNGOなどの調査研究を行い、二〇〇〇を超す国際機関と仕事をしてきた。アカデミック機関として出発はしたものの、海外との膨大なネットワークを蓄積してきたことが、海外NGOとコラボレーションを取り結ぶうえで、大いに有利に働いた。センターは自らを「キューバとヨーロッパNGO

との結婚斡旋所」と称し、キューバのNPO活動を月刊誌、「キューバからのメッセージ」（*Mensaje de Cuba*）というニューズレターで発信し、成長過程にある国内の諸NPOに情報を提供したり、トレーニング・セミナーを実施し、NPOがプロジェクトを立ち上げる準備も手伝うようになった(8)。中間NPOとして、それまで独占状態であった国家経済協力委員会や法務省の強力な対抗馬としての機能を果たしはじめたのである。

## 行政、官製巨大NPO、市民NPOのパートナーシップ

今キューバでは、従来のトップダウン型の官製巨大市民組織に加えて、ボトムアップ型の多数のNPOが誕生し、それぞれが多彩な活動を展開している。

果たして、キューバのNPOは国家に海外援助資金を流すためのバイパスなのだろうか。それとも、市民社会の萌芽につながる市民団体の代表なのだろうか。この問いかけに対して、ストレートに答えることは難しい。国と対立しないまでも、国から自立したいと考えているNPO団体があることは事実で、これはNPOが自主的な市民組織となりつつあることの証といえる。だが、単なる資金供給ルートとしか見えないNPOが、別の状況では市民団体的な顔をすることもある。加えて、ボトムアップ型のNPOとトップダウン型の官製NPOとの境界も明確ではない。たしかに、「プロ・ナトゥーラレサ」や「首都総合開発」のようなグループは政府機関だし、全国小規模農業協会や女性連盟はトップダウン型

のＮＰＯである。しかし、それらも草の根の市民団体と連携して活動している。逆に「マーティン・ルーサー・キング記念センター」のようなボトムアップ型のＮＰＯも国と密接な関係を持っているし、設立者兼代表のスワレス牧師は国会議員でもある。イデオロギー面で見ても両者の境界は流動的で、ボトムアップ型の組織が必ずしも国の政策に対抗しているわけではないし、トップダウン型組織も市民のエンパワーメントに反対しているわけではない。例えば、キューバ女性連盟は官製の巨大組織の代表だが、エイズ教育、メンタルケア、家庭内暴力防止サービス、自己啓発ワークショップなど、実に多様な市民サービスを提供している。そして国連開発計画（ＵＮＤＰ）の援助を受け、女性が経済的に自立できるよう自営業の入門コースを開講している。トレーニング内容は、自転車修理、化粧品、ヘアドレッサー、フランス語、コンピュータサイエンス、マーケティング、電気修理と水道工事など実に幅広い。連盟はプログラムを充実させるため、追加支援を海外ＮＧＯに求めている。女性の雇用機会が拡大し、経営者として自立することが自立した市民を生み出すという論理を受け入れるならば、女性連盟のプロジェクトは市民社会の強化に確実につながるだろうし、国連開発計画も女性連盟をＮＧＯとして定義している。(8)

要するに、地方分権化の動きの高まりと海外からの援助で、いまキューバでは次々とＮＰＯが誕生し、それが市民社会の強化にもつながっている。だが、キューバではがむしゃらにＮＰＯを自立させることだけがよりよい社会構築につながるわけではない。いくらＮＰＯセクターの充実が大切だといっても、小さなＮＰＯが無数にあってそれぞれが勝手な活動をしているだけでは社会問題は解決されない。さりとて、すべてを国が面倒を見るという福祉国家システムも、財政的に維持できず多様化する市民ニーズに対応できなくなってきている。行政、既存の巨大官製ＮＰＯ、そして新しく誕生した市民型ＮＰＯのそれぞれが、果たすべき役割を分担しながら、パートナーシップで連携していることが大切なのである。

このキューバのＮＰＯの動きを見ていて、以前に「ＮＰＯナチュラル・ステップ・ジャパン」の高見幸子さんから聞いたスウェーデンの話を思い出した。

スウェーデンは先進諸国の中でも最も優れた福祉政策と環境政策を備えた国家である。しかし、ちょうど一九九〇年代の初めには、財政難と失業者が増える中で閉塞状況に陥っていた。スウェーデンにも市民組織がなかったのかというとそうではなく、キューバと同じように国全体を統合するような大規模なＮＰＯ団体がいくつかあったのである。スウェーデンはたかだか六〇〇万人とキューバの半分の人口しかないが、それでも巨大市民組織は動脈硬化に陥り、うまく機能していなかった。

「ですから、地球サミットを契機として、ローカル・アジェンダを作ろうとしたんです。各地で顔が見える小さなＮＰＯが数多く誕生したとき、スウェーデンは環境と調和しつつ経済的にも成長を始めたのです」

スウェーデンでも大規模なＮＰＯだけでは不十分で、顔が見える小さなコミュニティ組織も必要だった。なぜ、それが必要なのかは前節のコミュニティ・ソリューションをお読みになった読者には容易に理解できよう。

## 引用文献


(1)——後藤政子（1999）『最近のキューバ情勢』「国際労働運動1999年4月号」国際労働運動研究協会

(2)——Nelson Amaro (1996) "Decentralization, local government and citizen participation in cuba" Cuba in transition
http://www.lanic.utexas.edu/la/cb/cuba/asce/cuba6/

(3)——新藤通弘（2000）『現代キューバ経済史』大村書店

(4)——カルメン・R・アルフォンソ・H、神修修訳（1997）『キューバ・ガイド』海風書房

(5)——Ernesto Hernandez (2000) "The fall and Recovery of the Cuban Economy in the 1990s" Mirage or Reality
http://www.lanic.utexas.utexas.edu/la/cb/cuba/asce/cuba10/
Ken Cole (1998) *Cuba from Revolution to Development*, Pinter

(6)——伊高浩昭（1999）『キューバ変貌』三省堂 p274

(7)——Maria Lopez Vigil (1998) "Twenty Issues for a green agenda—Ethics and the Culture of Development Conference"
http://www.afsc.org/cuba/grnagnde.htm

(8)——Gillian Gunn (1995) "Cuba's NGOs: Government Puppets or Seeds of Civil Society?"
http://sfswww.georgetown.edu/sfs/programs/clas/Caribe/bp7.htm

(9)——岡部一明（2000）『サンフランシスコ発・変革ＮＰＯ』御茶の水書房

(10)——後藤政子（2001）『キューバは今』神奈川大学評論ブックレット17　御茶の水書房

(11)——"A Look at Cuban NGOs"
http://www.ffrd.org/cuba/cubanngos.html

(12)——Minor Sindair and Martha Thompson (2001) *Cuba: Going Against the Grain, Agricultural Crisis and Transformation,* Oxfam America
http://www.oxfamamerica.org/publications/art1164.html


## 用語

国家経済協力委員会（Comite Estatal de Cooperacion Economica）
外国投資国内協力省（Ministerio para la Inversion Extranjera y la Colaboracion）
法務省（Ministrerio de Justicai）
キューバとの協力会議（Encuentro sobre Cooperacio'n con Cuba）
キューバ有機農業協会（Asociacion Cubana de Agricultura Organica）
革命防衛委員会（CDR: Comite de la Defensa de la Revolucion）
プロ・ナトゥーラレサ（Pro Natualeza）
マーティン・ルーサー・キング記念センター（Centro Memorial Martin Luther King:）
キューバ女性同盟（FMC: Federacion de Mujeres Cubanas）
ヨーロッパ研究センター（Centro de Estudios Europeos）

◉コラム6

## キューバのNPO

キューバにはこれまで紹介してきたアクタフ、キューバ・ソーラー、首都総合開発グループの他にも、都市農業や環境保全に取り組む団体がいくつかある。

□自然と人間のための財団

作家、探検家、科学者であり、カストロの革命戦にも参加したヒメネスという人物がいる。ヒメネスは、自分が集めた膨大なコレクションを保存し、自然環境の研究を行うため財団を設立した。これが、「自然と人間のための財団」である。

財団の活動は総合的で多岐にわたるが、屋上菜園、学校菜園、堆肥づくり、アグロフォレストリーなどいくつかのプロジェクトは都市農業とも密接に関わっている。(1) ちなみに、財団は、パーマカルチャーをきっかけに都市農業と関係するようになった。

パーマカルチャーとは、オーストラリアのビル・モリソンが提唱した概念で、環境に配慮したライフスタイルを目指して、その内容は農業から、住宅デザインや汚水処理、森林管理まで幅広い。一九九三年にパーマカルチャーを学んだ「首都総合開発グループ」のメンバーが、オーストラリアの活動家とコンタクトしたことが、パーマカルチャーとの出会いのはじまりだった。オーストラリア人たちは熱心で、自分たちのノウハウを伝授するため、わざわざハバナまでやって来る。そしてキューバと合同で「グリーン・チーム」という都市農業支援組織をたちあげ、両国の交流がスタートした。一九九五年には、メルボルンにあるパーマカルチャーの国際支援組織から、援助を受けられることが決まり、ここに財団も加わることになったのである。

現在、財団はハバナの都市農家、地区住民、普及員に対して、パーマカルチャーのコースを提供するほか、学校でも教育活動を行い、「あなたはやれる」という意味を持つ「セ・プエデ」というエコロジー雑誌を一万部以上発行し、各地区に配布している。普及員の七割以上は財団が開講したパーマカルチャーコースを受講済みだという。[2][3]

財団は、首都公園プロジェクトの実施地区を対象に、都市農業の所得効果を調査したり、優良な都市農業の事例収集や経営分析も行っている。シンクタンク的な要素も持っているといえるだろう。[4]

□フェリックス・バレラセンター

持続可能な開発を進める上で不可欠な環境倫理を普及・教育する団体で、アントニオ・ブランコ氏が一九九〇年に設立した。住民参加型の政治、人権、健康、持続可能な開発技術、環境関係のワークショップやセミナーを開催したり、書籍、ビデオの出版を行う。出版物としては、エコロジー経済、バイオテクノロジーの展望など。[3] 一九九八年には「持続可能な経済と環境」というシンポジウムを開催したが、これには、スウェーデンのナチュラル・ステップをはじめ世界の多くの有力環境団体も参加した。[6]

研究者は、ジャーナリスト、哲学、社会学、心理学、医学など広範囲のボランティア・スタッフとともに活動し、海外からの専門家や学生の受入れも行う。財源は自己財源と海外のNGOからの寄付である。地域に密着したまちづくり活動にも携わるが、中間（インターミディアリー）NPO的な性格も持つ。[3]

□プロ・ナトゥーラレサ

森林破壊、土壌侵食、鉱山開発などキューバが直面する環境問題に取り組むため、一九九三年四月に設立された自然保護系の環境組織。ハバナ植物園長やハバナ大学の理学系教授など自然科学の専門家を中心に一一〇〇人の会員と、五〇〇〇人以上の活動メンバーを抱える。[2][4] 科学技術環境省がバックアップする政府系機関で、代表のマリア博士も海洋研究所の研究者である。ただし、環境保全の啓発イベントを行ったり、マナティ保存のためにダム開発中止を提言するなど環境保全にNPO的なフットワークで取り組んでいる。キューバでは今小規模な水力発電の開発を進めている。大規模な開発適地もあったが、そこはキューバのバイオ保存地域でもあった。開発は森林生態系のバランスに影響を及ぼすとの団体の提言を受け、カストロ政権はダム建設を中止している。もちろん、エコロジーの観点から持続可能な地域づくりの手段のひとつとして、都市農業も重視している。

マリア・エレナ博士の発言。

「地球環境問題は一国だけでは解決できません。多くの国の協力が不可欠ですし、これからはNGOが自然保護運動の上で大きな役割を果たすことでしょう。アメリカが地球環境保全のための取り決めにたびたび反対するように、環境問題は、大国や大企業の金もうけ優先主義によって生じているのです」

フロヘリオ・ディアス博士の発言。

「京都サミットでは温暖化防止の取り決めにアメリカは批准しませんでした。キューバは自国の環境保全のために努力していますが、地球環境問題は一国だけではなく全世界の協力がなければ果たせません。また、環境問題は貧しい国にも大きな影響を与えています。キューバは、環境を守るために南の貧しい国々とも連帯していこうと思っています」

**□キューバ教会協会（DECAP）**

教会協会は今から六〇年以上も前に設立され

た長い伝統を持つプロテスタント系団体である。布教活動の他、海外から寄付された食料や医薬品を教会経由で分配する活動を行っている。一〇年前に、経済危機の中で、都市農業、環境教育、自然エネルギー（主にバイオガス）の普及を重点的に行うためのプロジェクト組織「ＤＥＣＡＰ」を設立した。

デカプは、海外援助を必要とせず、農家の間で口コミで広まるような「適正技術」の開発や掘り起こしに取り組み、ミミズ堆肥、総合防除、輪作など有機菜園づくりに役立つ手引書「オルターナティブな道」を発行している。ハバナの都市農家だけでなく、農村部の農家向けにも数多くワークショップを開催している。また、首都公園プロジェクトやエコロジカルセンター内での環境教育にも関わる。農業省、教育省、熱帯農業基礎研究所などの他、マーティン・ルーテル・キング記念センター、アクタフ、ＡＮＡＰ、アクパなど他の民間団体とも連携して活動している。ただし、民法上宗教法人としての認可を受けているため、ＮＰＯ登録はしていない。

**□全国小規模農業協会（ＡＮＡＰ）**

小規模農家の利益を代表するために一九六一年に設立された団体で、社会保障や農家年金に加え、技術や資材の提供などのサービスを行い、農家の利益のために国会や省庁へのロビー活動も展開している。個人農家一六万、協同組合農場の組合員七万人、あわせて二三万人もの生産者からなる大型組織。以前は国の農政を末端の農家に普及させるための「政策装置」としての性格を強く持っていたが、いまは国から自立している。砂糖省、貿易省、教育省、文化省など多くの公官庁と協同しているが、過去一〇年以上も政府から一切の補助金を得ていない。[3][5]

一九九三年からは海外のＮＧＯとも連携をはじめ、一九九九年現在、アメリカのフードファ

ーストをはじめ、カナダ、ベルギー、ノルウェーなど二〇カ国以上の五〇のNGOと協力関係を結んでいる。(7)

協会は可能なかぎり有機農業を行うよう方針を定め、都市農業や有機農業の普及にも積極的に関わっている。例えば、同協会のマビス・アルバレスさんはこう語っている。

「有機農業はより合理的な農法なので関心を持っています。それは大地や環境と共生するというより幅広い概念です。もし、私たちが、自然資源を保全しなければ、発展の基盤を失ってしまうでしょう(8)」

## 引用文献


(1) Catherine Murphy (1999) "Cultivating Havana", *Food First Development Report*, No12

(2) Cuba organic Support Group "Foundation for Nature and Humanity" "Organisations involved in sustainable development in Cuba"
http://www.cosg.supanet.com/fundacion.html

(3) "A Look at Cuban NGOs"
http://www.ffrd.org/cuba/cubanngos.html

(4) Cathy Holtslander (2000) "Cuba's Organic Urban Agriculture in Action"
サイト消失。一部は下記サイトで読める。
Cathy Holtslander (2000) "Community Gardens: Metropolitan Park Project – Havana Cuba"
http://www.globalexchange.org/campaigns/cuba/sustainable/oxfam091100.html

(5) Gillian Gunn (1995) "Cuba's NGOs: Government Puppets or Seeds of Civil Society?"
http://sfswww.georgetown.edu/sfs/programs/clas/Caribe/bp7.htm

(6) Dialogue among Theoreticians and Practitioners of The Sustainable Economy Havana, Cuba 31 May - 6 June 1998
http://www.afsc.org/cuba/bgdocse.htm

(7) Mavis D. Alvarez (2002) "Social Organization and Sustainability of Small Farm Agriculture in Cuba" *Sustainable Agriculture and Resistance*, Food First.

(8) Roberte Sullivan (2002) "Cuba producing, perhaps, 'cleanest' food in the world"
http://www.earthtimes.org/jul/environmentcubaproducingjul13_00.htm

## 5 市場原理とのバランスを求めて

### ソ連流のモノ重視経済の破綻

革命直後の一九六〇年代は、キューバにとって試行錯誤な状態だった。モラルに重きを置き、理想主義に燃えて金銭欲を蔑視するとともに、軍人が政府の主要ポストを占め、官僚たちが労働力を配分し、きわめて中央集権的な経済体制がとられていた。[1] いわゆる「ゲバラ主義体制」と呼ばれるものである。ボランティア・ブリゲードが工場や国営農場で結成された。だが、生産は落ち込み、品質も下がり、モノは不足する一方だった。経済が悪化する中で一九六八年にカストロは小さな「文化革命」を試みる。自営業を禁止し、町中のコーヒーショップからアイスクリーム屋に至るまで、五万八〇〇〇以上もの中小企業を国営化したのである。それは、ゲバラの主張するモノよりもモラルに重きを置く「新しい人間」を作るためでもあった。

だが、矛盾は噴出する一方で、経済は混乱した。一九七〇年にカストロ自身が「理想主義」を自己批判することにより、ソ連をモデルとした体制が導入される。一九七二年にカストロは全東欧諸国を訪問、一九七六年にはコメコンに加入した。このソ連スタイルの計画経済と管理システムの採用はキューバ経済を回復させた。ソ連は発展途上国に対する経済と軍事の援助のおよそ半分をキューバに投入した。援助額は、年間三〇億ドル以上であり、キューバの輸出品目の八五パーセントを買い支えた。こうしたソ連の援助もあって、一九八〇年代にキューバ経済は平均年率七・三パーセントという驚異的な率で高度成長する。商品、食料も豊富になった。農産物の自由市場が開かれ、個人営業も許可される。(2)

ところが、このソ連型体制は、市場メカニズムを軽視した中央指令型の計画経済だった。小規模な農家を除き、あらゆる経済活動は国営化され、全労働者が国家公務員だった。国営企業は利益をあげる必要がなく、価格システムも働かなかった。雇用が保障され、一生懸命働いても働かなくても給料に差が出なければ、労働意欲も向上しない。生産性は低く非効率で、加えて中央計画の生産量にあわせるため品質は度外視され、カストロの言葉を借りれば「自由化を悪用した不正」も横行するようになる。(3)

この矛盾について前出のアントニオ・ブランコさんはこう述べる。

「ソ連をモデルに、経済では『価値創造』という理論をマネしましたが、これはばかげたものでした。有用なモノを生産する代わりに、年間計画を達成することのほうが優先されたのです。今年は〇〇万ペソの価値を生み出せ、と政府から命じられる。建設会社であれば、学校や橋ではなく、穴を掘ったり、土を動かしたり、言われた分だけの価値を生み出せばいい。ですから、両側の橋梁は完成しているのに、それをつなぐ間の橋がない。そんなおかしな高速道路もあるのです[(4)]」

ブランコさんが指摘するように一九八〇年代の政策は「生産するのにどれだけのコストがかかったか」ではなく、「どれだけの量を生産したか」を重視していた。シエゴ・デ・アビラ州にある、ある国営の畜産農場長は、当時の状況をこう説明する。

「私どもはコストをまったく気にかけませんでした。どんな値段になろうが、かまわず牛乳を生産したのです。あるときにはタンクのバルブを開けて、中身を地上に流してタンクを空にし、またミルクを入れたのです。それでも、その全部に対して支払いがなされました[(5)]」

別の農業協同組合の代表もこう語っている。「私どもは、使える以上のトラクターを持ってました。農業省が新しいトラクターを港にとりに行くように告げたときには、忙しくて行けない、と答えたものです[(5)]。」

生産物を利用せずに廃棄する、使えない以上のトラクターが配分される、このようなばかげた営農が可能であったのは、多くの農場の赤字をソ連の補助金が補填していたからである[(5)]。

しかも、ソ連モデルは、児童保育所や学校、病院などは社会に必要なものであっても生産に直結しないものと見なし、生産的な分野だけを重視した。このソ連モデルの中で、ゲバラ的なモラルのインセン

ティブが失われ、働く動機づけとして金やモノが主流になっていく。(4)

「人々は労働の最終的な成果ではなく、ただお金だけをもっと生み出そうとし、そのため効率的に働かなくなってしまったのです(4)」

ブランコさんは、東欧圏の社会主義諸国が失敗した要因を人々のモラルの欠如に求める。日本のバブル時代を想起させるエピソードである。

「社会主義は、貧困も疎外もない、より人間的な社会を模索してきました。ですが、この試みは失敗してしまったのです。西側消費社会に対する倫理観もオルターナティブな文化も創設できず、工業化という道を歩んでしまいました。モノを所有し消費するという意味では資本主義国と区別できないものでした。ですから、最も優れた消費社会が成功することになったのです。

社会主義は資源の公平な分配以上のものであるべきです。チェ・ゲバラはただモノの再分配ではなく、人々をどう疎外感から解放するかを常に口にしていました。テクノクラートや官僚的な機構だけでは公正な分配は行えても、人間疎外は解決できません。これはチェやフィデルが思い描いた社会主義ではないのです。チェが求めたのは、工業化の進歩で人々が多くの消費品を持つことではなく、新たな倫理や価値観に基づく文化の創造でした。搾取や人種差別、欲望に基づく資本主義とは別の価値観です。ですから、私たちは、いまだ世界にはない種類の社会主義を追求しているのです(4)」

## モラルによるボランティア動員とその失敗

かくして、カストロ自身の呼びかけにより、一九八六年からソ連に先駆け、「失敗の修正」として知られるキューバ流ペレストロイカがスタートする。これは、肥大した官僚機構を簡素化し、あわせて地方分権化を進めることで、より地域レベルでの意思決定を行うものだった。加えて、従来の金銭による動機づけが否定され、モラルに基づくゲバラ主義が復活する。

こうした改革に着手する中で、キューバは未曾有の経済危機を迎えてしまうのである。したがって、危機に対応する手法もある意味ではゲバラ的だった。その象徴が経済危機の中での都市住民による農業ボランティアであろう。キューバの農村は、大規模化、機械化を進めた結果、慢性的に労働力が不足しており、とりわけ、経済危機を迎え、石油不足でトラクターが動かなくなり、牛や人力に頼らざるをえなくなると、農村は深刻な人手不足に陥った。この労力不足をまかなうために、政府は都市住民のボランティアからなる農業支援隊を結成。ハバナ市民を二週間、常時二万人を農作業に動員することが計画された。勤労動員農場が三五〇カ所で建設され、市民たちは、仕事や学業から離れてキャンプに泊まりがけで農作業に従事することとなった(6)。

これまでキューバでは住宅などの建設を行うにあたり、「派遣団」(コンティンゲンラス)という仕組みが開発されていた。派遣団とは、優先度が高い作業をハードスケジュールで長時間こなすものだが、その仕事の間は、もとの仕事先から給料やボーナスが支払われ、かつ派遣団にいる間は、望ましい生活条件を与えられるという制度である。このシステムが緊急的に農業へと適用されたのであった。計画は一九九一年からスタートしたのだが、初年度だけでも一四万六〇〇〇人のハバナ市民が参加した。(7)

ブランコさんはこのボランティアを次のように高く評価する。

「食料生産のために私たちが頼りとする鍵のひとつが、都市住民のボランティアなのです。多くの農村が大量の労力を必要としています。厳しい労働に従事する人々に対して、提供する物質的な恩賞が何もないこのときに、こうしたボランティアが生き残りの鍵となっているのです。『北側の消費社会とは競争できない以上、キューバはモラル的な動機に基礎を置くべきだ』。そうゲバラが語ったことがどんなに正しかったかが、このことでわかるはずです。もし、私たちが国民を単に物質的動機だけを期待するように訓練していたとしたら、この危機的時期に農村で働く一五万人もの人々を一時期に都市から動員するなどということは決してできなかったでしょう。教育の成果が、この危機の最中に革命を生き残らせているのです(4)」

都市からの動員は二週間の短期ボランティアだけではなく、二年間の長期コースもあった。こちらは労働時間が一日一二時間とハードなだけに、高賃金と快適な住居という具体的な恩賞も付与されている。(7)

「二週間ごとに三日間の休みがもらえるので、ハバナの仕事よりもこちらのほうが好きだ」

「ハバナの仕事よりも野良仕事のほうが性にあっている」
「農村には食べ物が豊富にあるし、ハバナよりも食糧事情がいい」
「都市での仕事よりもはるかに高賃金が得られる」(7)

参加者の動機は様々だが、大半の人々が「国家への奉仕のために参加しているのだ」と答えている。実際、二年間のノルマが終わってもさらに別の二年間の奉仕活動を申し出る者も少なくない。(7)

ボランティア労働を終えた後も、こうした都市住民が農村に定住し続けるように、政府は、都市での建設を差し置いて、スポーツやレクリエーションの施設、病院を備えた快適な農村コミュニティの建設に着手した。(7) この建設プランについては、カストロ自身も語っているので、その言葉を引用しよう。

「都市での建築の仕事を全部やめるというのではないのだ。むしろ、農村コミュニティのような新たな住居を戦略的に建設しなければならない。(略) 本来のプログラムは一〇万戸を建てる計画だった。だが、ソ連の崩壊で二〇パーセント以下に引き下げざるをえなくなってしまったのだ(8)」

カストロは、ソ連がいずれ崩壊することを早くから予想し、このようなアイデアをあらかじめ持っていたのだった。

こうした努力の結果、たしかに食料生産は増加した。しかし、それは食料輸入の低下を埋め合わせるまでにはいたらず、食料は不足し続けた。何より、計画を支える農村での住宅建設が資材不足で次々にキャンセルせざるをえなくなった。しかも、投入資材の不足のためにボランティア動員ではとても食糧

問題を解決できないことが次第に明白となっていく。(9)

今、日本でも農村の過疎化が問題になる中で、都市と農村の交流やワーキングホリデー、農業ボランティアといった政策が提唱されている。だが、ある意味では、日本とは比べものにならないほどの動員能力を持つキューバの人海戦術を持ってしても、食料増産は結果として失敗してしまったという事実は非常に象徴的なことだといえるだろう。このあたりの経験をモイセス・ショーウォン元将軍はこう語るのである。

「キューバは日中の日差しがとても強いため、作付けや植えかえ作業は夕方四時以降でなければなりませんし、土日もきちんと作業をしなければできません。ですが、ボランティアですと、どうしても指導どおりに基準を守ってもらえない。ですから、一九九五年から売り上げ利益の半分を働く人に分けるという給料面での改革を行いました。それが結果としては実りました。生産性がよくなるためには、賃金が必要なのです。もちろん、今もボランティアはいますが、それは強制ではないのです。技術はなくても協力はするんだという形でやってもらっています。それはエコノミーではなく、モラールと良心に根差したものなのです」

元将軍は続ける。

「これは私が一番強調したいことなのですが、キューバでは農業大臣の給料が四五〇ペソ、医師の給料もそれより低いのに、農民は八〇〇ペソ以上も稼ぐのです。もちろん、『なんで野良仕事をする奴があんなに稼ぐんだ』という批判の声も数多くありました。例えば、専門的な仕事に従事するエンジニアたちからです。ですが、そうしたときには私はこう答えたものです。『だったら、あなたが畑で一〇時間、一二時間働けばいい。エアコンのない部屋で働いてみせればいい。金は払いますよ』と。私はそれが本当の社会主義だと思うのです。一生懸命働く人が収入を得られなければなりません。おかげで、生産性も平方メートル当たり、以前に一〇キロであったのが三〇キロにまで伸びたのです」

ボランティアがうまく機能するためにはコアとして専従で働く農業者が必要である。その農業者がやる気を持つためには、彼らがそれなりに所得をあげられるシステムを作らなければならない。平等やモラルを重視しながらも、それと相矛盾する効率性をどう高めるか。苦しい中でキューバが折衷案として編み出したのが、社会主義によるセーフティネットを堅持しつつ、その中でモノと金による動機づけを行うことだった。

このキューバの取り組みは、資本主義国日本ではまったく参考にならないのか、というとそうではない。日本においても、護送船団方式が温存されている政府系の公団や農業の部門は、ある意味では「社会主義国」そのものである。現場とあわない計画経済が重視され、一向に分権化が進まず、建前上はともかく実態としては国、都道府県、市町村、集落とヒエラルキー的な意思決定が行われている点もよく似ている。このような部門において、これからどのような改革を行わなければならないか、キューバのケースは先進事例を提供してくれているといえるだろう。

## 痛みの伴わない構造改革

ラテンアメリカでは、貿易障壁の撤廃や外国投資の増加、民営化といった、いわゆる自由貿易政策が、一九七三年にチリとウルグアイで始まり、その後一九八二年の経済危機でＩＭＦや世界銀行から「構造改革」への働きかけもあったこともあり、あらゆる政府が、自由化政策を採用することになった。

結果として一九九〇年代には毎年平均二・五パーセントという高率で農業生産が向上した。だが、その内実を見てみると、輸出向けの市場や海外資本が成長しているだけで、自由化に伴う輸入食料価格の下落で多くの小中規模の農家は大きなダメージを受け、失業者も増え、不平等が拡大した。例えば、ブラジルでは一九八五年からのわずか一〇年間に一〇〇万人もの農民が土地を失ったし、メキシコでも一九九〇年代初頭の改革で生産性は向上したが、農家の実質所得は六割にまで落ち込んだ。結果として、土地を失った農民たちが都市へと流出し、都市のスプロール化と貧困問題を引き起こしている。(5)

短絡的な市場原理の導入や民営化は、サッチャーやレーガンの改革がそうであったように、社会的な不平等をもたらすだけに終わる。

ところが、キューバの場合は「痛みを伴わない構造改革」を進めている。都市農業の成功の鍵のひとつが、市場原理の導入にあることは間違いない。だが、それは国営公団や国営企業への無駄な補助金を断ち切って効率性を高めるという「あるべき」成果をあげながら、一般国民の間での貧富の差の拡大という、社会問題を引き起こすことにつながっていない。

なぜ、このようなことが可能となっているのかというと、ミクロ経済面でコミュニティレベルでの地域経済の回復を図りつつも、あわせてマクロ経済面での明確なセーフティネット戦略を政府が持っているからである。

例えば、政府はＮＰＯや国営公団に自己管理や独立採算制を奨励し、民間レストラン経営などアントレプレナー（起業家）精神を持った市民の起業活動を鼓舞しながら、同時にしっかりと規制の網を張り、社会的な平等が崩れないようバランスを保っている。構造改革は進めながらも、性急でドラスティックな改革は行わず、ゆっくりと、しかし着実な経済回復を狙っている。

これは、輸入食料の制限についてもいえるだろう。経済危機の中で財政難に苦しむ政府としては一円でも安い農産物を輸入したい。だが、政府は国内生産と競合する廉価な作物の輸入を制限しており、国内で十分に生産できないものだけを輸入している。廉価な農産物の海外輸入は、国際競争力を持たない国内の小規模農家を直撃するというのがその判断理由である。政府は高い予算を投入して国内農産物を買い支えている。(5) 全国小規模農業協会のオルランド・ルゴ代表は次のように言う。

「根菜類は以前はほとんど畑から消え去っていました。ですが価格が値上がりしたとき、生産への関心が急に上がったのです。一九九九年にキャッサバの政府の購入価格は一〇〇ポンドで七ペソから二〇ペソに、上がりました。豆も二五ポンド当たり八・九ペソから一六ペソに。結果として生産が増えたのです[(5)]」

市場への過度の介入や国内生産保護のための輸入制限に対しては様々な議論はあるだろう。だが、そのことが結果として、キューバ全体の農業の回復や都市農業の発展に貢献している[(5)]。

社会的弱者を守るため、廉価な配給制度が保たれ続けていることも重要だろう。普通の発展途上国でキューバのような事態が起きるとどうなるか。一九九八年のインドネシアや二〇〇〇年のエクアドルの例では、金持ちと貧乏人の間の格差が広がった。だが、キューバは最悪時にも食料プログラム（老人、子ども、妊婦、子どもを持った母親向け）と配給を通じた食料分配システムという二つの政策を通じて食糧危機を回避した[(5)]。

肉や果物は、意欲を持ち、かつ一生懸命働き、高い所得を得る者しか得られない。しかし、コメ、豆、油といった最低必要な食料は、誰もが手に入れられる。それが、老人や母子家庭など社会的な弱者を守っている。

砂糖はキューバ農業の柱だが、いまだに生産効率が悪く、回復が遅れている。しかし、砂糖産業には四〇万人もの人が働いている。観光業は伸びてはいるものの、雇用者は五万人程度にすぎず、今のところそれに代わる雇用を生み出す作業はない。政府は非効率な製糖工場を閉鎖することも検討したが、最終的には失業の痛みをかんがみ、リストラを履行していない[(5)]。そして、医療、教育はいまだに無料のまま保たれている。

## 守るべき社会主義の理念

社会主義は生産性から見て効率が悪いという批判がある。仕事や収入を失うことへの恐怖心は生産への原動力を生み出す。背水の陣を敷いて高度成長をしてきた日本などは、その典型といえるだろう。様々な社会サービスが充実してしまえば、人々は働く意欲を失ってしまうという批判もあるだろう。これに対して、ブランコさんはこう反論する。

「そのとおりです。解雇されたり、家を失ったり路頭に迷うことへの恐怖。これこそが人々に働く意欲を起こさせるための資本主義的な手法です。もちろん、社会主義が別の形の動機づけを持たなければならないことは否定しません。工場や農場や職場が自分たちのものだという主体意識を強化しなければなりません。以前は温情主義をとりすぎて、自分の責務を果たさない労働者がなんらの制裁も受けずに置かれたこともありました。モノよりはモラルを重視したチェでさえ、責務を果たさない労働者を解雇するなど、ペナルティを考えていましたが、キューバ革命は人々が働く動機について、モラルであれ、物質であれ、飴については検討してきましたが、鞭については十分に論じてこなかったのです。

ですが、効率性を上げるというためだけに、ベーシック・ヒューマン・ニーズを保障することから社会主義が引き下がるべきだとは思いません。

私たちが保ちたいと願う社会主義の本質は何でしょう。中央集権主義と計画経済が社会主義の特徴だといわれてきました。ですが、社会主義は単なる計画の問題ではありません。なぜなら、西側諸国にもソ連以上に多くの計画があり、例えば、日本はロシアやチェコ以上に優れた計画を立てているからです。しかし、私たちは、こと分配については需要と供給の法則を無条件には信じませんし、市場の力が物事を決定すべきだとは考えません。医療、住宅、教育。こうしたベーシックなヒューマン・ニーズの権利を保とうとしたときに、市場の力では支配されないものがあると信じているからです。人間の尊厳は市場より上にあり、暮らしの権利は自由市場よりも重要なのです。ですから、私たちは他の分野では柔軟に対応するとしても、富の配分については、社会主義の原理にしたがって維持していこうと考えているのです。

私たちは、社会に不平等や不公正を持ち込むことなく、より柔軟性があり、効率がよい経済体制を作ろうと思っているのです。中国が実験しているような経済政策は短期的には繁栄をもたらすでしょうが、長期的には破滅を招くのではないでしょうか。こうした懸念もあって、すぐに多くの経済変革を行うことはしていないのです(10)」

カストロも言う。

「キューバの社会主義は完成しつつある。異質なものになっているのではなく、より効率が良く、より完璧なものに変わってきているのだ。我々は社会主義をより完璧で効率の良いものにしたいのだ。社会

主義を捨てるつもりはさらさらない」(11)

キューバ人たちは、自分たちが今地球上できわめてユニークな社会の構成員の一員であり、政治的な実験の場の中にいることを認識している。それは経済封鎖で苦しい生活を強いられているキューバの人々のプライドの源にもなっているのである。(5)

**参考文献**


(1)——David Stanley (1997) *Cuba*, Lonely Planet Publications

(2)——Christopher P. Baker (1997) *Cuba Handbook,* Moon travel Handbooks

(3)——後藤政子（1999）『最近のキューバ情勢』「国際労働運動330号」国際労働運動研究協会

(4)——Juan Antonio Blanco and Medea Benjamin (1994) *Cuba talking about Revolution*, Ocean Press

(5)——Minor Sindair and Martha Thompson (2001) *Cuba: Going Against the Grain, Agricultural Crisis and Transformation,* Oxfam America
http://www.oxfamamerica.org/publications/art1164.html

(6)——新藤通弘（2000）『現代キューバ経済史』大村書店

(7)——Peter Rosset and Medea Benjamin (1994) *The Greening of the Revolution*, Ocean Press

(8)——Tomas Borge (1993) *Face to Face with Fidel Castro*, Ocean Press

(9)——Juan Carlos Espinosa (1995) "Markets Redux: The Politics of Farmer's Markets in Cuba"
http://www.lanic.utexas.edu/la/cb/cuba/asce/cuba5/

(10)——NHKテレビ「クローズアップ現代」1995年12月13日放映

◉コラム7

## 『坂の上の雲』とキューバ

ホセ・マルティが戦死した独立戦争について雑談をしている際に、通訳のパブロ・バスケスさんが面白いことを言った。

「米西戦争の時には日本からも軍人がやってきたと聞いています。誰だか名前は知りませんけれどもね」

米西戦争が起こったのは一八九八（明治三一）年と一〇〇年以上も前のことだが、この日本からやってきた軍人というのは、司馬遼太郎の名作『坂の上の雲』の主人公になった秋山真之である。

ハバナからサンティアゴ・デ・クーバに飛ぶと、飛行場に着陸する寸前にスペイン統治時代の古い城塞が目に飛び込んでくる。世界遺産にも指定されたサン・ペドロ・ロカ要塞で、内陸に深く切れ込んだサンティアゴ港の入り口に立ち、港の守りを固めてきた。

米西戦争がはじまると、本国から派遣されたスペイン艦隊は、アメリカ海軍との海上での決戦をいやがり、この入り江の中に奥深く逃げ込んだ。艦隊を沈めない限り、アメリカはキューバの制海権を握れないし、輸送船団も脅かされる。一方、スペインは攻め寄ってくるアメリカ艦船を要塞砲で叩く持久戦をとった。そこで、アメリカ海軍は、サンティアゴ港の狭い入り口に汽船を沈め、艦隊が出られないようにしようと考える。こうして世界海戦史上初めてのユニークな軍港封鎖作戦が発動されるのである。ただし、作戦そのものは失敗に終わった。船は港の入り口に横向きではなく縦向きに沈んだため、

「ビバ！ クーバ・リーブレ」女性指揮官が剣を抜いて叫んだ。夕闇迫るサンティアゴの入り江を眺めながら自分でも意外な感傷にとらわれた。

軍港を封鎖するには至らなかったのである。

ただ、この作戦を海上でじっと観察していた日本軍将校がいた。当時、アメリカ海軍に留学していた秋山真之である。真之の調査レポートは、後の日露戦争の「杉野はいずこ」で有名な広瀬武夫中佐の旅順口封鎖作戦で活かされた。

司馬遼太郎は、『坂の上の雲』の中でこう書いている。

「米西戦争の戦訓は、のちに日露間でおこなわれた海上封鎖と決戦のためにどれほど役に立ったかわからない。多少これを神秘的にいえば、日本人がロシアとたたかうためのヒナ型を提供するために、アメリカ人とスペイン人が戦ってくれたようなものであり、その戦訓の取材者として天が秋山真之をキューバにくだした」

いま、この歴史的要塞は観光地となり、要塞へと向かう狭い通りには小さなお土産店がずらり並び、ゲバラのTシャツやらポスターを売っている。要塞そのものもさほど大きくはなく、三十分もあればひととおり見終わってしまう。だが、訪れた時にはちょうど、砲射撃のセレモニーをやっていた。古式ゆかしい軍装束を身に付けた一団を指揮するのは若い女性将校である。

「一同、整列。弾込め準備」

女性指揮官の命令で、男性兵が、長い棒で、砲に布製の砲弾と火薬を詰める。

「点火、打て」

「ビシ」

夕闇迫る要塞につんざくような音が鳴り響いて、弾は海の彼方へと飛んでいった。

「ビバ！　クーバ・リーブレ（自由なるキューバに、栄光あれ！）」。りりしい女性の指揮官が剣を抜いて叫んだ。

# V

## 21世紀の都市は園芸化する

# 1 躍進する世界の都市農業

## 将来は市民の食料需要の半分を担う都市農業

現在、全人類の半数が都市に居住しているが、国連の推計によれば、二〇三〇年には六五パーセントの人々が都市に住むことになり、とりわけ中南米では八〇パーセントを超すという（一九九八年国連推計値）。こうした都市人口の急増の結果、とりわけ発展途上国の諸都市において貧困の深刻化が懸念されている。例えば、一九九〇年時点の統計数値に基づけば、現在でも多くの途上国では、平均的な家庭収入の五〇～八〇パーセントが食料購入費にあてられているが、この比率は貧困層においてはさらに高く、そのうえ、年々高まっている。加えて、毎年五二〇万人もの人々が下水などの衛生施設の不備により病死しており、都市のゴミ発生量は二〇二五年には四倍にも増加すると危惧されている。

都市化の進行とともに、都市環境をどのように保全するか。あるいは、都市住民にいかにして水や食料を供給するかは全世界的な課題となっている。一九九六年六月にイスタンブールで開催された「ハビタットII」（第二回国連人間居住会議）もこのような危機意識を背景に行われたものであり、都市の持続的発展、すなわち「都市は自らをまかなえるか？」が最重要テーマとなった。そして、この「持続可能な都市づくり」という観点から今「都市農業」が非常に注目されている。

注目を浴びる背景には、なんといっても都市農業の持つ巨大な生産力がある。現在、世界中では約二億もの都市農家がいるが、二〇〇五年にはこれが四億へと倍増し、食料生産に占めるウェイトも現在の一五パーセントから三三パーセントへ、日常消費される野菜、肉、魚なども現時点で三三パーセントが生産されているが、将来的には五〇パーセントになると予想されているのである。「本当だろうか」と首をかしげたくなるほどのシェアである。

だが、将来的に市民消費量の半分を担うとなれば、その存在を軽視することはできない。一九八七年のブルントランドレポートは、いわゆる「持続可能な開発」という概念を生み出すこととなった有名な報告書だが、同レポートは都市農業について以下のように論じている。

「都市農業は都市開発の重要な柱となっており、都市の貧しい人々への食料供給を増やすことができる。（略）さらに、より新鮮で安い農産物を供給し、緑地空間を増やし、都市の生ゴミを処理し、家庭から排出される生ゴミもリサイクルする」

一五年前の報告とはいえ、今見直してみてもまさしく慧眼であって、このレポートが指摘したとおりに、都市開発の柱としてあらゆる都市が農業を求める時代へと世界は突入しはじめているように思える。

## 実態調査を通じて国連も都市農業に注目

ハバナの都市農業は経済崩壊と食糧危機を要因として誕生したものだし、サンフランシスコでも経済的に困窮した都市のマイノリティがなんとか自立する手段を模索した際に選んだのが都市農業だった。だが、キューバやサンフランシスコの事例は際立って特殊なものではなく、都市住民の「農民化」、すなわち都市の農業化は、今や世界的な潮流となってきている。しかし、都市農業の重要性が認識されるようになったのはつい最近、それも一九九〇年代に入ってからである。どのような経過を辿って、都市農業への認識が高まっていったのか。ここ三〇年ほどの歴史をインターネットで得られる全世界の情報をベースに、少しだけ顧みてみることにしよう。

### (1) 都市農業が着目された一九七〇年代

都市農業に関係する最初の国際プロジェクトがスタートしたのは、一九七〇年代半ばのことである。例えば、アフリカのガーナではフランスのNGOと国連食糧農業機関（FAO）の支援により、都市での食料自給率を高めるためのプロジェクトが試行され、一九七〇年から一九七四年の四年間で野菜で三〜四倍、コメで一七倍も生産量が増大した。ザンビアの首都ルサカでもNGOが自給野菜や小家畜の生産プロジェクトを推進し、一定の成果をおさめた。この成功にはユニセフや世界銀行も関心を示し、これまで都市農業を無視したり、まったく関心を示してこなかったアフリカの諸政府も、国連機関や国際NGOの影響を受け、都市農業の支援策を講ずるようになっていった。

しかし、一九七〇年代には十分な支援体制が組まれないこともあって、全部のプロジェクトが成功をおさめたわけではなく、「短期的には望ましいとしても永続性はない」というのが一般的な認識で、「都市農業は、旱魃などの気象災害や経済動乱にさらされた地域で特異的に行われている農業である」と見なされ、一部の専門家を除いてはほとんど注意も払われず、一般的な関心も呼ばなかった。

## (2) 都市農業への認識が一変した一九八〇年代

ところが、一九八〇年代半ばに国連大学によって、実態調査が実施されると、このような都市農業に対する認識は一変する。調査は、ヨーロッパ、ラテンアメリカ、アフリカ、アジアなど世界各地で実施されたが、市域の六割以上が農地になっている都市、市民の大半が農作業に従事している都市、野菜や家畜を一〇〇パーセント自給し、かつ他の都市や農村に輸出している都市など、次々と予期しない事例が集まり、これらの詳細な調査を分析した結果、以下の三点が明白となったのである。

(ア) 難民などの形で農村部からごく最近移住してきた人々ではなく、長らく都市に居住している市民たちによって行われている。

(イ) 金持ちから貧しい人まで、都市のあらゆる階層の市民が従事している。

(ウ) 一九八〇年代を通じて減少するどころか、年々発展を遂げ、拡大しつつある。

「経済の悪化や環境破壊で難民となった人々が一時的に食料を確保するために緊急避難的にやむなく取り組む農業」という一九七〇年代の都市農業像が、「定住する市民たちが、より豊かな暮らしを目指して長期的に取り組む農業であり、それは都市にとっても健全な土地利用形態である」というものに変わった。あわせて、NGOによる都市農業の支援地域もアフリカのレソト、ボツワナ、モザンビーク、ザンビア、ケニアをはじめ、フィリピン、チリなど全世界的に広まっていった。

### (3) 国際レベルで認知された一九九〇年代

一九九〇年代には、国連開発計画（UNDP）の下で、アメリカの「都市農業ネットワーク」が、五カ年にわたって、アジア、アフリカ、ラテンアメリカなど一八カ国でさらに詳細な調査を実施する。結果は『都市農業――食糧生産、雇用、持続可能な都市』という書物にまとめられ、先に触れた「ハビタットII」でも配付された。四〇カ国から三〇〇〇名以上が参加する「都市農業グローバル・ネットワーク」も結成され、都市農業を支援するNGOの国境を越えた連携体制も充実していく。

NGOだけではなく、カナダ、ドイツ、スウェーデンなど、政府レベルで都市農業の海外援助体制を整える国も増え、国連においても都市農業を重要視したユニセフが「女性と子どものための都市農業プロジェクト」を、コロンビア、エリトリア、コートジボアールでスタートさせた。

こうした動きも反映して、一九八〇年代には全部あわせてもせいぜい五回ほどしか開かれなかった都市農業に関係する国際会議が、一九九〇年代に入ると爆発的に増加。一九九二年のＵＮＣＥＤグローバルサミット92、一九九四年のマンチェスターフォーラム、一九九六年の世界未来社会会議など、多くの国際会議の場において都市農業が重要テーマとして取り上げられるようになっていく。プロローグで紹介したハバナでの国際会議もこうした世界的な潮流の延長線上にあったのである。

それでは、今世界各地の都市農業の現状がどうなっているのか、日本ではほとんど話題にのぼらない発展途上国の事例を中心に紹介しよう。

## アフリカから東欧まで都市農業は市民を養う

### (1)アジアの都市農業

まず、アジアに飛ぼう。インドのカルカッタでは都市下水を利用して野菜を栽培したり、テラピアや鯉などを養殖することで、市民需要の三割をまかなっている。下水を利用した家畜や魚の生産はバングラデシュでも実施され、住民所得の一割も家庭菜園に由来するという。

ネパールの首都カトマンズでは、市民の約四割が都市農業に携わり、野菜や果物の三割、肉類の一割を自給している。

中国の多くの都市でも、雇用の四割は都市農業が生み出している。上海のような多くの大都市が、野菜の八五~九〇パーセントを都市農業により自給し、市域の一割しか農地がない香港のような過密都市でさえ、集約的な生産を通じて、野菜の四五パーセント、豚肉の一五パーセント、鶏肉の六八パーセントをまかなっている。

同じく都市化が進んだシンガポールでも都市農業は盛んで、野菜の二五パーセントを市内で生産。一九七〇年代には土地利用上の制約から養豚が一時的に中断されていたが、一九八〇年代には復活し、現在では、豚肉、鶏肉、卵の一〇〇パーセント自給を達成し、市外に輸出している。

ソロモン諸島のような島嶼においても、首都ホニアラでは以前には外から輸入していた食料を一部市内で生産することで二割ほどの経費節約につなげている。

## (2) アフリカの都市農業

テレビや新聞などの報道を通じて、飢餓大陸のイメージが強いアフリカでも都市農業は健闘している。以前は多くの政府が、都市農業の重要性を十分に理解できず、さしたる根拠もない中で、農地がマラリアを媒介する力やネズミなどの害獣の発生地となっていると見なし、都市農業に対しては批判的な見解を持ち、その支援を怠ってきた。しかし、国内での食料生産が頭打ちとなる中で、こうした偏見は、急速になくなりつつある。

例えば、食糧事情が深刻なケニアでは、貧しい世帯は食費と調理用の燃料費に家計の四～五割が消えてしまう。一九八〇年代に、ケニアのマジンギラ研究所が行った調査結果によると、ケニア市民の三人に二人が都市農業に従事し、六つの大都市で行った市民アンケートには、四人に一人が「都市内での自給なくしては食料が確保できない」との回答をよせたという。

エチオピアの首都アディスアベバにおいても一九八三年に行われた調査によると、調査世帯の一七パーセントが自分で野菜を生産していた。

ザンビアの首都ルサカでも、約半数の市民が都市農業に携わり、その比率が八割にも及ぶ地域もある。最貧世帯では家計の三割を都市農業に依存している。

レソトの首都マセルでは一九八六年段階で既に、市民の五五パーセントが都市農業に従事していた。低所得層が暮らす居住区では、土地条件が比較的よいところでは園芸が行われ、悪い場所でも小家畜が飼育されている。高所得者層の地域では、乳牛も飼育され、一九九四年には都市農家が生み出す乳量が、都市需要の四割を満たしていた。

タンザニアの首都ダルエスサラームでは、都市農業に従事する世帯が、一九六八年当時は二割以下だったが、一九九一年には六七パーセントと四倍にも増加。一九九八年の統計によれば、都市農業は首都での第二番目の雇用先となっており、それは全雇用者の二割に及んでいる。家禽類が一九九一年から一九九三年の二年間で六割も増えるなど、都市畜産も確実に伸びている。

モザンビークの首都マプトでも一九八〇年センサスによると都市労働者の三〇パーセントが農業に従事し、市民が必要とする食料の三割が都市内で生産されている。政府の都市農業支援策は今も継続しており、国際機関もこれを支援している。

ザイールの首都キンシャサでは住民の八〇パーセントが都市農業に携わり、キサンガニでも三割ほどの世帯が都市農業を行っている。

ウガンダの首都カンパラでは、タンザニアとの戦争やアミン政権による一九八〇年代の政治的な混乱にもかかわらず、都市農業によって食料が確保された。一九八一年のユニセフの調査報告は「子どもたちの健康を守るうえで都市農業が果たす役割は重要である」との結論を下している。一九八七年のセーブ・ザ・チルドレン・ファンド（SCF）や一九九三年のマケレレ社会調査研究所の研究報告も、「都市農業に携わっている住民のほうが、そうではない住民と比較してその栄養状態がよい」とユニセフの結論を裏付けている。カンパラでは、中心市街五キロメートル圏内で主要農作物の二割が生産されており、一七五〇頭の牛や一〇〇〇頭以上の豚も町中で飼育されている。また、家禽類を飼育する家族が増えることで、孵卵器や餌が売れるなど、関連産業の活性化にも寄与している。全市民の約五割が四割以上の食料を、三割が六割以上の食料を都市農業を通じて得ており、調査インタビューに対しては「たとえ他にもっと賃金のよい仕事があっても農業を止めない」と答えている。

ジンバブエの首都ハラレでは、一九九二年にこれまでの政策を転換し、都市農業への支援策を打ち出した。わずか二年後には耕作地と農家戸数が倍増し、食料価格が大幅に低下しただけでなく、景観維持とゴミ処理のコストが軽減され、農業に関係する一〇〇以上の新たな仕事も創出された。密集市街地内で、ウサギ、ハト、ガチョウ、七面鳥、孔雀などが飼育され、郊外の牧場では市が下水を利用して乳牛を飼育し、ミルクを市内で販売している。

カメルーンの首都ヤウンデでは、一九九四年から政府が勤務時間を午後三時半までと変更した。政府が率先して市民自給を推奨するためであり、文部省や大蔵省の役人も退庁後、家族と一緒に畑を耕し「このほうが豊かな暮らしだ」と答えている。

南アフリカ共和国でも、一九九一年の政変で新しく誕生した政党が都市農業支援策を打ち出して以来、都市農業の振興は政府の政策として、NPOと連携した濃密な支援が行われている。

### (3)ラテンアメリカの都市農業

ラテンアメリカでも都市農業が盛んなのはキューバだけではない。ブラジルでは、一九七〇年代にクリティーバが都市の生ゴミを再利用し、都市内の未利用地を食料や燃料の生産基地として活用するプロジェクトに着手。サンパウロでは首都のマスタープランが一九九〇年に作成されたが、クリティーバにおける成果に学び、土地利用計画上、都市農業を大きく位置づけた。

アルゼンチンでは、イタリアの支援を受けて一九九〇年から都市農業の支援プログラムがスタート。

発足当時の参加者は四万人にすぎなかったが、一九九四年には五五万人へと急増し、それを支援する市民団体も一〇〇から一一〇〇へと増えている。

ボリビアのラパスのエルアルト地区では、半数もの市民が鶏、ウサギ、豚、ラム、アヒルなどを飼育し、肉類を自給している。また、一九八〇年代初頭に国連開発計画がボリビアで水耕栽培プロジェクトを始めたことが契機となり、多くの都市で水耕栽培が急速に普及している。例えば、コロンビアのボゴタでは、女性グループが水耕栽培で何十種類もの野菜を生産し、男性の三倍も稼いでいる。

ペルーでも、女性グループのコミュニティ・ガーデンづくりが盛んで、国や地方政府もこれを支援している。壁に吊るした籠の中での食用ネズミ飼育も人気があり、五割以上の世帯が取り組んでいる。

メキシコ・シティでは積み重ねたタイヤの中でジャガイモが作られたり屋根やテラスでサボテンが生産され、屋上菜園はドミニカのハイチでも広まっている。

### (4) 中東および東ヨーロッパの都市農業

事情はヨーロッパでもさほど変わらない。日本では、ドイツのクラインガルテンが有名なために市民農園というとアメニティ空間や緑のオープンスペースとしてだけとらえがちである。だが、レジャー農園を楽しむゆとりがあるのは西ヨーロッパ諸国でしかなく、中央そして東ヨーロッパへ目を向けると、食料生産と収入確保のうえで都市農業が欠かせないことが見えてくる。

例えば、ルーマニアでは、一九八九年から一九九四年にかけて、都市内での農業生産が二五から三七パーセントへと向上。アルバニアでも経済の混乱もあって食糧事情が悪化。多くの市民が都市農業に従事し、家屋の屋上で野菜やブドウが作られ、空部屋の中で鶏はおろか、豚までが飼育され、都市公園では牛や羊が草を食む。

サラエボでも、経済封鎖以来、都市農業を通じた野菜と小家畜の自給率が一割から四割へと高まっているし、ポーランドにおいても都市農業は一九七五年から一九八五年の一〇年間で倍増し、都市住民の三割弱が農業に従事し、市民農園は九〇万カ所、七〇万世帯が順番待ちをしている。

ロシアではもっと劇的である。過去一〇年間に三〇〇〇万世帯が都市農地の所有者となったとされ、一世帯あたりの面積は二〇から五〇アールと小さく、全部をあわせても全農地の四パーセントほどにすぎないが、このわずかな農地で集約的な生産が行われ、ジャガイモの八八パーセント、肉類の四三パーセント、牛乳の三九パーセント、卵の二八パーセントが、自給菜園から供給されている。この「ダッチ」と称される自給菜園の食料生産量はロシアの全体の三割に及ぶとのデーターもある。モスクワでは一九七〇年から一九九〇年にかけて、都市農業に携わる市民が二〇パーセントから六五パーセントへと増えていることも、これを裏付けよう。

そして、屋上菜園も盛んである。サンクト・ペテルブルグでは、アパートや個人住居のほか、病院、孤児院や学校の屋上でも菜園が作られ、無数の市民や学生が野菜自給に携わっている。

## 都市農業は地球温暖化の防止に貢献する？

本節の冒頭で、「将来は都市住民が消費する食料の五割が都市農業によって生産されるようになる」と述べたが、世界各地の諸都市の実情にあたってみると、この予測もあながちハッタリではないことがわかるだろう。日本はいざ知らず、世界中の都市という都市で、多かれ少なかれ農業が営まれはじめている。二十一世紀は都市が園芸化する時代なのである。

発展途上国や経済が混乱している国々において、市民たちが都市農業に取り組む理由は簡単である。農業を営むことで食が満たされ、食費を削減。加えて、余った農産物を販売することで、収入もアップするからである。ラテンアメリカの一一カ国において行われた調査結果によると、市民たちが農業に費やす日数は平均で週に一日から一・五日ほどでしかないが、わずかそれだけの作業時間でも食費の一から三割を節減でき、それは低所得者では収入の五～一〇パーセントに相当するという。

貧しい国では都市農業による自給が果たす役割は日本では想像できないほど大きい。タンザニアを例にとってみよう。タンザニアでは、収入のうち食費が占める割合が、一九四〇年には四〇パーセントであったものが、一九八〇年には八五パーセントにまでアップした。首都ダルエスサラームでは、旱魃やウガンダとの戦争により、食糧価格が暴騰し、一九七三年には最低賃金で小麦一〇キロとコメ五キロが買えたものが、一九八五年では一・三キロの小麦と〇・八キロのコメしか買えなくなったのである。家計の八割以上を食費が占めるとなれば、誰もが自給へと向かいたくなって当然である。

もちろん、こうした経済上のメリット以外にも、都市内であえて農業を行う利点がある。一般的にいって、都市では労働力が得やすく、狭い面積に多くの労力を投入できるため、郊外での大規模農業と比べると単位面積当たりでだいたい三倍から一五倍の生産をあげることができる。生ゴミや下水排水をはじめ未利用有機物資源も豊富に得られるため、化学肥料を購入する資金がなくても、これらを肥料源として活用できる。ゴミとして捨てられる有機物も農業を通じてリサイクルすれば地域環境も改善される。要するに、食糧事情が厳しい国々では、食料生産のみならず、雇用の確保や地域経済の活性化、都市環境の維持のうえからも都市農業は、市民に欠かせない存在となっているのである。

世界各国の事例から、都市農業の特色を筆者なりにまとめると次のようになる。

(1)多くの労働力が投入されることにより、一般的な農業と比較して土地利用が集約的で生産性がすこぶる高い。
(2)輸送や流通のシステムが不十分な中で、長距離輸送に不向きな鮮度野菜や果樹が生産されている。
(3)蛋白質の供給源として家畜、とくに家禽類やウサギなど小家畜の飼育が盛んに行われている。
(4)生ゴミや下水など都市内に豊富にある未利用有機物資源を活用した生産が行われている。
(5)これら有機物を循環させることで都市環境が改善され、衛生施設の維持費の軽減や住民の健康状態の向上に大きく寄与している。

(6)専業農家だけでなく、多くの市民が菜園で自給することで、家計を助け、GNP上では換算されない「真の豊かさ」を生み出している。

(7)都市における大きな雇用創出の場として貢献している。

また、都市農業が果たすもう一つの役割として忘れてはならないのは、地球温暖化の防止機能である。温暖化防止といっても「風の道」ができることでヒートアイランド現象が解消されるといった程度の話ではない。食料を輸送するにはエネルギーが必要だが、全世界で輸送に関係して排出される二酸化炭素の量は、全排出量の三割以上に及ぶという試算がある。例えば、食料輸送目的だけで全世界で約一万六〇〇〇機もの飛行機が飛んでおり、そこからは約六億トンの二酸化炭素が排出されているという。[1] 先進諸国では、農家から消費者の手元に食料が届くまで一月間に二〇〇〇キロ以上も旅をし、イギリスでは全交通量の二五パーセントを食料輸送が占めるという。ヨーロッパでは、食料の輸送距離（フードマイル）について議論が盛んに行われており、二〇〇〇年の有機農業の国際ＮＧＯ（ＩＦＯＡＭ）の世界大会でも、フードマイルを有機農産物の基準の中に組み入れるべきだという議論がなされた。

いくら有機農業で栽培されたとしても、二酸化炭素を排出しながら遠距離を運ばれれば地球に優しい商品とはいえない。フードマイルの考え方からすれば、都市のまっただ中で栽培され、自転車で市民に届けられるハバナの有機野菜は、最も完璧な有機野菜なのである。

ところが、日本ではあいかわらず都市農業は、都市内でのアメニティ空間やレクリエーションの場としてとらえられがちである。将来的に公園が整備されれば担保される景観保全や大気・水質の浄化などの緑地機能を、整備されるまでの間、一時的に代替えする場として、あるいは学童農園や福祉農園など公共公園だけではまかないきれない生産体験機能を補完的に提供する場として期待され、本来の食料生産は農村部で行われればよいとする傾向が強い。

生産緑地法や市民農園整備促進法をはじめ、日本の多くの法体系はこのような発想の下に制定されており、都市計画法上、都市でも食料生産が不可欠であるとの位置づけはなされていない。その結果、宅地並の課税への反対運動や相続税への対応などで多くのエネルギーがそがれ、持続可能な都市を実現するうえでの都市農業の役割が今ひとつ打ち出せないでいる。

ハバナや世界の都市農業で重視されている未利用有機物資源の循環や雇用創出についても経済事情が異なるために重視されていない。かつては都市残渣を利用する残飯養豚が日本でも盛んだったが、宅地化の進行とともに失われてしまったし、生ゴミの堆肥化については最近注目されつつあるが、下水を利用した養殖や水耕栽培などはなじみがない。まして、非農家による自給と雇用創出などは社会事情の違いもあってほとんど配慮されていない。

農家の高齢化と後継者不足により、日本の農地の利用率は年々低下しており、それは集約的な農業が行われている都市農業においても例外ではない。市民農園だけでなく、多くの市民が畑を耕し、多くの労力を投入することによって都市農地が持つ高い生産性を活用していくこと。都市で出来た農産物をいま流行のスローフードとして市民が食べる。それは、日本の都市を持続可能な都市へと蘇らせ、市民が真の豊かさを手にする手段として、欠かせないことではないだろうか。そのためには、キューバが展開したような、有機農業の技術開発や土地利用制度、農業でもそこそこの収入をあげられるような価格政策などを総合的に展開していかなければならないし、アクタフのような都市農業を支援するＮＰＯ組織を充実させていくことも欠かせないのである。


**参考文献**

(1)——— Tinker, I. (1993) "Urban Agriculture is Already Feeding Cities" *Urban Agriculture in Africa*, IDRC, In press

(2)——— Paul Sommers and Jac Smith (1994) "Promoting Urban agriculture: A strategy Framework for Planners in North America, Europe, and Asia" http://www.idrc.ca/cfp/rep09_e.html

(3)——— Jac Smit (1996) "Urban Agriculture: green and healthy cities"

(4)——— Jac Smit (1996) "What would the world be like in the 21st Century if Cities were Nutritionally Self-Reliant?"

(5)——— Jac Smit (1997) "Urban Agriculture, Progress and Prospect:1975-2005" http://www.cityfarmer.org/rpt18Intro.html

(6)——— William E. Rees (1997) "Why Urban Agriculture" http://www.cityfarmer.org/rees.html

(7)——— Rachel A. Nugent (1997) "The Significance of Urban Agriculture Department of Economics" http://www.cityfarmer.org/racheldraft.html

## 2
# 江戸は世界最大の園芸都市だった

### ゼロエミッション都市・江戸

果たして、東京を含めた日本の都市は、ハバナのような持続可能な都市を目指して生まれ変わることはできるのだろうか。サンフランシスコやその他の都市のように農業を大切にする都市へと向かう一歩を踏み出すことができるのだろうか。

サンフランシスコを旅した折、アメリカのＮＰＯグループとの交流も兼ねて、日本の都市農業や市民農園の歴史や現状を紹介した。ところが、彼らが最も興味を抱き、質問が殺到したのは「日本の江戸時代についてもっと知りたい」というものだった。

「トクガワ時代は、環境と調和したまちづくりを進めるうえで非常に参考となる」というのが、彼らが関心を寄せた理由だった。実にいいセンスをしていると思う。実は、筆者にとっては江戸は、さほど遠い世界ではない。個人的な話になるが、筆者が住む杉並区も、祖父の時代までは広大な農地と山林があった。昭和三〇年代までは家の裏には神田川を水源とする水田が広がり、用水路では魚介類が豊富に獲れ、晩のおかずになった。野菜も敷地内の畑で自給でき、家の前の斜面林からは玉川上水の伏流水が吹きだし、冬にはそれが凍って製氷業が副業となっていた。そして、明治生まれの祖父は母親からしばしば「権現様の頃の方が、ずっと暮らしやすかった」と聞かされてきた。権現様とは、東照大権現で家康を指す。筆者は小学校の時から、日本は資源なき国で、技術立国するしかなく、江戸は貧しい暗黒時代だったと教育されてきた。だが、曽祖母の生活実感では文明開化以前の方がよかったというのである。

筆者がここまでキューバにのめり込んでしまったのも、これほどの経済崩壊にあえぎながらも、誰もが「いい顔をしている」キューバ人たちと出会って、「豊かさ」がマネーや技術とは必ずしも直結しないこと、そして「祖父母の言う暮らしやすさとはこのことだったのか」と奇妙に江戸時代の日本とキューバとがオーバーラップしてしまったからだった。前節の文末で、「多くの労力を投入することで都市農地が持つ高い生産性を活用していくことが大切だ」と述べた。キューバのオルガノポニコに匹敵する集約的な農法を、おそらく世界で最初に、かつ、最も体系的に活用し始めたのは江戸である。地球を半周してわかった答えは足下にあった。世界最大の持続可能な循環都市を作ってきたのは、日本、それも江戸時代の日本だったのである。

江戸時代初期には全国各地で多くの城下町が作られた。一六五〇年には都市人口が全人口の一五パー

筆者の曽祖父吉田甚五郎が営んでいた旧蛇場美村の「吉田園」(現在の東京都杉並区下高井戸)。セピア色に色あせた写真からはとても杉並とは思えない豊かな自然が伝わってくる。大正五年の「都新聞」には「吉田園といふ遊園地は、この辺の大地主の甚五郎といふ人が新たに開いたところで、東京から二里以内のところに、狐や狸や雉子が自然のままに生活しているといふは、まさしく奇跡のやうである」との記事がでている。

セントを占め、全国の七割以上の藩および幕府直轄地に人口で一万人以上の町があるという当時の世界水準からすれば超都市化社会だった。しかも、江戸は享保年間(一七一六～一七三六)には人口一三〇万人を擁し、京都や大坂も四〇万人を超えていた。十八世紀のはじめのロンドン市の人口は七〇万、パリも五〇万人、ウィーンが二五万人にすぎないのであるから、これをはるかにしのぐ世界最大級のメガロポリスだった。しかも、同時に豊かな自然も保たれていた。現在の新宿区や豊島区でも丹頂鶴や朱鷺が見られたし、隅田川では盛んに白魚漁が行われていた。白魚はBODが三ppm以下の清流にしか棲めない魚である。それほど、江戸の自然環境は良好だった。

人口一〇〇万人を超す巨大都市を維持するためには、農村部から大量の原材料や加工品を供給することが必要だが、江戸時代には、造船技術も進展し、東廻り、西廻り航路の海運で、全国から物資が集中した。また、高度な製造業も発達していた。綿、麻、絹を原料とした紡織業が盛んとなり、藍や紅花などの染料作物の需要を増やした。また、コメ、麦、大豆から酒、醤油、酢、味噌を生産する醸造業、楮と三椏《みつまた》から和紙を製造する製紙業、荏胡麻、菜種、綿の実から油を製造する製油業も発達したし、漆とハゼノキの精蝋業、サツマイモから砂糖を作る製糖業、そして製塩業も盛んになった。

工業が発達したのに、なぜ江戸の都市環境が保全され、隅田川がこれほど清浄であったかというと、ほとんどの産業が、鉄や石油・石炭を用いず、木製の桶やたるを材料にして、エネルギーも炭や植物油から得ていたからである。農林水産業を基礎にして自然の利子の範囲内で営まれる工業であれば、自然資源を枯渇させない。いってみれば、バイオマス産業社会が実現していたのだ。それに加えて、ありとあらゆるものがリサイクルされるゼロエミッション社会だったから公害問題も発生しなかった。

米ぬか、縄、藁くず、生ゴミ、醤油・豆腐・酒などの手工業産業から出る産業廃棄物は肥料源として活用されていたし、なかでも魚河岸から出る魚のくずは貴重品だった。

薪炭をエネルギー源としていた当時の都市では毎日おびただしい量の灰が出たが、これもリサイクルされていた。灰は肥料源として欠かせないカリ分を多量に含む。加えて、酒や和紙の精製、藍や紅花の染色、陶器の上薬と様々な用途に活用できるから、「灰買人」と呼ばれる人々が灰を回収し、全国で灰市が開かれていた。灰を取り扱う「灰屋」は巨富を築き、井原西鶴（一六四二〜一六九三）の『好色一代男』のモデルにもなっている。苛性ソーダや石灰工業が発達したことで、灰屋は大正末期から昭和初期には消滅するが、灰が産業として成立していたのは世界史的に見ても類例がない。

江戸は当時としては世界最大の製紙大国でもあった。幕末に日本を訪れた外国人は「日本人は紙をあたかもハンカチのように使って捨てる」と驚いている。その原料は楮であった。和紙は丈夫で一〇〇年以上も変質しない。寺子屋では、同じ教科書が一〇〇年近くも使い続けられた。しかも、繊維が長く丈夫なために、一度使った紙も漉き返せば、三回でも四回でも再生できる。そのための専門の紙くず拾い業者もいた。紙くずは問屋の手を経て、再生業者に渡され「漉返紙」として売られていたのである。

リサイクルされていたのは、それだけではない。古着も流通していたし、キセル、提灯など生活用品ごとに修理業が発達し、修理に修理を重ねて徹底的に使い尽くされた。しかも、修理が利かないものはさらに素材だけを取り出して再生された。とりわけ金属は貴重で、鉄は鍛冶屋が溶解しては何度も使った。もっともユニークなことは、糞尿もリサイクルされていたことだろう。農学者フォン・リービッヒ（一八〇三〜一八七三）は『農業および生理学への有機化学の応用』（一八四〇）の中で、日本の下肥農業について「土地を永久に肥沃に保ち、その生産性を人口の増加に応じて高めていくのに適した農法である」と絶賛しているし、明治一〇年に来日し、大森貝塚を発見したエドワード・モース（一八三八〜一九二五）も当時の死亡率がアメリカの都市よりもはるかに低いことに驚き、「アメリカでは、下水で入り江や湾が汚染され、悪臭を放って病気の原因となっているのに、日本では糞尿を肥料として使っている」と感心している。

この肥料循環を可能としたのは都市農業だった。江戸、京都、大坂の三大都市をはじめ、各地の都市周辺では野菜の生産を主に行う都市農業が誕生し、都市廃棄物のリサイクルが可能となったのである。

糞尿は貴重な資源だったから、廃棄物としてではなく商品として売買されていた。幕末には、一二軒長屋の汲み取り料金は、年間で五両、当時の米価格で米五石（二五〇キロ）に匹敵したし、物々交換しても、大人一人分が大根一〇本、茄子五〇個くらいにはなっていた。長屋の居住人たちは大家に糞尿を売ることで、家賃は支払わずにすんでいた。

江戸時代は、江戸や大坂のような巨大都市が誕生したが、近郊農村との関係が密接で、都市農業を活かした物質循環がうまく機能していた。本所や深川のような過密地域もあったが、都市全体としては緑が豊かで、今のハバナと同じくおよそ半分が農地であったという試算もある。

そして、江戸は多くの諸藩からなる地方分権型社会だった。一藩当たりの平均規模は人口一〇万人、面積一〇万ヘクタールほどで、城下町の人口もおおむね数万人以下であった。森林、河川、農地、海といった自然生態系を活かして、各藩ごとにそれぞれが、廃棄物を出さない持続可能な自給自足ユニットとして自己完結していたのである。

## 環境破壊を招いた江戸の列島改造

江戸時代は鎖国していたために、循環型社会の形成が可能であったとよくいわれる。しかし、この表現は半分は当たっているが、完全に正確ではない。江戸が循環型の自給自足社会になるのは、将軍吉宗の改革以降の後期に入ってからである。意外に思われるかもしれないが、戦国時代から四代将軍家綱の治世にかけては、日本史の中でも突出した列島改造とも言うべき大開発が行われた時代だった。古代から江戸時代末期の一八六七（慶応三）年までに、全国各地で行われた主要な用水土木工事をピックアップしてみると一一八件あるが、うち半数の五六件が戦国から江戸時代初期の二〇〇年間に集中し、かつ一五九六（慶長元）年から一六七二（寛文一二）年に四二件と三五パーセントが集中している。この時代に、それまで洪水の氾濫原として機能していた大河川下流の沖積平野が広大な水田地帯として整備されたため全国各地で治水事業や新田開発が行われたことに加えて、五街道、港湾、航路開発と国土の交通インフラ整備が行われ、寛文年間（一六六一〜一六七三）年までは、各藩で城郭や城下町の建設ラッシュも続いている。これほど短期間に全国規模で都市が建設されたことは世界史上も類例がないといわれる。

都市建設は莫大な木材を必要とするから、宮崎、高知、秋田と各地の森林資源は、乱伐されて急激に枯渇してゆく。屋久島に残るウィルソン株もこの時代の伐採である。木曾川を抱えて、木材搬出が容易であった木曾山林も集中的に伐採されたが、以前に年平均で〇・五万立方メートルほどでしかなかった伐採量が、家康の時代には一五万、尾張藩に所有が移った当初の三〇年間では実に三〇万と急増する。これだけのペースで開発をすれば、木材資源が枯渇し、山が丸裸になるという「尽山」現象が発生する。江戸時代初期の政治経済学者、熊沢蕃山（一六一九～一六九一）は「天下の山林十に八尽く」と憂えているが、このような事態が全国各地で発生してしまったのである。

大規模な山林開発が進めば、当然のことながら山林の保水力は弱まる。洪水が全国いたるところで頻発し、人畜や家屋・田畑に甚大な被害をもたらすようになった。例えば、広島県福山市を流れる芦田川が氾濫し、一〇〇〇戸もあった集落を一夜にして一軒残らず押し流してしまっている。山林原野も新田の開発対象となったから、当時の重要な肥料供給源であった採草地を失うことにつながった。施肥量が減少して水田の地力を減退させたし、農業用水不足も招いた。環境の制約を無視して進められた国土開発は、環境破壊というツケをもたらし、元禄時代にはこれ以上の開発を続ける余地がなくなってしまったのである。

## フロンティアの喪失と累積赤字の増大

国内のフロンティアの喪失と並んで、もうひとつ深刻な問題だったのが財政赤字の累積である。全期間にわたり鎖国が続いたとイメージされがちな江戸時代だが、十七世紀の初期には、鎖国状態とはほど遠く、海外との貿易が盛んに行われ、中国から大量の木綿、生糸、綿織物、藍、タバコ、香料、薬品、砂糖が輸入されていた。一六三三（寛永一〇）年の鎖国令発布以降とそれ以前との貿易量の推移を統計的に追ってみると、対馬・壱岐の朝鮮ルート、平戸・長崎の中国・オランダルート、薩摩の琉球ルート、松前の北方ルートの貿易量の合計は、減るどころか以前よりも増えている。最も対外貿易が盛んであった一六五六（明暦二）年の砂糖輸入量を見てみると一三二〇トンもある。イギリスの一六六五年の輸入量はわずか八八トンしかないのだから、けた違いの多さである。

また、日本では室町時代頃から麻よりも木綿が消費されるようになり、衣服、船の帆、火縄銃の火縄など、木綿は暮らしに欠くことができない必需品となったが、これも中国や朝鮮から大量に買い付けられていた。加えて、四代将軍家綱から五代将軍綱吉の時代にかけて一般大衆の生活水準が向上するにつれ、絹が都市から農村まで広く普及するようになる。とくに、金持ちの派手好きな妻女の間では金にあかして斬新なデザインを競いあう俗にいう「伊達くらべ」がファッション・ブームとなった。一六四二（寛永一九）年に幕府は「村役人は絹を着てもかまわないが、百姓は布・木綿以外は着てはいけない」との法令を定めるが、これは「白糸」と呼ばれた中国産絹糸や絹織物の消費拡大を防ぐためだった。

なぜ、幕府が経済統制をしてまで消費の拡大を抑制しなければならなかったかというと、これらの輸入品を購入するために、膨大な金銀銅が国外へと流れ出ていたためである。十八世紀初頭に新井白石（一六五七～一七二五）は、長崎奉行に「どれほど貨幣が流出しているのか、その実態を調べよ」と命じ、その調査結果報告書に目をむいたとされる。白石の見積もりによると、一六〇一（慶長六）年から一七〇八（宝永五）年の一〇〇年間に、七万から九万両の金と、一一二万貫の銀が流出しており、これは慶長以降に産出した総量のそれぞれ四分の一、四分の三に及んでいたのである。仮に金を一両五万円で換算すると、総額では一兆五〇〇〇億円。年平均で一三七億円が毎年輸入代として流出していたことになる。当時の幕府の年貢財収が六〇〇～七〇〇億円しかない中での一四〇億円だから膨大な貿易赤字である。

ジパングが黄金の国として知られたように、日本は戦国末期から江戸時代初期にかけては、世界でも有数の金銀産出国であり、当時の全世界の産出額の三～四割を日本一国だけで占めていた。しかし、毎年これほど膨大な輸出を続けていればいつかは失われる。一六四三（寛永二〇）年には地下資源が枯渇し、やがて、それまでにストックしていた資産も底をつく。

「金銀は人間にとって骨のようなものだが、農産物は毛や髪のようなものである。いくら切っても後からはえてくるもの（再生利用資源）を買うために、一度なくなったら再生のきかぬものを使うのは愚の骨頂である。すべからく輸入を制限し、医薬品と書籍のみに限定すべきである」。このように白石が力説し、金銀銅の流出抑制（定高貿易、正徳新令）と輸入品国産化に向けての政策を立案したのも無理からぬことであった。こうして、持続可能なリサイクル型自給社会に向けての政策転換がなされていく。

まず、幕府は、これ以上の山林開発にストップをかけ、荒廃した山河を復元するため、一六六〇（万治三）年に「諸国山川掟」を制定。これ以上の新たな開発を一切規制するとともに、植林を奨励し、過剰開発のために荒廃した国土の復興に力を注いだ。そして、森林保全とあわせて、農政においても、国内の地域資源を徹底して利用する集約的な循環型農業への転換を図った。次々と新たなフロンティアを開発していく従来の方式を改め、多くの労働力を投入し、きめ細かい管理を行うことにより、限られた農地から一粒でも多くの収穫を得ようとする「精農主義農法」へとシフトさせたのである。限られた国土を集約的に活用することで自給率を高め、貿易赤字を削減するという自給政策はやがて軌道に乗り、十八世紀末には外貨流出は実質的になくなる。一八五三（嘉永六）年に通商交渉で来日したペリー提督に対して、幕府高官が「日本は国内生産物で十分に足りています。外国商品がなくても不自由しないのです。ですから交易はいたしません」と答えるほどの「自給自足経済圏」の確立に成功していた。要するに、純然たる意味での「経済鎖国」が完成するのは江戸も後期になってからのことだった。

## 麗しき東洋のアルカディア

こうした江戸の経済鎖国は、当時来日した外国人たちからも高く評価されている。例えば、幕末の英国初代駐日公使ラザフォード・オールコック（一八〇九〜一八九七）は『大君の都』（一八六三）の中で日本の園芸型農業とよく管理された農村景観を絶賛し、「生産性が高く、日本のように幸福な農民はヨーロッパにはいない」と評価している。

一八七二（明治五）年に来日した近代観光業の創始者トマス・クックも、豊かな自然の恵み、次々と移り変わる四季の美しさに呆然とし、日本を理想郷として宣伝した。

西南戦争の翌年の一八七八（明治一一）年に東北日本を一人で旅した英国夫人イサベラ・バード（一八三一〜一九〇四）は、ベストセラーになった『日本奥地紀行』の中で、米沢についてこう記している。「まったくエデンの園である。米、綿、トウモロコシ、タバコ、麻、藍、大豆、ナス、クルミ、スイカ、キュウリ、柿、杏、ザクロを豊富に栽培している。実り豊かに微笑する大地であり、アジアの桃源郷である。美しさ、勤勉、安楽さに満ちた魅惑的な地域である」

このように日本を訪れた外国人の評価はおしなべて高い。江戸の社会経済レベルは相当なものでハーマン・カーン（一九〇七〜一九七五）も、「江戸時代という基盤があったからこそ、日本は維新後に近代化を進めることができた」という見解を示している。

そして、何よりも江戸時代は資源・環境制約下でのゼロ成長のモデルとしても画期的であった。地球上でのフロンティアがなくなったのが現代世界であるとするならば、資源の徹底した循環利用を行うことで、人口三〇〇〇万人が自給自足できる循環型社会を作り上げたことは、世界的に見ても重要だろうし、江戸には学ぶべき点が多い。経済学者ケネス・ボールディング（一九一〇〜一九九三）もこのことを高く評価している。そして、人口学者の鬼頭宏上智大学教授は、江戸時代は貧しいから人口が三〇〇〇万人しか養えなかったのではなく、当時の技術水準でより豊かに暮らすためには、必要以上に人口が多くないほうがよく、意図的にこの程度の人口に抑えた、との見解を示している。老子の「小国寡民」を想起させる話である。

江戸の経済鎖国と国内自給政策は、国土の過剰開発による森林や水、土地資源の枯渇、そして海外との過剰貿易による地下資源の枯渇というフロンティアの喪失に対して、当時の政府が選択した解決手段だった。これは、アメリカによる経済封鎖と、ソ連方式の農薬と化学肥料多投型の農法による国土荒廃、そして地球環境問題というフロンティアの喪失に対して、今のキューバ政府が選択した持続型国づくりへの政策転換と似ているようにも思える。

## 産業革命に匹敵した江戸の勤勉革命

しかし、江戸がこのような循環型社会を実現できた背景には、それを可能にする人々の価値観や技術・教育、そして社会制度があったはずである。この三つの切り口から、江戸という日本を再評価してみると、やはりキューバと重なってくる。

ホセ・マルティやカストロのエコロジカル思想が、キューバ革命のバックボーンにあるように、江戸時代のエコロジカルな地域コミュニティを構築するにあたっても、大きな役割を果たしていたのが「儒教」や「心学」、「仏教」という価値観だった。無用な殺生を禁じる仏教の教えがあったために人々はカモ、キジ、ツグミ以外を食さず、野鳥が保護されたし、武士階級の間で尊ばれた朱子学は「格物致知」

すなわち、知に致るには、物に致るべしという教えを根本に置いている。すなわち、モノを大切にするという思想を育んでいた。一方、商人に大きな影響を与えた「心学」の創始者、石田梅岩（一六八五～一七四四）は、倹約を主張したがこれも資源を大切にする環境意識の醸成に貢献した。

一方、これらの思想はエコロジカルであると同時に、マックス・ウェーバー（一八六四～一九二〇）が『プロテスタンティズムの倫理と資本主義の精神』の中で重視した「プロテスタンティズム」と類似した意識も育んでいた。仏教を通じて僧侶たちは、倹約、忍耐、勤勉といった生活上の倫理を啓蒙した し、石田梅岩も「あらゆる職業に勤勉に従事することが人間の修行となる」と説き、「倹約」を盛んに奨励した。

ただし、梅岩の「倹約」は、ただモノをケチって節約に励め、という短絡的なものでも底浅いものでもなかった。モノを大切に使い、資源を節約することで無駄を省き、社会の役に立てること。ここまでは普通の倹約であろう。しかし、梅岩は、この倹約によって富が生み出され、その富が本業の拡大再生産へと投資され、最終的には隣人愛のために消費されていくべきだと説く。自分の利益から出発しながらも、最終的には公共益と調和させるという梅岩の思想は、起業家精神からスタートして、市民の徳と融合させるという「市民起業家」のコンセプトと同一のものだし、アメリカのNPO学者サイモンが新しい経営理念として提唱している「啓蒙された利己主義」とも相通ずるものがある。江戸は、この点で公共セクターと協働するサンフランシスコのNPO活動とも重なっているのである。

技術や教育面ではどうだろうか。江戸時代の日本も、キューバと同じく教育が盛んで、人々の知的水準や技術水準が当時としては抜きんでて高かった。ヨーロッパでは自分の名前を書けない成人男女が多かったし、ナポレオン軍の将校の紋章には文字を書けるインテリの象徴としてペンが使われていた。だが、江戸時代の瓦版には立て看板を読む百姓の姿が登場するし、娯楽小説も数多く出版されて、ごく普通の庶民が楽しんだ。識字率が高く、人々の好奇心が盛んであれば、技術も発達する。石炭エネルギーや蒸気機関の利用こそ発達しなかったが、水力や木製機械の利用にかけては西洋には劣らず、何よりも農業技術がけた外れに優れていた。

水稲収量は当時世界でも最高水準に到達しており、「会津農書」には反収五〇〇キログラムをあげる水田が登場している。明治三〇年代に確立された「明治農法」は日本の農業生産力を飛躍的に伸ばしたとされているが、江戸時代中期の伝統農業も詳細に調べてみると、さほど遜色がない。綿作史上では、アメリカのホイットニーが一七九三年に発明した綿繰機が有名だが、一八八〇（明治一三）年のアメリカと日本の綿生産性を比較してみると、一人当たりの労働生産性ではアメリカのほうが二・三倍もあるが、土地当たりの生産性で比較すると日本のほうが三・七倍も大きい。一八五九（安政六）年頃には、以前に大量輸入していた生糸は逆に最大の輸出品となり、日本は世界でも有数の蚕糸生産国となっていくが、これも生産性の高さゆえだった。最初にヨーロッパ言語で紹介された日本の書籍は、一八四八年にフランス語に翻訳された蚕糸の書物だが、それほどに日本の生糸の生産性の高さはヨーロッパからも着目されていたのである。そして、このような高生産性は、施肥技術の工夫、品種改良、勤勉な労働とそれを支える倫理観が可能にしていた。江戸が自給自足体制を成立させたことを慶應義塾大学の速水融名誉教授は「勤勉革命」と呼び、ヨーロッパの産業革命に匹敵するものであると評価している。

## ソーシャル・キャピタルが豊かな社会

持続可能な社会を構築するうえでは、地方分権化の推進により自立した地域コミュニティを創設することが重要であるといわれている。キューバが経済危機を無事乗り越えることができたのも、濃密な人の輪を活かし、地方分権化を進める中で、コミュニティに問題解決を委ねたからだった。コミュニティの重要性については、「コミュニティ・ソリューション」の章の中でも強調したが、この点から見ても、江戸の経済社会システムは参考に値する。今とは比較にならないほどの分権型社会であり、地域ごとに多様な文化が発達し、持続可能な自立したコミュニティがボトムアップで積み上がって国全体を構築していた。そして、ヒエラルキーな封建制度とはほど遠い市民社会としての側面も備えていたのである。

例えば、現代のNPOに見劣りしない近代的な市民組織が発達し、公共サービスの多くが市民たち自らの手でまかなわれていた。まち並みや、水路・運河の整備などの公共事業も、財政が困窮した藩に代わって民間からの投資により実施されていた。とりわけ、商人の経済力が大きかった大坂では、公共施設のために私財を投じる「一建立」と呼ばれる気風があり、道頓堀や淀屋橋などの運河網や架橋の整備は、ほとんど民間のＮＰＯ資金によりなされている。江戸後期には「懐徳堂」という民間の教育機関が作られたが、商人たちの寄付金を基本財産として運営資金を拠出するという仕組みは、現在の財団法人のシステムそのものであった。授業料も余裕がない者は支払わなくてもよく、幕府側も「官許」を与え、「諸役免除」という税法上の優遇措置を図っている。幕府は田畑永代売買禁止令も緩和し、商人が新田開発の事業主体となることを認めたが、これなどはさしずめ江戸流ＰＦＩだったといえるだろう。

江戸時代には、田植えや茅葺き屋根の葺き替えなど一度に沢山の人手が必要なときに、それぞれの家が同じ日数だけ手伝いを出しあう「結」と呼ばれる相互扶助のシステムがあった。また、災害や飢饉といった不慮の事態に対処するために「講」というセーフティネットシステムも整えられていた。今から見ても「講」の内容は、バラエティに富んでいるし、なかなか充実している。

ボランティアで捻出しあった資金の運用益で、涵養林の保全や木材・薪炭の自給に活用する「山の神講」「田の神講」「地神講」、保水や土壌保全のための「水神講」、海岸浄化活動につながる「海神講」や「船霊講」。そして、地域資源の管理保全だけでなく、人材育成のための「講」もあった。「子ども講」「若者講」「娘講」「カカ講」「老人講」は、年齢や男女別にメンバーが相互に学びあい技術文化を伝承するための交流の場で、今流にいえばカルチャーセンターや啓発セミナーとＯＪＴを組み合わせたものだったといえよう。また、大工や建設業者の「太子講」、漁師の「夷講」、薬業の「神農講」、馬借の「馬頭観音講」、鍛冶屋の「荒神講」など同業者同士で、互いの技を交換したり競い合う交流の場も存在した。

飢饉や農耕用の牛馬の死去、漁船の沈没といった不測の事態に備えた「頼母子講」という保険システムもあった。「米頼母子講」「馬頼母子講」「船頼母子講」など種類は多かったが、いずれもコミュニティが自主的に金品を積み立て、有事に備えた自前の保険であった。「馬頼母子講」は、さしずめ現在の自動車共済にあたるものといえよう。また、出産のための「講」や、孤児の養育資金をコミュニティの篤志家が積み立て、一人前になると返済する「出世講」もあり、これらがマタニティ・センターや養育院の役目を果たしていたのである。

弱者の救済やセーフティネットとしてだけでなく、ビジネス面をより重視した「無尽」と呼ばれるシステムもあった。「無尽」は、「講」で集めた基金を、担保物件に対して貸し付け、利子をとるシステムである。資金が必要な人々が、裕福な商人に働きかけて基金を作ってもらい、利息を払う。借り手側から提示した利率に貸し手が合意すれば、契約が成立した。今で言うベンチャー・キャピタルの役割を果たしていたといえよう。無尽は、その後、有志が共同で積み立てた資金を「日待ち講」「庚申講」などの集会で籤引きを行い、当選者が積立金を事業に利用できるようにも発展していく。当選者が出るあたりは、今の宝くじともどこか似ているが、それはあくまでも顔が見える身内の中での抽選だった。江戸時代の「講」は、経済収益だけを重視し、やみくもに会員を増やす現代の保険制度とは全く異なっていた。例えば、「無尽」は多くても二〇〇人であり、積み立て資金「頼母子講」は、せいぜい二〇〜三〇軒で、「講」の単位が一〇〇戸を超えることは珍しかった。一定以上に大きくなれば、アメーバーが細胞分裂するように「講」を分けた。一定程度に規模を抑えながら、顔が見える濃密な人間関係をベースに置くことで、制度の信頼性を維持したのである。ここには、コモンズの悲劇を回避するためのパットナムの原則が働いていることがわかるだろう。また「講」では、メンバーの出資額や寄付の多寡とかかわりなく、全員を平等と見なす原理が貫かれていた。貧乏人が出す一〇円は、本人の負担感としては金持ちが出す一万円とかわらないと、時には一〇円のほうを評価した。ここからは、平等社会にこだわり続けるカストロの革命の理想や、一律に「機会の均等が図られれば平等である」とする近代的な合理主義を批判するアマルティア・センの経済学にも通じる精神がみえてくる。

そして「連」というヒューマン・ネットワークもあった。現代的に表現すれば、セーフティネットとしての役割を果たす「地域型コミュニティ」である「結」や「講」に加えて、「連」という同じ目的意識を持った人々が形成する「イベント型コミュニティ」も併存していたのである。

士農工商という身分制度に関係なく、人々が情報交換を行い、アイデアや新しい文化を生み出すための自発的なコミュニティ。いまのインターネット上の電子コミュニティやメーリングリストを思わせるものがあるではないか。平賀源内（一七二八〜一七七九）は、連を代表する人物といえるが、山片蟠桃の太陽恒星説、三浦梅園（一七二三〜一七八九）の経済学や弁証法哲学などの学術思想、からくり、長唄、歌舞伎、浮世絵、浄瑠璃などの芸術文化、天ぷら、寿司などの食文化など日本の伝統文化の多くは、いずれも連のネットワークから生み出されていったのである。

アメリカ西海岸の明るさの源は、学歴や門地、出身階級、人種とは無関係にチャレンジ精神や才能を持った人材を世界中から受け入れる懐の広さにあるといわれる。そして、シリコンバレーが活況を呈した真髄は、人々の交流が密接で、異業種間で自由な議論が交わされ、情報交換が重ねられたためだといわれる。シュンペーターのいう異質な価値の組み合わせ、すなわち「革新」は人の出会いなくしては生まれない。そして、江戸時代の社会も、サンフランシスコやシリコンバレーに通じる濃密な情報コミュニケーションのシステムを持っていたのである。

かつては家庭や地域コミュニティが行っていたサービスが、国家に統合され画一的な公的サービスに転換したのは明治も後半になってからのことで、たかだか一〇〇年の歴史を持つにすぎない。それまでは、結、講と名のつく地域コミュニティ組織が、地域資源の管理から、資金融資、イベント業務までも執り行ってきた。

今、再び自分たちの暮らしに関わることが、コミュニティの仕事として戻りつつある。NPOが着目されるのもそのためである。今、求められるのは、資本主義でも社会主義でもない、第三の道であると前章第二節で述べた。すなわち、社会的平等やセーフティネットを維持しながら、経済活力と環境保全をも調和させ、持続可能な社会を構築するという新たな挑戦こそが、今世紀の人類にとって最も必要とされているテーマであろう。そして、持続可能な社会へのアプローチはひとつではない。キューバが社会主義からその道を模索すれば、ロンドンやサンフランシスコは資本主義社会の中でその実現に苦闘している。都市農業の振興に勤しむ世界中の都市もかわらない。ただ共通していることがある。いずれも個人の自立とコミュニティの再生をベースにそれを実現していこうとしている点である。国家への依存を離れ、自分たちの課題はそれぞれの地域で解決していく。このムーブメントは、キューバに限らず世界共通の潮流なのである。

**参考文献**


・大石慎三郎（1977）『江戸時代』中公新書
・小島慶三（1989）『江戸の産業ルネッサンス』中公新書
・大石慎三郎（1991）「環境保全、江戸時代に学ぶもの」『ニッポン型環境保全の源流』
・佐藤常雄（1995）『貧農史観を見直す』講談社現代新書
・川勝平太（1995）『富国有徳論』　紀伊國屋書店
・平野秀樹（1996）『森林理想郷を求めて』中公新書
・佐藤常雄（1997）「江戸の農思想に学ぶ」『AERA Mook農学がわかる』朝日新聞社
・川勝平太（1997）『文明の海洋史観』中央公論新社
・佐藤　常雄（1997）「江戸の農思想に学ぶ」『AERA Mook農学がわかる』朝日新聞社
・松井孝典他（1998）『長寿命型の文明論・地球学』ウェッジ
・加藤敏春（1998）『エコマネー』日本経済評論社
石田梅岩については、加藤敏春氏の見解を引用した。
・金子郁容、松岡正剛、下河辺淳（1998）『ボランタリー経済の誕生』実業之日本社
結や講についての議論はとくに『ボランタリー経済の誕生』を参考とした。
・町田洋次（2000）『社会起業家』PHP新書
・山岡義典（2000）「日本型NPO社会を構想する」『市民社会とまちづくり』ぎょうせい
・鬼頭宏（2002）『環境先進国江戸』PHP新書
・石川英輔（2002）『江戸のまかない』講談社

# あとがき

ハバナから出発し、ついには江戸にたどり着いてしまった世界の都市農業への旅。いかがだっただろうか。有機農業、ＮＰＯ、自然エネルギー、都市緑化、自然医療と、いささかエピソードを盛り込みすぎた感もあるが、筆者が伝えたかったメッセージをストレートに言ってしまえば、「持続可能な地域づくりには『自給』が欠かせず、それは都市においても例外ではない」ということに尽きるだろう。

映画「ブエナ・ビスタ・ソシアルクラブ」のヒットで、少しは注目と関心を集めるようになったキューバだが、いまだに革命家カストロ首相が独裁を続ける小さな社会主義国家――そんなイメージしか持たない方も多かったのではないだろうか。

いささかキューバを美しく描きすぎた感もないではないが、日本ではあまり流布していない「持続可能な国づくり」という側面からキューバに光をあてることが出来たのではないかと思っている。「ほう、キューバとは、こんな国だったのか」という読後感を抱いていただければ、筆者の執筆目的のひとつはほぼ達成されたことになる。

だが、キューバへの感情移入を深めるにつけ、どうしても脳裏にこびりついて離れないのはわが祖国日本のゆく末のことだった。これまで、何度か人前でキューバの都市農業や有機農業について話す機会をいただいたことがある。だが、返ってくる感想はたいがい次のようなものだった。

「たしかに面白い。だが日本のような先進国とは全然事情が違う。日本の農業や都市問題には参考にはならないよ」

「キューバが厳しい社会情勢の中で、よく孤軍奮闘していることはわかった。だが、それは日本と全く社会制度の異なる社会主義国だからできたのではないか。日本にはカストロのような強力なリーダーがいないから無理だね」

もっともな意見だし、うなずかれる方も多いと思う。だが、筆者はそうではないと思う。

まず、最初の疑問に答えよう。本書ではあまり記述しなかったが、キューバは国をあげて有機農業や食農教育にも取り組んでいる。ハバナが有機野菜の自給に成功した背景には、微生物肥料や生物農薬を利用した地道な研究の積み重ねがある。そして、ハリケーンや高温湿潤下での病害虫に悩まされるキューバは、風土条件的にはアメリカよりもむしろモンスーンアジアと近い。物理的距離はさておき、キューバは欧米以上に日本と技術交流ができる可能性が高いのである。また、石油エネルギーや地下資源の消費量を地球環境の許容範囲内にまで削減しつつ、人類の食をどうまかなうのかという切り口から見ると、キューバの実践はまさにシュマッハーの言う「適正技術」のオンパレードである。「南」からの持続可能性への挑戦に、モノを浪費する先進国こそ学ばなければならないと思うのである。この有機農業の取り組みについては、コモンズから出版される『有機農業が国を変えた〜小さなキューバの大きな実験』で詳しく書いた。本書の姉妹版として、あわせてお読みいただければ筆者としては望外の喜びである。

二番目の疑問については、都市農業グループのエウヘニオ・フステル長官の次のような意見はいかがだろうか。

「キューバが国をあげて都市農業や有機農業へ転換できた背景には、ソ連の崩壊とアメリカの経済封鎖という二つの封鎖があったとよく外国の方から言われます。ですが、実は私たちは三つの封鎖を抱えていたのです。三番目の封鎖とは、自分を含めたキューバ人の頭の封鎖です。この封鎖をどうするかが一番大変だったのです」

ソ連がきっと援助してくれるだろう。カストロがなんとかしてくれるはずだ。キューバ人たちも、そんな他人への依存心にどっぷりとつかっていた。そして、このような他人まかせの発想をブレークスルーできたとき、キューバの本当の改革が始まったという。閉塞状況に陥っている今の日本にとっても、おそらく一番必要なのは、フステル長官が言う「頭の封鎖」の打開ではないだろうか。

筆者がキューバで出あった多くの人たちは、役人であれ、ＮＰＯの職員であれ、農家であれ、誰しもが「このままでは地球が危ない」という環境への深い危惧感を抱き、かつ日々の仕事を通じて具体的な環境改善策に取り組んでいた。キューバは貧しい発展途上国だが、彼らの実践や主張を見聞きしていると、どうしてもヨーロッパの環境活動家たちの姿とオーバーラップしてしまう。

例えば、一九九六年に訪れたデンマークの「フォルク・センター」。ソーラー、バイオガスなど再生可能エネルギーの民間研究所として世界的に有名であり、リオの地球サミットでも活躍した。センター長のプレーベン・マエガードさんはビンに詰めた油を手に取りながら、熱心に説明をしてくれた。

「デンマークは一九七〇年の石油ショックを契機に、石油エネルギーへの依存を減らす政策に転換しました。一九九六年現在、一〇パーセントを風力でまかなっていますが、将来は風力だけでなく多くの自然エネルギー技術が複合することが必要です。例えば、菜種油はヘクタールあたり一〇〇〇リットル取れます。普通植物油は五〜七パーセントのグリセリンが含まれているために使えませんが、ドイツで開発されたエンジンでは使用可能です。効率がよければ燃費はリットルで二五キロですから、ヘクタールあたり二万五〇〇〇キロを走れることになります。農業をやりながら新たなエネルギーも作物として生産できるのです」

あるいはドイツのニーダーザクセン州の州都ハノーバー市で農政を担当するブリンク博士の次のような発言。

「国全体ではまだ有機農産物はごくわずかですが、子どもたちの食べ物は一〇〇パーセント有機農産物です。次の時代を引き継ぐ世代には少しでも安全なものを食べさせるように、官民をあげての努力をしているのです」

同僚の環境担当のヘッセさんもこう主張する。

「市が、今一番力を入れているのは、市民の環境意識をどう高めるか。子どもたちへの環境教育をどう進めるか。そしてＮＰＯとのパートナーシップをどう構築していけばよいかなどソフト面での政策の充実です。この環境政策のフレームの中に有機農業や地元野菜の流通促進も位置づけられているのです」

別にあえて深刻がる必要はない。だが、そろそろ日本でも、肩ひじをはらずに、そして軽やかに、こうした発言を口にできる官僚や役人や市民がもっと出てきてもいい。要するに、この本はキューバを通じて実は日本の夢ある未来を描きたかったのである。

最後に、筆者がなぜキューバに関心を持つにいたったのか、その出会いと経緯について少しだけ触れさせていただきたい。筆者はキューバについては「六〇年代にミサイル危機があった国」くらいの印象しか抱いていなかったし、だいたいどのあたりにある国なのか、ちゃんと地球儀で調べたことがないほど関心が薄かった。

しかし、一九九八年五月のある日のことだ。もともと東京都で都市農業関係の仕事に従事している関係上、都市農業の国際的な動向にも興味を持っていた筆者は、自宅のパソコンで、いつものようにカナダのバンクーバーのＮＧＯが開設している「世界の都市農業」というウェブサイトをチェックしていた。

そして、リンクが張ってある「ハバナの都市農業」というホームページを何の気なしに開いてみて驚いた。そこには、これまでくどいばかりに述べてきた「経済危機で食料が途絶。農薬も化学肥料もない中で、都市住民が手に鍬をとり、有機農業で首都ハバナを耕しはじめた」という情報が掲載されていたのである。「なんだって、本当だろうか?」。半信半疑で「キューバの有機農業」とか「キューバの都市農業」というキーワードを打ち込み、検索してみると、同様の趣旨を論じたサイトをいくつか見つけることができた。

学生時代から有機農業に関心を抱き、仕事上でも農業に携わる中で、日本の都市農業は農地保全や土地問題が中心となるとアプリ・オリに思い込んでいた筆者にとって、「都市だからこそ、有機で」というコンセプトはまさに目から鱗だった。二二〇万人を超す大都市が、完全有機による都市農業に取り組み、わずか一〇年で野菜の自給を達成したというのは、あまりにも衝撃的な事実だった。

地球環境問題、有機農業、適正技術、持続可能な都市開発。これまでずっと自分が関心を抱いてきたばらばらのテーマがキューバを通じて統合されるのではないか。そんな予感がして、このキューバとの出会いの日は興奮のあまりよく寝つけなかった。

まさに縁とは、そんなちょっとした契機で始まるものなのだろう。キューバに興味を抱き、注意を払うようになったのは、それ以来だから、まだ、私はキューバについては新米だし、初心者といっていい。初めて足を踏み入れたのは一九九九年の二月のことで、それ以降は憑かれたように毎年キューバを旅しているが、延べ滞在日数を重ねてみても一月をちょっと超えるほどにすぎない。学生や研究者ならいざしらず、サラリーマンという身での調査となると、どうしても滞在日数は限られる。加えて、今も経済危機が続くキューバでは、紙は貴重品である。日本のように活字媒体はあふれていないし、研究所を訪問しても、細かいデータ、数値などはなかなか得られない。現地で入手できる資料もスペイン語が多く、英語文献は非常に乏しい。私はスペイン語ができないから、現地で得られる情報のほとんどは、通訳を介したインタビューによってだった。

それでいて、まがりなりにもこのような報告書を書くというのは不遜ともいえる。だが、今はインターネットという武器がある。キューバについては、それこそ数えきれないほどの膨大な英文情報がインターネットを通じて流れている。実際に試していただければわかると思うが、キーボードで都市農業とか有機農業といった単語を打ち込むと、それこそ数千という膨大な件数がヒットしてくる。もちろん、重なる情報も多いし、検索作業は大変だが、うまくヒットすると現地調査でもなかなかわからないような驚くほど詳細なデータも得られる。

サイトも、アメリカをはじめ、イギリス、スウェーデン、カナダ、オーストラリア、ドイツと全世界にわたっており、いかにキューバの都市農業が世界的に注目を浴びているのかが改めてわかってくる。とりわけ、アメリカのNGOや大学は、経済から政治問題にいたるまで莫大な情報を提供しており、「カストロ・スピーチ・データベース」というページを開けば、革命以降のカストロの発言がすべて読める。

しかし、一一〇〇万人の小国とはいえ、キューバの国家機構は巨大だし、その社会改革は、都市農業から、有機農業、自然医療、自然エネルギー、そしてNPOにいたるまであらゆる部門に及んでおり、かつ、それぞれが密接に連携して複雑にからみあっている。「都市農業をコアとしたキューバの持続可能な社会づくりについて書く」とテーマを設定してはみたものの、いざ筆を握ってみると、これがいかに大変な作業なのかがわかってきた。

だが、現地との顔のつながりができれば、研究者などは英語がわかるから、日本にいてもある程度は電子メールでやり取りができる。英文データで得た情報をベースに質問し、抜け落ちていた部分や新たに変化した部分などを補う。断片的な情報をこまめに集めながら、それらが重なりあい「なるほど、そうだったのか」と理解が深まっていく地道な作業は、しんどいもののまた同時に楽しい時間でもあった。

要するに、キューバが都市農業や有機農業に取り組んでいるという事実を知りえたのもインターネット上であれば、それをフォローする情報を得ることができたのも電子ネットを通じてであった。このささやかな書物は、インターネットなくしては作りえなかったし、まさに電子時代の賜物といえるだろう。

だが、本書を執筆するにあたっては、多くの生身の人々にも直接お世話になったし、そうした数多くの方々の協力がなければ完成にはいたらなかったであろう。全員の名前をあげるゆとりはないが、何人かとくにお礼を申し上げなければならない人がいる。

まず、埼玉県小川町の金子美登氏。日本を代表する有機農家として、小生の学生時代からの恩師であり、日本で初めて「キューバの有機農業の視察調査」を行った「調査団」の団長である。農林水産省農業者大学校の同窓会長（当時）として、キューバ視察を企画し、この視察団員のメンバーに私を加えてくれたことが、最初にキューバを訪れる契機となった。

そして、「知られざる有機の楽園」というドキュメンタリー番組を制作した日本電波ニュース社の石垣巳佐夫社長及び古賀美枝ディレクターと前川光生カメラマン。キューバの有機農業について雑誌に掲載した筆者の拙文を目に留め、関心を持った同社が日本で初めてキューバの有機農業の特集番組を作ることになったのだが、この撮影に同行することを認めてくれたのである。モイセス・ショーウォン元将軍をはじめ、通常ではなかなかコンタクトをとることが難しい多くの人々との濃密な取材ができたのは、このテレビ取材に随行できたことがまことに大きい。

また、日本キューバ科学技術交流会の田中萬雄さんと新妻東一さんにはキューバの医療事情の視察ツアーに同行させていただいた。同会を通じて、専門外の医療ハーブについては北里大学の児嶋脩先生にご教示をいただいた。

また、自然エネルギーについては金子美登さんもメンバーでもある自然エネルギーＮＰＯ「ふうど」の桜井薫氏にコメントをいただいた。さらに、ＮＰＯバースが中心となって立ち上げた「里山タスクグループ」の方々。同グループの一員として、二〇〇一年の夏に、国連大学との協同調査に加えていただいたおかげで、「スラグ」をはじめとするサンフランシスコのＮＰＯの現地取材ができた。「里山タスク」

とは、里山をモデルとした持続可能な社会システムを模索するため、一九九九年に誕生した調査研究と実践を行うネットワーク型シンクタンクである。そもそも本書を執筆する契機となったのが、里山タスクグループが国連大学で開催したシンポジウムでの筆者のキューバを例にとった持続可能な社会づくりについての話に参加された築地書館の土井二郎社長が、深い関心を示されたからだった。土井氏には、全体構成から記述する内容、写真選択にいたるまで手とり足とりご指導いただいた。

そして、何よりもキューバの方々には本当にお世話になった。一九九九年の視察調査で知りあって以来、交流を続けている日系二世のオルガさんをはじめ、アクタフのエピディオ・パエス氏、農業省のホセ・レオン国際局長、熱帯農業基礎研究所のアドルフォ所長やコンパニオーニ博士などは、異国からの訪問者にいやな顔ひとつせず、多忙な中、時間を割いて真摯な対応をしてくれた。とりわけ、本書を仕上げるにあたって正月休みを使って行った一〇日ほどの取材調査では、無理をいって、郊外の農村から小学校での環境教育、都市の中でのまちづくり運動、大学、各種NPO団体など過密スケジュールを盛り込んだのだが、新年早々から夜遅くまで五〇人以上の人々が濃密なインタビューに応じてくれた。この強行取材の受け入れに労をとってくださった在日キューバ大使館のミゲル・バヨナ文化参事官や現地のブリサ・クーバナ社の瀬戸くみこ社長、通訳のパブロ・バスケス氏にも厚くお礼を申し上げたい。

吉田　太郎

Catherine Moses (2000) *Real life in Castro's Cuba*, Scholarly Resouces Inc.（カストロを独裁政権と見た側からの著述）

●また、有機農業では次の書物が最も参考となるだろう。

Peter Rosset and Medea Benjamin (1994) *The Greening of the Revolution*, Ocean Press
Peter Rosset, Fernand Funes et al. (2002) *Sustainable Agriculture and Resistance* Food First

●都市農業については以下のレポートがよくまとまっている。

Catherine Murphy (1999) "Cultivating Havana" *Food First Development Report*, No12

●インターネット上ではグローバル・イクスチェンジのリンク集が役に立つ。

Eco Cuba Exchange A US-Cuba Partnership for Sustainable Development
http://www.globalexchange.org/campaigns/cuba/sustainable/index.html
フード・ファーストのＨＰでもキューバで検索をかければかなりの論文が引きだせる。
http://www.foodfirst.org/
また、テキサス大学の
Association for the Study of the Cuban Economy (ASCE)
は、1991年から2000年までの膨大な論文集を読むことができる。
http://www.lanic.utexas.edu/la/cb/cuba/asce/

●パーマカルチャーに関心があるかたは、以下のキューバとのプロジェクトが面白いだろう。

http://members.optusnet.com.au/~cohousing//cuba/

●都市農業については、カナダのUrban Agriculture Notesをぜひ開かれたい。キューバをはじめ全世界で都市農業がどれだけ盛んにおこなわれているのかがよくわかる。

http://www.cityfarmer.org/

## 参考文献

●キューバについては、日本語で読める文献として旅行ガイドブックはいくつかでているが、キューバの有機農業や都市農業や持続可能な取り組みとなると、数少ない。全般的には以下のようなものが参考になる。

堀田善衛（1966）　『キューバ紀行』岩波書店
後藤政子訳（1995）『カストロ革命を語る』同文舘出版
宮本信生（1996）　『カストロ』中公新書
カルメン・R・アルフォンソ・H、神修修訳（1997）
　『キューバ・ガイド』海風書房
H・アルメンドロス、神尾朱美訳（1997）
　『椰子より高く正義をかかげよ、ホセ・マルティの思想と生涯』海風書房
大窪一志（1998）　『風はキューバから吹いてくる』同時代社
伊高浩昭（1999）　『キューバ変貌』三省堂
新藤通弘（2000）　『現代キューバ経済史』大村書店
川島幸夫（2000）　『遥かなる風、キューバ』東洋出版
後藤政子（2001）　『キューバは今』神奈川大学評論ブックレット17　御茶の水書房
さかぐちとおる他（2001）
　『キューバ 情熱みなぎるカリブの文化大国』トラベルジャーナル
松野喜六編著(1999)『遥かなる国　素顔のキューバ』文理閣
田崎健太（2002）　『CUBA　ユーウツな楽園』アミューズブックス
首都圏コープ事業連合編（2002）
　『有機農業大国・キューバの風』緑風出版

●洋書で取り寄せられるものとして参考としたものには、次のようなものがある。
Tomas Borge (1993) *Face to Face with Fidel Castro*, Ocean Press
Fidel Castro (1996) *Cuba at the crossroads*, Ocean Press
Fidel Castro (1993) *Tommow it too late*, Ocean Press（リオの地球サミットでのカストロの講演内容）
Juan Antonio Blanco and Medea Benjamin(1994) *Cuba talking about Revolution,* Ocean Press
David Stanley (1997) *Cuba*, Lonely Planet Publications
Christopher P. Baker (1997) *Cuba Handbook,* Moon travel Handbooks
Ken Cole (1998) *Cuba from Revolution to Development*, Pinter（経済の動向に詳しい）
Peter Schwab (1999) *Cuba confronting The U.S. embargo*, St. Martin's Griffin（経済封鎖や医療に詳しい）

# 200万都市が有機野菜で自給できるわけ

——都市農業大国キューバ・リポート

二〇〇二年　八月一九日初版発行
二〇〇八年一一月二〇日八刷発行

著者——吉田太郎
発行者——土井二郎
発行所——築地書館株式会社
東京都中央区築地七-四-四-二〇一　〒一〇四-〇〇四五
TEL 〇三-三五四二-三七三一　FAX 〇三-三五四一-五七九九
ホームページ＝http://www.tsukiji-shokan.co.jp/
組版——ジャヌア3
印刷・製本——株式会社シナノ
装丁——小島トシノブ

 ISBN 4-8067-1249-3 C0036

著者略歴——吉田太郎（よしだたろう）一九六一年東京生まれ。筑波大学自然学類卒。現在、東京都産業労働局農林水産部勤務。有機農業や環境保全は学生時代からの関心事。東京都の農政業務に従事するかたわら、週末は、埼玉県秩父の山林を自ら整地し、パソコンを鍬、鋤に持ち替える。社会制度や経済など広い視野から「業」としての農業ではなく、持続可能な社会を実現しうる「触媒」としての「農」のあり方を模索している。